HERZLICHEN GLÜCKWUNSCH

Und Dankeschön für den Kauf
dieses Buches. Als besonderes
Schmankerl* erhalten Sie das
Buch exklusiv und kostenlos
als eBook.

1018r-65p6u-
pg100-sxtwb

Registrieren Sie sich einfach
mit Ihrem persönlichen Code
unter **www.hanser.de/ciando**
und laden Sie sich das eBook
direkt auf Ihren Rechner.

KOMPETENZ · GEWINNT · HANSER

Herzog

Erfolgsrezepte für 50 Business-Maps

Informationen vernetzen und visualisieren mit MindManager 6

Bleiben Sie einfach auf dem Laufenden:
www.hanser.de/newsletter
Sofort anmelden und Monat für Monat
die neuesten Infos und Updates erhalten.

Dagmar Herzog

Erfolgsrezepte für 50 Business-Maps

Informationen vernetzen und visualisieren mit MindManager 6

HANSER

Die Autorin:
Dagmar Herzog, MindBusiness GmbH, Alzenau
dagmar.herzog@mindbusiness.de

Alle in diesem Buch enthaltenen Informationen, Verfahren und Darstellungen wurden nach bestem
Wissen zusammengestellt und mit Sorgfalt getestet. Dennoch sind Fehler nicht ganz auszuschließen.
Aus diesem Grund sind die im vorliegenden Buch enthaltenen Informationen mit keiner Verpflich-
tung oder Garantie irgendeiner Art verbunden. Autoren und Verlag übernehmen infolgedessen keine
juristische Verantwortung und werden keine daraus folgende oder sonstige Haftung übernehmen, die
auf irgendeine Art aus der Benutzung dieser Informationen – oder Teilen davon – entsteht.
Ebenso übernehmen Autoren und Verlag keine Gewähr dafür, dass beschriebene Verfahren usw. frei
von Schutzrechten Dritter sind. Die Wiedergabe von Gebrauchsnamen, Handelsnamen, Warenbe-
zeichnungen usw. in diesem Buch berechtigt deshalb auch ohne besondere Kennzeichnung nicht zu
der Annahme, dass solche Namen im Sinne der Warenzeichen- und Markenschutz-Gesetzgebung als
frei zu betrachten wären und daher von jedermann benutzt werden dürften.

Bibliografische Information Der Deutschen Nationalbibliothek
Die Deutsche Nationalbibliothek verzeichnet diese Publikation in der
Deutschen Nationalbibliografie; detaillierte bibliografische Daten sind im
Internet über http://dnb.d-nb.de abrufbar.

© 2007 Carl Hanser Verlag München
Lektorat: Sieglinde Schärl
Sprachlektorat: Sandra Gottmann, Münster-Nienberge
Satz: Sara Unverhau, Heilbronn
Herstellung: Monika Kraus
Umschlagdesign: Marc Müller-Bremer, Rebranding, München
Umschlaggestaltung: MCP · Susanne Kraus GbR, Holzkirchen
Datenbelichtung, Druck und Bindung: Kösel, Krugzell
Ausstattung patentrechtlich geschützt. Kösel FD 351, Patent-Nr. 0748702
Printed in Germany

ISBN-10: 3-446-40740-5
ISBN-13: 978-3-446-40740-4

www.hanser.de/computer

Inhalt

Vorwort 7

Einführung in die Kochkunst 9

Die Arbeitslegende 10

1   Map4OnePage – was steckt dahinter? 11

1.1   Der Grundgedanke heißt »Einfachheit« 12

1.2   Die einzelnen Arbeitsmethoden kurz definiert 14

1.3   Grundsätze für die Visualisierung 16

1.4   Der Umgang mit Informationen – der Strukturaufbau 16

1.5   Warum sollen Informationen visuell dargestellt werden? 17

1.6   Die Vorgehensweise – Schritt für Schritt zur Map4OnePage ... 18

2   Personal, Bildung, Unternehmensführung 21

2.1   Kurzgebratenes – die übersichtliche Stellenbeschreibung 23

2.2   Große Wirkung, kleiner Aufwand – die DISG-Methode 27

2.3   Das Salz in der Suppe – die Mitarbeiterauswahl 31

2.4   Eine Prise Optimismus – die optimale Laufbahnplanung 35

2.5   Effektive Fettlöser – Coaching und Problemlösung 39

2.6   Raffinierte Kleinigkeiten – Zeitmanagement 43

2.7   Große Wirkung erzielen – Zielvereinbarungen 47

2.8   Ein gutes Rezept – Prüfungsvorbereitungen 51

3   Projekte 55

3.1   Das gewisse Etwas – was zeichnet einen Projektleiter aus? 57

3.2   Die richtige Prise – die Teamzusammenstellung 61

3.3   Bevor es richtig losgeht – Projektziele 67

3.4   Aus Freude am Genuss – Projektatmosphäre 71

3.5   Die Qual der Wahl – Projekte entscheiden 75

3.6   Achtung, fertig, los – die schnelle Zubereitung einer Planungsübersicht ... 79

3.7   Das richtige Timing – Projekte steuern 83

3.8   Der Nachtisch – Projekte dokumentieren 87

3.9   Eine gute Portionierung – Informationsfluss und Lenkungsausschuss ... 91

4	**Vertrieb und Marketing**	**95**
4.1	Die perfekte Marinade – Vertriebskonzeption	97
4.2	Fruchtbarer Boden – der Kunde als Partner	101
4.3	Es ist angerichtet – das Kundenblatt	107
4.4	Auf die Mischung kommt es an – erfolgreiche Mailings	113
4.5	Eine gute Auswahl – Marktanalyse	119
4.6	Im Team gekocht – Marketingaktionen	125
4.7	Der Topfgucker – die Agenda	129
4.8	Der Hingucker – Aufbau einer Rede	133
4.9	Crème de la Crème – Regeln der Präsentation	137
5	**Controlling**	**141**
5.1	Auf die Zutaten kommt es an – die Balanced Scorecard	143
5.2	Küche anderer Länder – internationales Controlling	147
5.3	Gekonnt angerichtet – Basel II	151
5.4	Spezialitäten aus dem »Ländle« – Amortisationsrechnung	155
5.5	Aus allem das Beste – Leistungskennzahlen	159
5.6	Es wird nicht alles so heiß gegessen – die Analyse des E-Mail-Aufkommens	163
5.7	Bewertung des Gerichts – Bilanzkennzahlen	167
5.8	Alte Rezept neu überdacht – Soll-Ist-Vergleich	171
6	**Organisation, Wissen, Information**	**175**
6.1	Auf der Zunge zergehen lassen – Firmen-CI	177
6.2	Rezeptsammlung – Firmenfarben im Blick	181
6.3	Ein extravaganter Hauch Chili – Firmen-PR	185
6.4	Von Meisterköchen gelernt – übersichtliche Berichte	189
6.5	Alles verarbeitet – Recherche und Preisvergleiche	193
6.6	Pizzaservice – die OnePage-Methode im Handumdrehen erklärt	197
6.7	Fisch oder Fleisch – Entscheidungen	201
6.8	Reiseproviant – Planung von Dienstreisen	205
7	**Die Klaviatur des Genusses – die Informatik**	**209**
7.1	Die Speisekarte – Internetaufbau	211
7.2	Lieblingsspeisen für jedermann – CRM	215
7.3	Frisches Gemüse – Inter-/Intranetnavigation einmal anders	219
7.4	Freche Früchtchen – Office 2007 im Überblick	223
7.5	Knigge für Gourmets – Kommunikationsregeln für Outlook	229
7.6	Astronautennahrung – SharePoint-Kompetenzen	233
7.7	Auswahl per Knopfdruck – Funktionstasten in MindManager	237
7.8	Mein erstes Gericht – Schritt-für-Schritt-Anleitung	241
7.9	Liebe geht durch den Magen – Smileys, Kommunikation in Kurzform	245

Vorwort

Kein anderes Thema ist so eng mit unserem Wunsch nach Einfachheit, Klarheit und Übersichtlichkeit verbunden wie das Thema »alles auf einem Blatt – die 1-Blatt-Visualisierung«. Und gleich tauchen Erinnerungen an Sätze und Schlagwörter auf wie: »Unsere Steuererklärung muss auf einen Bierdeckel passen«, Chefübersichten, Projektübersichten, in zehn Minuten das Wichtigste erfasst, geht eine Balance Scorecard auf ein DIN-A4-Blatt, Zeitersparnis, keine langen PowerPoint-Schlachten mehr etc.

Kann ein Buch überhaupt diese Fülle von Eindrücken, Möglichkeiten und Vorgehensweisen komplett wiedergeben? Wir meinen nein, aber es ist ein Anfang, eine Anregung für das, was möglich ist, und eine Beschreibung von Schritten, die hierbei zu beachten sind.

Die Herausforderung war die Wahl der Darstellung und der Herangehensweise.

Zum leichteren Verständnis haben der Hanser Verlag und ich die Idee ausgeknobelt, das Buch als Kochbuch aufzubauen: Zutatenangaben, Arbeitsschritte, viele Bildanweisungen und wenige Worte regen zum »Nachkochen« an. Es sind aber genug Worte, um Sie als Leser in das Thema hineindenken zu lassen. In der Vorbereitungszeit habe ich viele Kochbücher gewälzt und mir die als Vorbild genommen, die mit nur sehr wenigen Worten auskommen.

Die Mehrfarbigkeit in diesem Buch, der Aufbau als »Kochbuch« und die Arbeitsschritte zeigen ohne viele Worte, wie die 1-Blatt-Visualisierung (OnePage) zubereitet wird. Auch weniger Geübte wollen sofort in die Versuchsküche gehen und mit dem Kochen anfangen.

Für die Regionen haben wir 50 ausgearbeitete Business Maps zusammengetragen. Sie sind ein Auszug aus unserer Team-Schatzkiste. Hier bewahren wir viele Jahre Erfahrung, Praxiswissen, Erkenntnisse aus Gesprächen mit Kunden, Kollegen, Andersdenkenden etc. auf.

Zu jeder Region finden Sie mehrere Beispiele, so dass Sie ein originelles Menü zusammenstellen können. Hinweise zur Entstehung des »Gerichtes« liefern Gesprächsstoff, Tipps und Anregungen zum Querzudenken, um eingesetzte Software-Funktionen und die Herangehensweise evtl. auch einmal in anderen Arbeitsthemen anzuwenden.

Wichtiger Hinweis:

Alle Business Maps aus diesem Buch finden Sie unter www.50BusinessMaps.de.

Daneben ist das Buch eine Reise durch viele Bereiche aus unserem Arbeitsalltag. Jeder Bereich hat seine eigenen Gesetze, Eigenarten und Herausforderungen. Und zum ersten Mal wird versucht, die Fülle der Faktoren, die sich in der »regionalen Küche« niederschlagen, aus ihren Ursprüngen, Gewohnheiten und Traditionen zu erklären. Und schließlich werden neue Produkte integriert sowie Funktionen der Office-Werkzeuge in einem anderen Licht genutzt, was für viele neu sein wird.

Ist es vermessen zu behaupten, wir hätten damit die Möglichkeiten von Mindjet® MindManager® 6 in einer neuen, einmaligen Form dargestellt? Wir glauben nicht. Doch urteilen Sie selbst.

Dagmar Herzog, Sara Unverhau und der Hanser Verlag

Einführung in die Kochkunst

Kochbücher zählen wohl zu den Bücher, welche die Fantasie und die fünf Sinne mit am stärksten anregen. Schließlich fordert die Betrachtung von Gerichten, Zutaten und Umfeld immer wieder unser Einfühlungs- und Vorstellungsvermögen.

In einem Kochbuch gehen Fantasie, Wünsche, Vorstellungen und die dargestellte Wirklichkeit Hand in Hand. Gerichte aus anderen Ländern, fremde Gewürze, bekannte Zutaten und das stets lockende Unbekannte sind ohne Kochbücher nicht denkbar.

Ohne ein Rezept fehlt jeder Bezugspunkt und jede Möglichkeit, das Gericht nachzukochen und es anschließend dann selbst noch zu verfeinern. Ohne einen Hinweis, aus welchen Zutaten das Gericht besteht, gibt es kein Ausprobieren.

Das Rezeptbuch »Erfolgsrezepte für 50 Business Maps« ermöglicht den Zugang zu einer neuen und doch bekannten Welt. Auf den ersten Blick scheint dieses Buch ganz normale Business Maps zu enthalten.

Beim genaueren Hinschauen jedoch werden Sie erkennen, dass Sie auf die darstellbare Welt unserer Gedanken und die Zusammenfassung der wichtigsten Informationen blicken.

Das Rezeptbuch basiert auf dem traditionellen Start in Mindjet® MindManager® 6, wird aber dann gepaart mit einer von uns im MindBusiness-Team entwickelten Arbeitsmethode – der Map4OnePage-Methode.

Herkömmliche Arbeitsweisen werden kombiniert mit weniger bekannten Methoden, Verknüpfungen, der Integration externer Informationen und der Nutzung von Office-Funktionen sowie dem Grundsatz der Visualisierung.

Die Arbeitslegende

Folgende Grafiken finden Sie in diesem Buch immer wieder:

Tabelle 0.1 Marginalspalte Beschreibung

Zutaten		Nennt die Zutaten, die für die Erstellung der OnePage wichtig sind.
Steps	1 2 3 4	Sie befinden sich nun in der Schritt-für-Schritt-Anleitung, welche die Entstehung und Zusammenhänge innerhalb der Business Map erklärt.
Level 1		Definiert den Schwierigkeitsgrad der OnePage: 1 Pokal = ganz einfach
Level 2		2 Pokale = einfach
Level 3		3 Pokale = kniffelig

Für das Lesen des Buches an dieser Stelle ein Tipp: Füllen Sie es eifrig mit Notizen, Heftklammern oder Post-it-Zetteln. Schreiben Sie Wissenswertes ruhig in die Marginalspalte, markieren Sie Wichtiges oder Neues.

Treten Sie Ihre zweifellos mit Überraschungen gespickte Reise durch alltägliche Arbeitsregionen an, und gönnen Sie sich einen anderen, frischen und möglicherweise klärenden Blick auf das Wesentliche: Map4OnePage – alle wichtigen Informationen auf den ersten Blick!

Herzlichst Ihre

Dagmar Herzog

1 Map4OnePage – was steckt dahinter?

Immer rasanter verändert sich unsere Welt. Die Informationsgesellschaft – das wird die Zukunft sein. Wir sind bereits heute im Informationszeitalter »Lichtgeschwindigkeit« angekommen. Die Informationsflut, permanentes Lernen, die Vermehrung von Wissen und gleichzeitig die schnelle Erfassung von Informationen – das bestimmt unseren Alltag. Wer kann da noch mithalten und fühlt sich nicht überfordert?

Immer wieder stellen wir fest, dass es uns schwer fällt, komplexe Wissenszusammenhänge zu verstehen. Vernetztes Denken ist aber eine wichtige Fähigkeit, um im Beruf und im allgemeinen, gesellschaftlichen Leben aktiv handeln und erfolgreich mitgestalten zu können.

Manchem Menschen nützt sein Wissen nichts, wenn er es seinen Mitmenschen nicht kommunizieren und auf einfache Art und Weise verständlich machen kann. Diese Fähigkeit ist uns leider nicht von Geburt an in die Wiege gelegt. In der Zukunft spielt die einfache Darstellung komplizierter Sachverhalte eine entscheidende Rolle.

Map4OnePage nach MindBusiness – eine Methode, um relevante Informationen auf einem Blatt zu visualisieren.

Map4OnePage ist eine systemische, visuelle Methode, um relevante Informationen aus unterschiedlichen Datenquellen, eigene Gedanken und weitere daraus resultierende »Prozesse« auf einem Blatt übersichtlich zusammenzustellen. Die detaillierten Informationen sind dabei in der »dritten Ebene« durch dynamische Verbindungen schnell und jederzeit greifbar.

Mit Software-Werkzeugen wie Mindjet® MindManager® 6, Microsoft Visio, Excel, PowerPoint, Word etc. können komplexe Gedankennetze anschaulich dargestellt werden. Die Kunst ist dabei die Kombination der passenden Software-Werkzeuge für das anstehende Thema: situativ und der Arbeitsumgebung sowie den Firmenanforderungen angepasst. Wichtig ist dabei immer der systemische Ansatz: Der einzelne Mensch ist immer ein Teil des Systems (Unternehmen, Abteilung etc.), in dem er sich bewegt.

1.1 Der Grundgedanke heißt »Einfachheit«

Es ist wichtig, sich auf das Wesentliche zu beschränken, und es ist wesentlich, sich auf Weniges zu konzentrieren nach dem Motto: »Was nicht zu verstehen ist, kann nicht auf Verständnis stoßen.«

Die Grundgedanken im Überblick:

- Übersichtlichkeit
- Alle Informationen auf ein Blatt
- Gewichtung und Aufteilung von Informationen – der einfache Blick auf das Wesentliche (weglassen, verzichten & Prioritäten setzen)
- Gehirngerechtes Arbeiten
- Transparenz

Einfachheit:

- Einfach am PC erstellen
- Überflüssige Bürokratie wird vermieden.
- Orientierung statt Informationsflut
- Nicht richtig oder falsch, sondern besser

Das wird überflüssig:

- PowerPoint-Schlachten, dafür erfolgt die Konzentration auf ein Blatt
- Komplexität und Unübersichtlichkeit
- Stress durch zu viele Informationen

Ergebnis:

- Schneller Überblick über das Wesentliche
- Ihr Gesprächspartner ist schneller im Bilde
- Optimale Vorbereitung auf Gespräche
- Kein Suchen und Blättern bei Gesprächen
- Zeitersparnis bei der Wissensvermittlung
- Konkrete Handlungsanleitungen
- Konzentration und Konsequenz
- Klare Ziele
- Sprache, die Menschen schnell verstehen

Sie brauchen weitaus weniger Zeit, um Informationen übersichtlich zur Verfügung zu stellen und zu aktualisieren.

Sie und Ihre Gesprächspartner können sich besser an Inhalte erinnern, und es macht Spaß, die Informationslandschaft weiter zu bearbeiten. Neue Ideen werden schneller entwickelt, und die Informationsflut wird besser bewältigt.

Ziel der Methode ist es, ein übersichtliches, sinnvolles, zweck- und zielgerichtetes Zusammenwirken der Informationen im funktionellen Sinne greifbar und auf einen Blick verständlich zu machen. Dabei werden auch eigene Gedanken ergänzt, grafisch auf das Papier gebracht und strukturiert. Der Aufbau und die Funktionsweise einer OnePage hängen von dem Standpunkt der Betrachter bzw. der Zielgruppe ab, welche die komplexen Informationen benötigen.

Als Gegenbegriff verstehen wir das Chaos der Informations- oder Zettelwirtschaft.

Abbildung 1.1 Diese Arbeitsmethoden spielen bei OnePage eine wichtige Rolle.

Für diese Zielgruppe ist OnePage gedacht:

- Führungskräfte
- Controller
- Projektleiter
- Geschäftsführer
- Planer

Die systemische Methode geht davon aus, dass sich ein komplexer Informationsbedarf nicht lösen lässt, wenn man die Aufmerksamkeit immer nur auf ein Informationselement richtet. Die relevanten Informationen aus dem Office-Umfeld, Datenbanken, MindManager etc. werden auf einem Blatt zusammengefasst.

1.2   Die einzelnen Arbeitsmethoden kurz definiert

Balanced Scorecard

Die Balanced Scorecard (BSC) ist eine ganzheitlich orientierte, kennzahlenbasierte Managementmethode. Im Fokus der Betrachtung liegen dabei die Vision und Strategie eines Unternehmens. Aber auch relevante externe und interne Aspekte sowie deren Wechselwirkungen werden beachtet.

Ishikawa

Man spricht hier auch von dem Ursache-Wirkungs-Diagramm. Ein einfaches Hilfsmittel in Form einer Fischgräte zur systematischen Ermittlung von Problemursachen. Die möglichen Ursachen, die eine bestimmte Wirkung auslösen, werden dabei in Haupt- und Nebenursachen zerlegt. Anschließend folgt eine grafische Strukturierung der Ursachen, um eine übersichtliche Gesamtbetrachtung zu ermöglichen. Ziel der Methode ist es, dass auf diese Weise alle Problemursachen identifiziert und mithilfe des Diagramms die Abhängigkeiten dargestellt werden.

KPI-Kennzahlen (Key Performance Indicators)

Die KPI-Kennzahlen verbinden die Lücke zwischen den Finanzkennzahlen auf Unternehmensebene und den Vorgängen im Unternehmen. Drei beispielhafte Kennzahlen auf Unternehmensebene: Nettoertrag, Rendite, Cashflow.

Lineare Optimierung

Die lineare Optimierung (Teilgebiet aus der Optimierungsrechnung) ist bei komplizierten Problemen ein wichtiges Hilfsmittel zur optimalen Entscheidungsfindung. Sie wird verwendet, um das Minimum beziehungsweise das Maximum einer linearen Funktion unter einschränkenden Bedingungen zu ermitteln. Meistens ist dabei die zu maximierende Funktion die Gleichung für den Gewinn. Die zu minimierende Funktion ist dann die Gleichung für die Kosten eines Unternehmens. Man muss erst die einschränkenden Bedingungen, die das Ergebnis beeinflussen, herausfinden und mit dem zu erreichenden Minimum/Maximum in Verbindung setzen. Erst dann kann das Minimum oder das Maximum bestimmt werden.

MindMapping – Business Mapping

Eine Mind Map ist eine grafische Darstellung, die Beziehungen zwischen verschiedenen Begriffen aufzeigt. Die Arbeitsmethode basiert auf wissenschaftlichen Erkenntnissen der Gehirnforschung und wurde in den 60er-Jahren von Tony Buzan entwickelt. Man spricht auch oft von Gedanken-Landkarten, die eng verwandt sind mit den Ontologie-Editoren semantischer Netze und Concept Maps. Da bei der Erstellung Farben und Bilder benutzt werden, wird man der kreativen Arbeitsweise des

Gehirns gerecht. Informationen können schneller erfasst, gelesen und überblickt werden. Beim MindMapping wird mit Papier und Stift gearbeitet. Von Business Maps spricht man, wenn man digitale Maps erstellt.

Portfolio

Das Portfolio ist eine Kollektion von Produkten, Dienstleistungen oder Warenzeichen, die von einer Unternehmung angeboten werden. Dabei werden verschiedene Analysetechniken für den Aufbau eingesetzt: B.C.G.-Analyse, Deckungsbeitragsanalyse, Multifaktorenanalyse und Quality Function Deployment. Im Portfolio der Boston Consulting Group (B.C.G) bspw. werden Produkte eines Unternehmens in Abhängigkeit vom relativem Marktanteil und Marktwachstum in vier Kategorien eingeteilt.

Hierzu gehören die »Poor Dogs«, »Questionmarks«, »Stars« und »Cash Cows« – übersetzt die »armen Hunde«, »Fragezeichen«, »Stars« und »Milchkühe«. Das Produktportfolio ist dabei nur eine Untermenge des Unternehmensportfolios, die dann bis auf die Ebene des einzelnen Produktes (Anteil am Umsatz, Gewinn, Zuwachsraten usw.) definiert werden kann.

Projektstrukturpläne

Der erste Schritt in der operativen Projektplanung ist die Sammlung und Erfassung aller Vorgänge, die für eine erfolgreiche Projektdurchführung notwendig sind.

Strukturpläne sind grafische Darstellungen, in denen die Zusammenhänge und Nahtstellen zwischen den Teilaufgaben deutlich werden. Eine exakte Delegation der Aufgaben und Verantwortungen wird so möglich.

Projektstrukturpläne können objekt- oder funktionsorientiert gegliedert sein. Meist werden in der Praxis gemischt orientierte Projektstrukturpläne verwendet.

Stärke-Schwäche Analyse

Bei der Stärke-Schwäche-Analyse handelt es sich um eine einfache und flexible Methode, die innerbetrieblichen Stärken und Schwächen auszuarbeiten. Sie ist Bestandteil der SWOT-Analyse.

Untersucht wird dabei die Position des eigenen Geschäftsbereiches/Unternehmens im Vergleich zu dem/zu den stärksten Wettbewerber(n).

Was-wäre-wenn-Analyse

Die Was-wäre-wenn-Analyse wird zum Simulieren und Optimieren von Prozessen eingesetzt. Man spielt »Was-wäre-wenn«-Szenarien durch und erhält unterschiedliche Werte. Die Prozessumgebung wird definiert, kann bearbeitet, verglichen und gegenüber anderen Szenarien analysiert und visualisiert werden.

1.3 Grundsätze für die Visualisierung

Informationen jeglicher Art müssen auch gut »verkauft« werden. Die »Verpackung« ist dabei ebenso wichtig wie der Inhalt. »Verpackung« heißt: überzeugende Aufbereitung und klare Darstellung der Informationen. Eine Rolle spielt dabei u.a.:

- die Schrift als Gestaltungselement
- Gestaltung von Zweigen
- der standardisierte Einsatz von Farben, Formen und Symbolen
- die visuelle Aufbereitung von Texten und Daten

Zu beachten sind auch folgende Kriterien:

- die visuelle Gruppierung
- die visuelle Reihenfolge
- die visuellen Hierarchien
- die Konsistenz der Informationen

1.4 Der Umgang mit Informationen – der Strukturaufbau

Eines der Hauptprobleme in der Informationsverarbeitung ist, dass der Betrachter meist keinen Überblick hat und die »Flut« der Informationen nicht bewältigen kann. Die Größe und Form der Informationen sind nicht zu erkennen. Erst wenn Sie Informationen glasklar strukturiert darstellen, nehmen Sie dem Betrachter das Problem ab, diese Merkmale selbst im Geist visualisieren zu müssen.

Wenn Sie Informationen in kleine, sinnvolle Portionen teilen, hat der Betrachter auch mehr Möglichkeiten, die Informationen, die er sehen möchte, auszusortieren und zu identifizieren. Bevor Sie gestalten, sollten Sie das benötigte beziehungsweise das zur Verfügung stehende Material analysieren und dann entscheiden, wie Sie dieses Informationsmaterial am besten »präsentieren« können.

Um eine Map4OnePage effektiv zu gestalten, müssen Sie die Struktur der darzustellenden Informationen verstehen.

Damit Sie es einfacher haben, die strukturellen Beziehungen beim Layout einer Map4OnePage zu klären, können Sie die folgende Übung nachvollziehen. Stellen Sie sich vor, Sie sind Betrachter Ihrer eigenen Map4OnePage. Beantworten Sie folgende Fragen:

- Welche Elemente sind von derselben Art?
- Welche Elemente sind funktional verbunden?
- Gibt es Elemente, die miteinander verknüpft werden können?

- In welcher Reihenfolge sollten die verschiedenen Elemente präsentiert werden?
- Stimmt die Reihenfolge mit der präsentierten Information überein?
- Welche Elemente sind am wichtigsten? Welche Information ist dominierend/weniger dominierend?
- Gibt es eine Hierarchie der Wichtigkeit?
- Kommen die wichtigen Strukturen klar heraus?
- Kann ich eine kurze Geschichte erzählen, welche die Informationen zusammenfasst?
- Auf welche Weise könnte die Darstellung mich irreführen?

Fertigen Sie eine Liste der Informationen an, beginnend bei den visuell am meisten dominierenden bis zu den am wenigsten dominierenden. Überlegen Sie jetzt, ob diese Darstellung Sinn macht und die Aussage Ihrer Map4OnePage unterstützt.

Wenn notwendig, ändern Sie die Darstellung oder Betonung der Elemente. Dann gestalten Sie die Seite neu, um die veränderte Struktur darin unterzubringen.

1.5 Warum sollen Informationen visuell dargestellt werden?

Viele sprechen heutzutage von Visualisierung. Aber was bedeutet visualisieren eigentlich? Im Deutschen könnte man auch »veranschaulichen« sagen. Abstrakte Daten oder Zusammenhänge werden in eine grafische bzw. visuell erfassbare Form gebracht, um sie damit verständlich zu machen. Weiterhin setzt man die Visualisierung ein, um einen bestimmten Zusammenhang deutlich zu machen, der sich aus einem gegebenen Datenbestand ergibt, der aber nicht unmittelbar deutlich wird.

Dabei werden Details der Ausgangsdaten weggelassen, die für den ersten Überblick unwichtig sind. Zudem sind stets gestalterische Entscheidungen zu treffen, welche visuelle Umsetzung geeignet ist und welcher Zusammenhang gegebenenfalls betont werden soll. Visualisierungen implizieren daher stets eine Interpretation der Ausgangsdaten, werden aber auch durch textliche oder sprachliche Angaben ergänzt, um eine bestimmte Interpretation zu kommunizieren. Ziel ist es, dass sich der Betrachter möglichst schnell einen Überblick über die in den Daten enthaltenen Informationen verschaffen kann.

»Ein Bild sagt mehr als 1000 Worte«: Der Mensch nimmt 83% aller Informationen sehend auf.

Bildinformationen werden vom Auge schneller erfasst und an unser Gehirn weitergeleitet: Aussagekräftige Bilder komprimieren längere Aussagen.

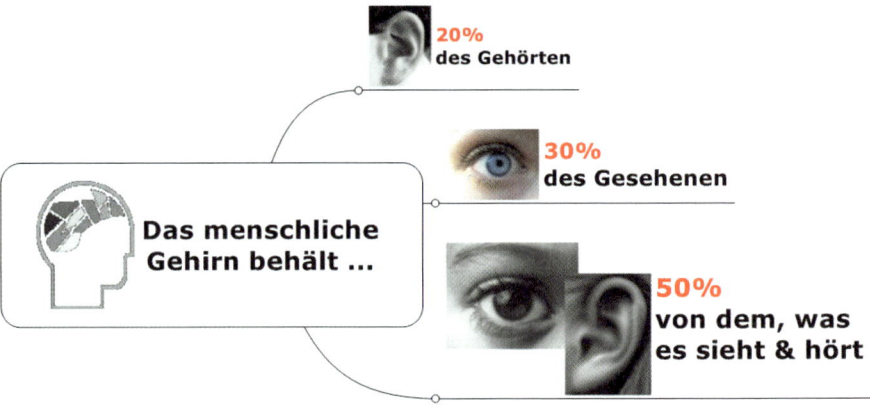

Abbildung 1.2 Bildinformationen können schnell gelernt werden.

Aufgrund der immer größer werdenden Informationsflut hat heutzutage keiner mehr Zeit für lange PowerPoint-Schlachten oder für das Lesen von dicken Ordnern. Jeder möchte schnell den »springenden Punkt« sehen, um dann selbst zu entscheiden, wann Details benötigt werden.

Das Auge gilt in unserer Kultur als das dominierende Sinnesorgan.

1.6 Die Vorgehensweise – Schritt für Schritt zur Map4OnePage

In einem ersten Schritt erfolgte die systematische Sammlung und Strukturierung – »Welche Informationen werden benötigt?«. Diese erste kreative Phase der Ausarbeitung »inhaltliche Struktur der Informationslandkarte aufbauen« erfolgt im MindManager.

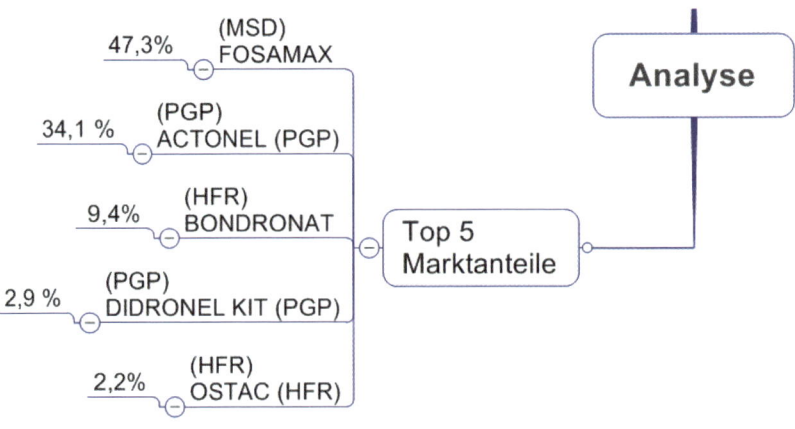

Abbildung 1.3 Aufbau der Struktur

Bei der Entwicklung der Struktur wird auf die Zielgruppe, die diese Informationen benötigt, geachtet. Der Betrachter steht im Mittelpunkt.

Im nächsten Schritt binden Sie alle externen relevanten Informationsquellen per Hyperlink ein. Das Prinzip: Mit nur einem Klick sollen Sie auf die detaillierten Informationen zugreifen können. Über diese Struktur werden die schnelle Recherche und die weitere Einbindung von Informationsquellen vereinfacht.

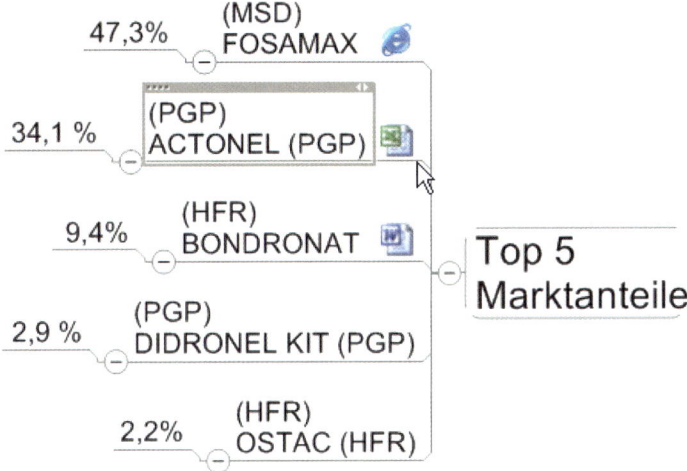

Abbildung 1.4 Zugriffsmöglichkeiten auf die Details

In den weiteren Schritten werden einzelne Bereiche visualisiert, um Informationen für das Auge schneller greifbar zu machen: Zugehörige Informationen aus Datenbanken und Informationssystemen werden integriert und dargestellt. Strategische Gedanken können jederzeit eingefügt und in Verbindung mit einzelnen Bereichen gebracht werden.

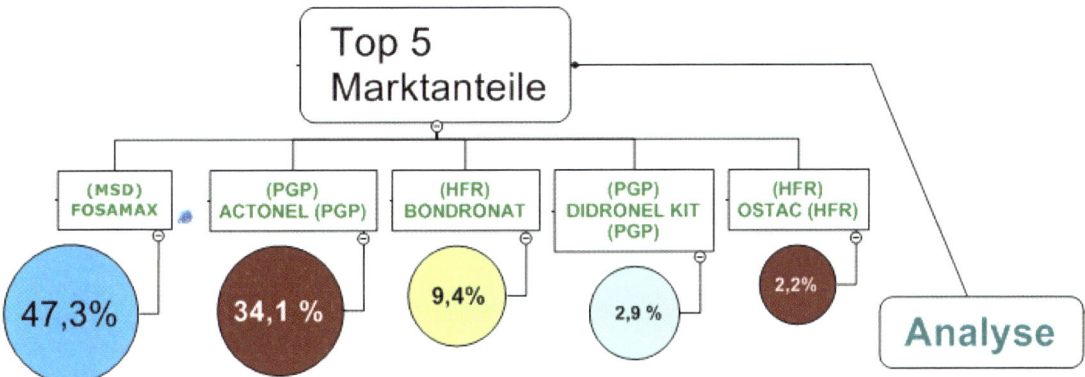

Abbildung 1.5 Informationen Aussagekraft verleihen

Hier knüpft die Ausgestaltung der OnePage an. Neben der grafischen Darstellung und der inhaltlichen Strukturierung der aktuellen Informationen (bspw. Projekte, strategische Vorhaben, Kennzahlen etc.) nimmt die Ausgestaltung der OnePage als beschreibende Ebene, auf der alle relevanten Informationsbestände zusammengeführt werden, einen zentralen Stellenwert ein.

Sie finden im Anschluss an dieses Kapitel 50 Beispiele aus der Praxis, die Sie auch selber nachstellen können. Alle die in den einzelnen Beispielen genannten Dateien können Sie auf der Webseite www.map4onepage.org downloaden.

Ich wünsche Ihnen nun die Offenheit für Neues, staunende Momente und interessante Entdeckungen.

»Staunen ist der Keim des Wissens« (Francis Bacon)

2 Personal, Bildung, Unternehmensführung

Keine andere Region ist so eng mit dem Unternehmenserfolg verbunden wie Personal, Bildung und Unternehmensführung.

Ob Unternehmen Gewinne erzielen oder sich gerade über Wasser halten können, hängt in hohem Maße von der Produktivität der Mitarbeiter ab. Themen wie Mitarbeitermotivation für Führungskräfte und Fachkräfte mit Führungsaufgaben werden immer wichtiger.

Theoretische als auch praktische Aspekte der Mitarbeitermotivation sind zu beachten, aber auch die Rolle von Führungskräften und Mitarbeitern in folgendem Kontext:

- Ziele und Notwendigkeit von Führung
- »Mythos Motivation«
- Aufgaben einer Führungskraft

Mitarbeiterbeurteilung als Voraussetzung von Delegation sowie Spielregeln sind dabei einige Gesichtspunkte. Motivation ist nicht gleichzusetzen mit höherem Lohn.

Die wichtigste Aufgabe der Unternehmensführung besteht darin, Mitarbeiter so zu leiten, dass sie sich mit dem Unternehmen identifizieren, um daraus die Motivation zu schaffen, sich für das Unternehmen optimal einzusetzen.

Diese Informationen für alle Betreffende transparent und verständlich zu machen, ist die nächste Herausforderung. Sie finden einige Anregungen, einige Grundrezepte, die Sie jederzeit variieren und mit Ihren Zutaten kombinieren können.

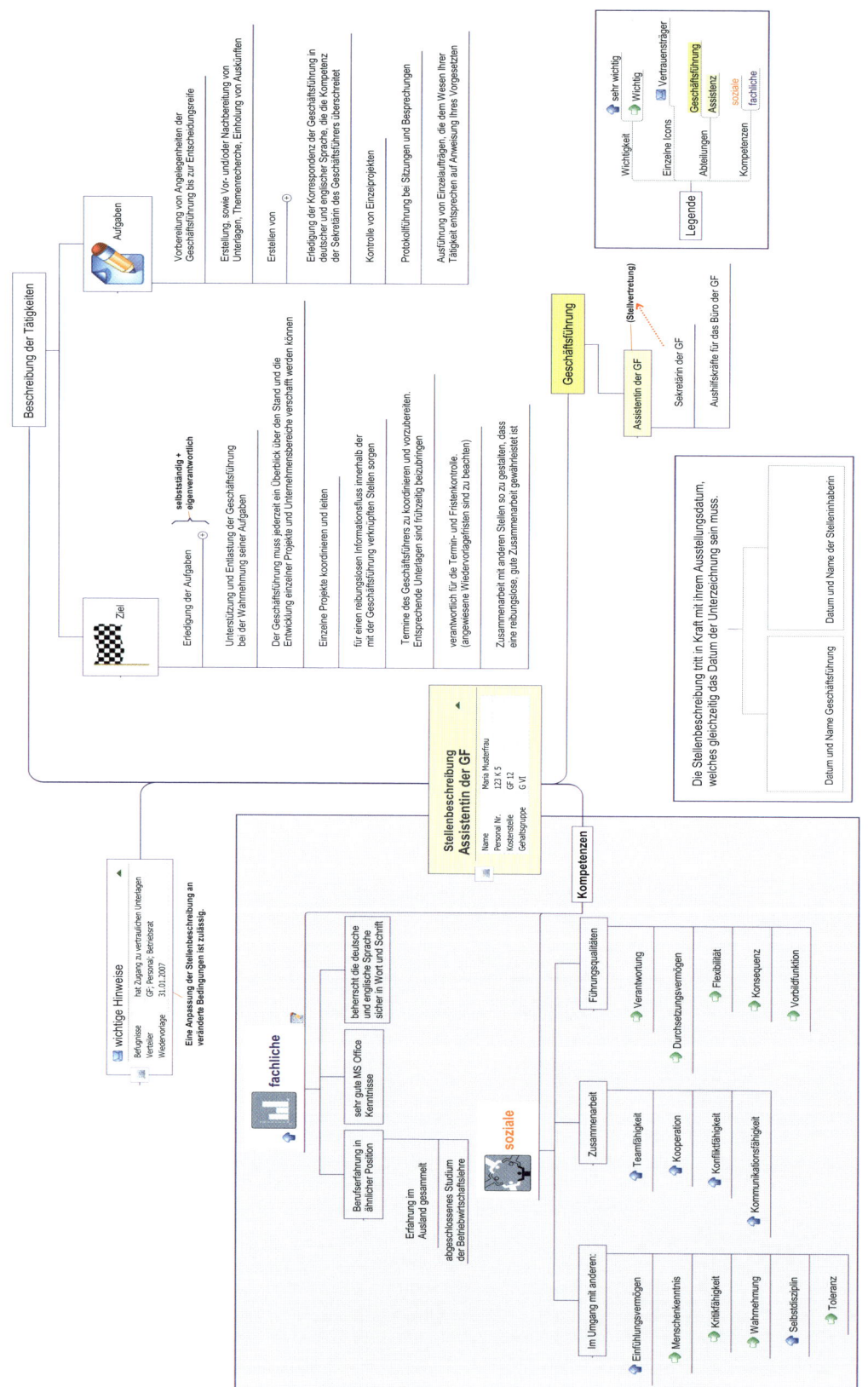

2.1 Kurzgebratenes – die übersichtliche Stellenbeschreibung

- 2 kg MindManager
- 1 Teelöffel Miteinander
- 2 Prisen Bereitschaft für Veränderungen
- 1 kl. Flasche Farbe

Eine Stellenbeschreibung oder Arbeitsplatzbeschreibung ist eine personenneutrale, schriftliche Beschreibung einer Stelle hinsichtlich ihrer Ziele, Aufgaben, Kompetenzen und Beziehungen zu anderen Stellen. Die Inhalte und der Aufbau von Stellenbeschreibungen variieren von Unternehmen zu Unternehmen, sollten aber immer klar, einfach und unmissverständlich formuliert sein. Eine visuelle Darstellung ermöglicht für alle Beteiligten einen schnellen Überblick, Transparenz und spart damit Zeit und beugt Missverständnissen vor.

①

Abbildung 2.1 Angaben einer Stellenbeschreibung

②

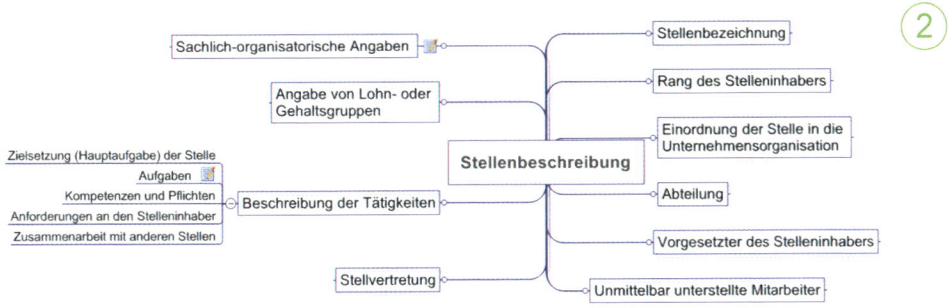

Abbildung 2.2 Die erste Struktur

Es ist immer von Vorteil, wenn MitarbeiterInnen am Erstellungsprozess beteiligt werden. Da ein augenblicklicher Zustand beschrieben wird, sollte zudem Platz für Veränderungen vorgesehen sein. Überprüfungen mit dem Stelleninhaber können so dokumentiert und ggf. Änderungen eingetragen werden.

③ Mithilfe der Funktion der Zweiganordnungen können Sie mehrere Zweige zu einer Information zusammenfassen. Die Zweige Rang des Stelleninhabers, wem ist der Mitarbeiter unterstellt, hat er eigene Mitarbeiter, wie ist die Einordnung der Stelle in die Unternehmensorganisation, wer hat die Stellvertretung etc. können durch die Darstellung als Organigramm gelöscht werden. Die Darstellung gibt dem Geschriebenen den passenden Informationsgehalt. Nach dem Motto: Ein Bild sagt mehr als 1000 Worte.

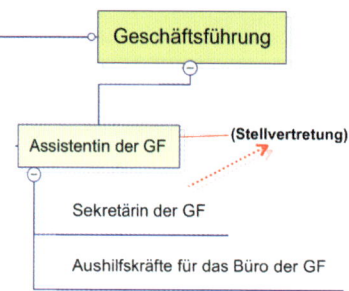

Abbildung 2.3 Informationsgehalt durch Gestaltung – das Organigramm

④ Alle wiederkehrenden Eingaben kann man sehr einfach mithilfe der benutzerdefinierten Eigenschaften integrieren. In diesem Beispiel haben wir die Funktion direkt im Hauptthema genutzt.

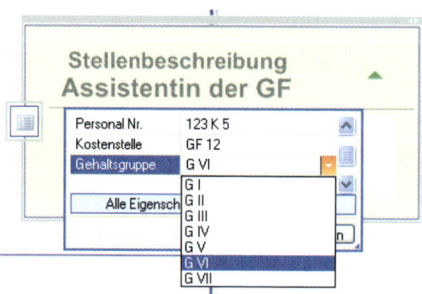

Abbildung 2.4 Datenfelder innerhalb MindManager nutzen – benutzerdefinierte Eigenschaften im praktischen Einsatz

⑤ Farben haben in den meisten Unternehmen den Beigeschmack der Spielerei. Dabei können Farben sehr wohl Informationsträger sein. In unserem Beispiel habe ich Farben eingesetzt, um auf einen Blick die Einordnung der Stelle in die Unternehmensorganisation zu erkennen.

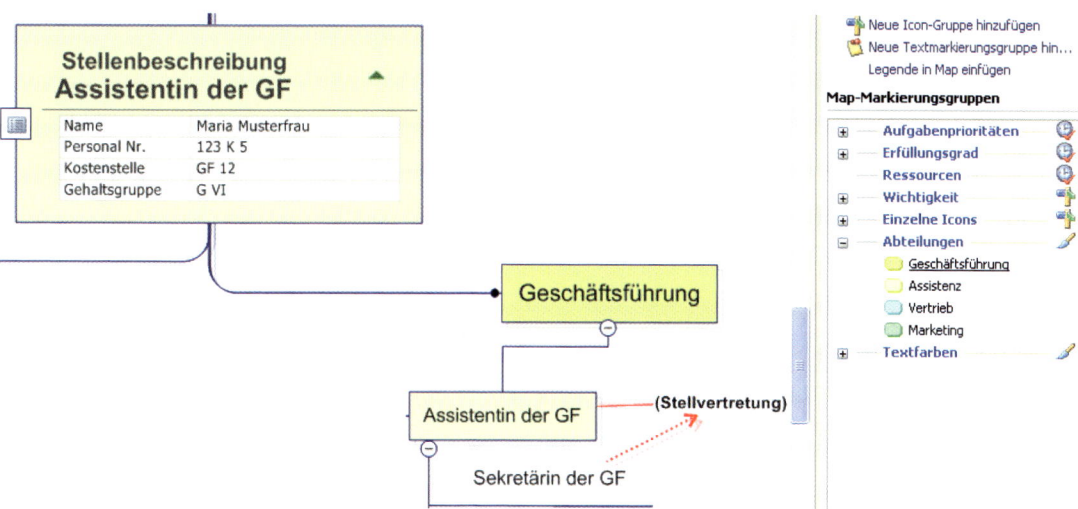

Abbildung 2.5 Mit Farbe zu mehr Informationen auf einen Blick

Unser Tipp: Spezielle Themen können Sie sehr einfach, aber wirkungsvoll mithilfe der Umrandungen ins rechte Licht rücken.

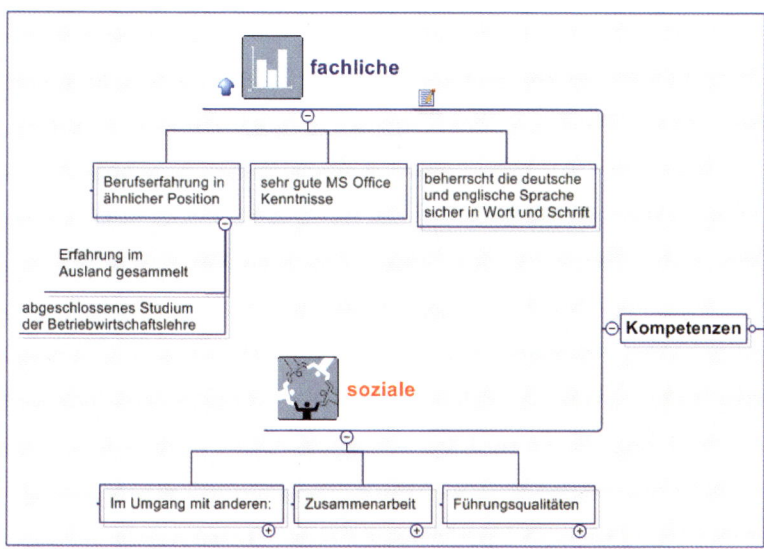

Abbildung 2.6 Umrandungen, um Spezielles ins rechte Licht zu rücken

Sie sitzen mit Ihrer Assistentin zusammen, und die Stellenbeschreibung liegt in DIN A3 vor. Was meinen Sie? Wie ist der Überblick? Wie verläuft das Gespräch?

Dieses sehr einfache Beispiel einer OnePage soll als Vorspeise für weitere Gerichte dienen. Sie werden ab jetzt mit viel mehr Zutaten arbeiten. MindManager ist nur der Grundteig – die Variationen kommen mit den weiteren Zutaten.

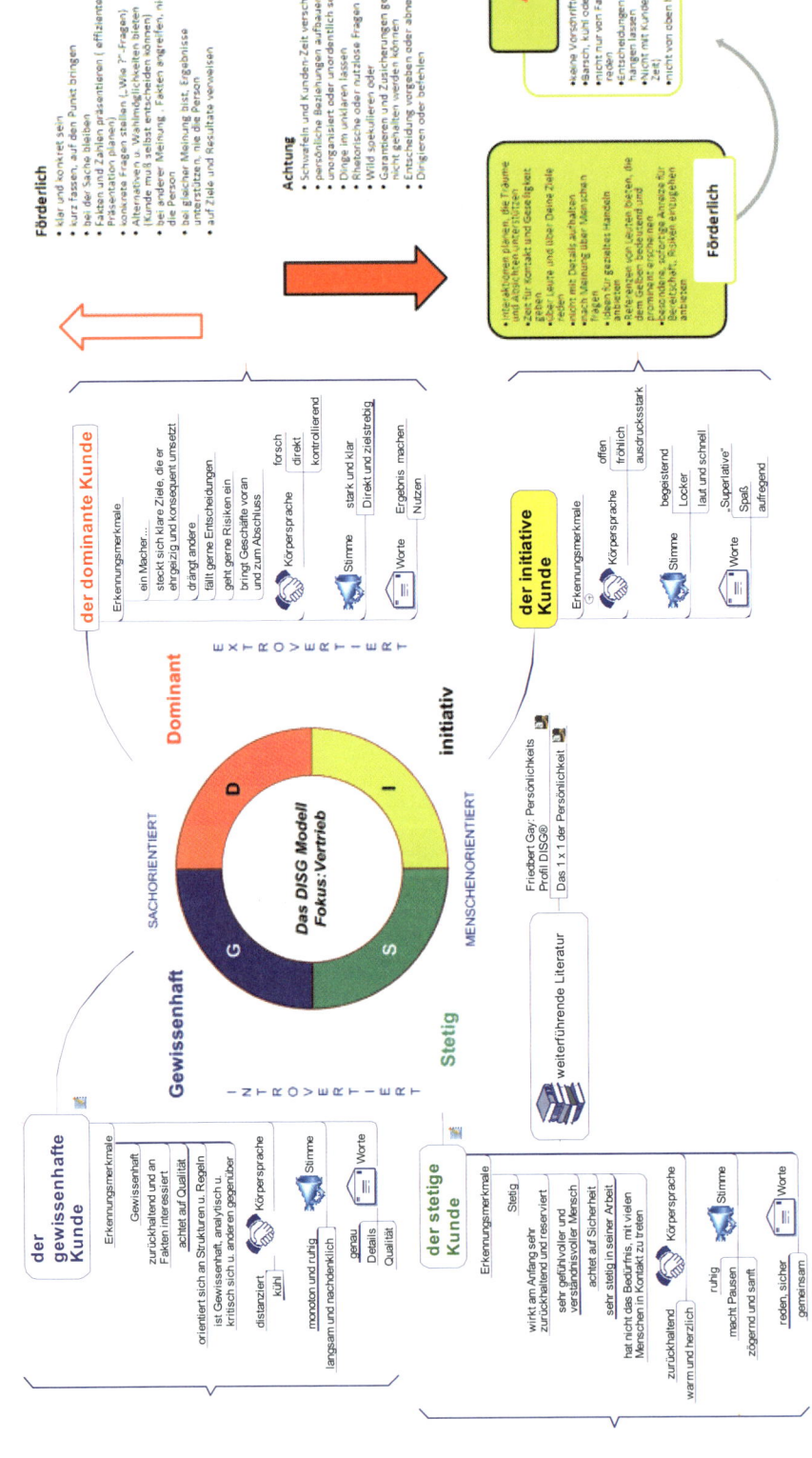

Das DISG Modell — Fokus: Vertrieb

D — Dominant — SACHORIENTIERT
I — initiativ — MENSCHENORIENTIERT
S — Stetig
G — Gewissenhaft

Förderlich
- klar und konkret sein
- kurz fassen, auf den Punkt bringen
- bei der Sache bleiben
- Fakten und Zahlen präsentieren (effiziente Präsentation planen)
- konkrete Fragen stellen ("Wie ?"-Fragen)
- Alternativen u. Wahlmöglichkeiten bieten (Kunde muß selbst entscheiden können)
- bei anderer Meinung, Fakten angreifen, nie die Person
- bei gleicher Meinung, Person unterstützen, nie die Person
- auf Ziele und Resultate verweisen

Achtung
- Schwafeln und Kunden-Zeit verschwenden
- persönliche Beziehungen aufbauen
- unorganisiert oder unordentlich sein
- Dinge im unklaren lassen
- Rhetorische oder nutzlose Fragen stellen
- Wild spekulieren oder
- Garantieren und Zusicherungen geben, die nicht gehalten werden können
- Entscheidung vorgeben oder abnehmen
- Dirigieren oder befehlen

ACHTUNG
- keine Vorschriften machen
- barsch, kühl oder wortkarg sein
- nicht nur von Fakten und Zahlen reden
- Entscheidungen in der Luft hängen lassen
- Nicht mit Kunden träumen (kostet Zeit)
- nicht von oben herab behandeln

Förderlich
- Wunschträume planen, die Träume und Absichten unterstützen
- Zeit für Kontakt und Geselligkeit geben
- über Leute und über Deine Ziele reden
- nicht mit Details aufhalten
- nach Meinung über Menschen fragen
- Ideen für gezieltes Handeln anbieten
- Referenzen von Leuten bieten, die dem selben beliebend und prominente erscheinen
- besondere, sofortige Anreize für Begeisterung, Risiken entgegenhalten anbieten

der dominante Kunde
Erkennungsmerkmale
- ein Macher...
- steckt sich klare Ziele, die er ehrgeizig und konsequent umsetzt
- drängt andere
- fällt gerne Entscheidungen
- geht gerne Risiken ein
- bringt Geschäfte voran und zum Abschluss

Körpersprache: forsch, direkt, kontrollierend
Stimme: stark und klar, Direkt und zielstrebig
Worte: Ergebnis machen, Nutzen

EXTROVERTIERT

der initiative Kunde
Erkennungsmerkmale
Körpersprache: offen, fröhlich, ausdrucksstark
Stimme: begeisternd, Locker, laut und schnell
Worte: "Superlative", Spaß, aufregend

der gewissenhafte Kunde
Erkennungsmerkmale
- Gewissenhaft
- zurückhaltend und an Fakten interessiert
- achtet auf Qualität
- orientiert sich an Strukturen u. Regeln
- ist Gewissenhaft, analytisch u. kritisch sich u. anderen gegenüber

Körpersprache: distanziert, kühl
Stimme: monoton und ruhig, langsam und nachdenklich
Worte: genau, Details, Qualität

INTROVERTIERT

der stetige Kunde
Erkennungsmerkmale
- Stetig
- wirkt am Anfang sehr zurückhaltend und reserviert
- sehr gefühlvoller und verständnisvoller Mensch
- achtet auf Sicherheit
- sehr stetig in seiner Arbeit
- hat nicht das Bedürfnis, mit vielen Menschen in Kontakt zu treten

Körpersprache: zurückhaltend, warm und herzlich
Stimme: ruhig, macht Pausen, zögernd und sanft
Worte: reden, sicher, gemeinsam

weiterführende Literatur:
Friedbert Gay: Persönlichkeits Profil DISG®
Das 1 x 1 der Persönlichkeit

2.2 Große Wirkung, kleiner Aufwand – die DISG-Methode

- 500 gr. Mindjet® MindManager®
- 40 gr. Bilder
- 250 gr. Visio
- 250 gr. Word (Office 2007)
- 2 Prisen Neugier und ein wenig Farbe nach Geschmack
- 3 Gewürzstangen Offenheit für neue Sichtweisen

DISG ist ein Modell zur Klassifizierung von Persönlichkeiten. Ziel ist es, ein möglichst objektives Bild über das Verhalten und die Persönlichkeit einer Person zu bekommen. Im Mittelpunkt steht die Bewertung der individuellen privaten und beruflichen Teamfähigkeit. Gerade im Vertrieb ist die Beziehungskompetenz von enormer Bedeutung und meist der Schlüssel zum Verkaufserfolg.

Wir haben Ihnen ein Gericht gekocht, das sich mit der DISG-Methode im Vertrieb auseinandersetzt. Statt 15 Seiten Auswertungen stehen nun alle wichtigen Informationen auf einem Blatt. Nachfolgend die Schritte dazu:

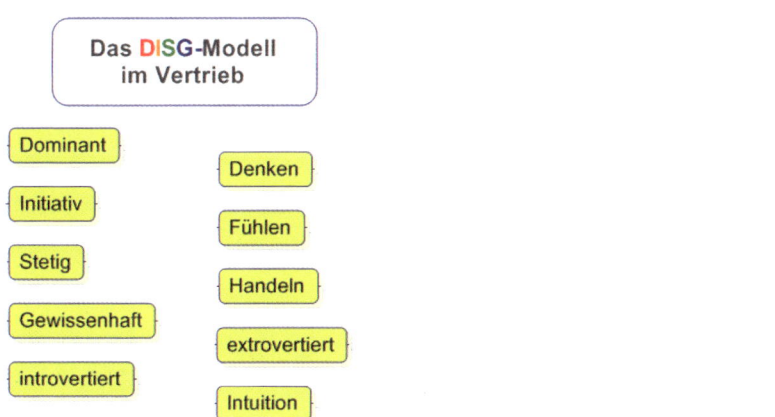

Abbildung 2.7 Welche Informationen werden benötigt – die ersten Brainstorming-Gedanken

Sie haben noch sehr viele Informationen, die Sie verarbeiten müssen, doch wohin mit allen? Sie sollten sich bereits in diesem Stadium fragen, ob alle bisher gesammelten Grundinformationen besser schon jetzt bildhaft zusammengefasst werden können.

Wir haben beispielhaft die Grafik in Visio entworfen und als Bilddatei in MindManager eingefügt. Die Möglichkeit, das Grundmodell in dem Kreisdiagramm zu erläutern, ist damit gegeben. Die Hauptzweige sind gebildet, und die Farben des Modells wurden bereits aufgenommen.

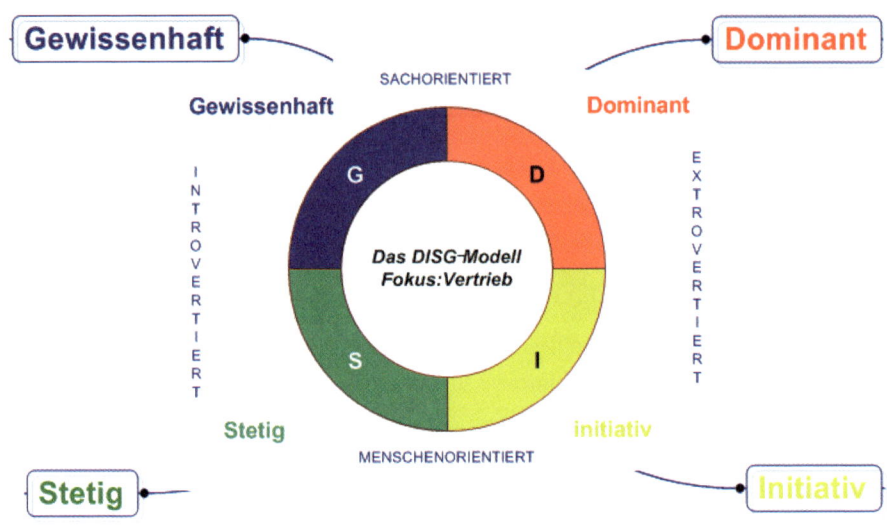

Abbildung 2.8 Das Grundmodell auf einen Blick – als Bild eingefügt

③ Im nächsten Schritt werden im MindManager detaillierte Informationen gesammelt. Der Vorteil: Es geht schnell, ist flexibel und nimmt die Arbeitsweise unseres Gehirns auf. Allerdings haben wir noch keine Transparenz. Sie sehen in **Abbildung 2.9** nur einen Hauptzweig mit Unterzweigen. Stellen Sie sich diesen mal 4 vor.

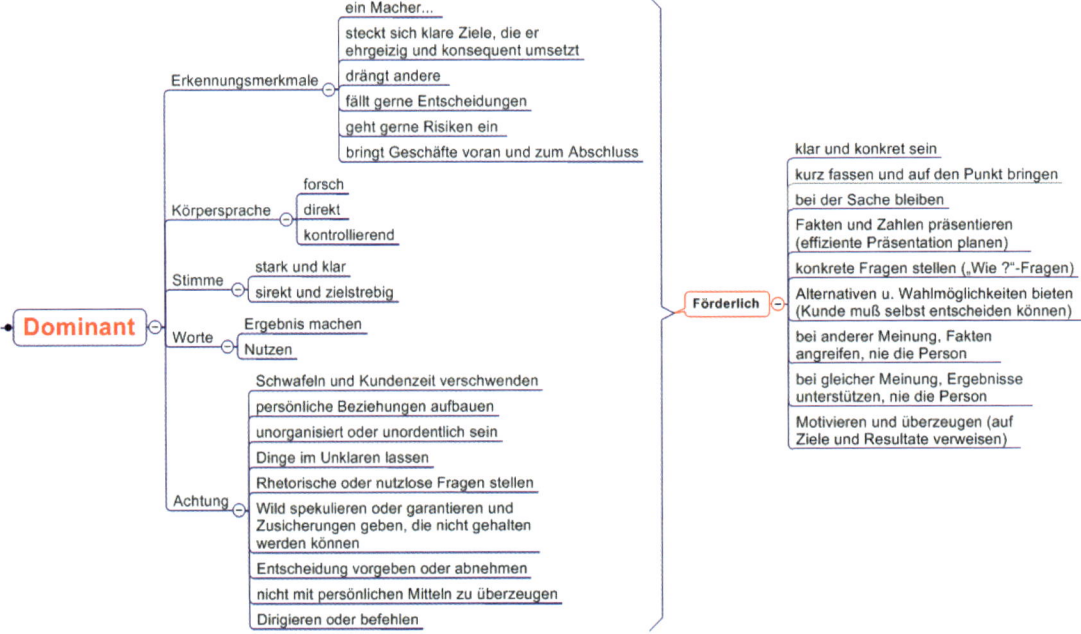

Abbildung 2.9 Gesammelte Informationen – zu viel, noch keine Transparenz

Die nächste Überlegung ist die Informationsverarbeitung. Hier haben wir die grafischen Darstellungsmöglichkeiten in Word 2007 genutzt. Diese in Word erstellte Grafik wird mit »Copy & Paste« in die Map eingefügt. Die Zweige »Förderlich« und »Achtung« können entfallen. Zudem wird mit Bildern und Farbe gearbeitet.

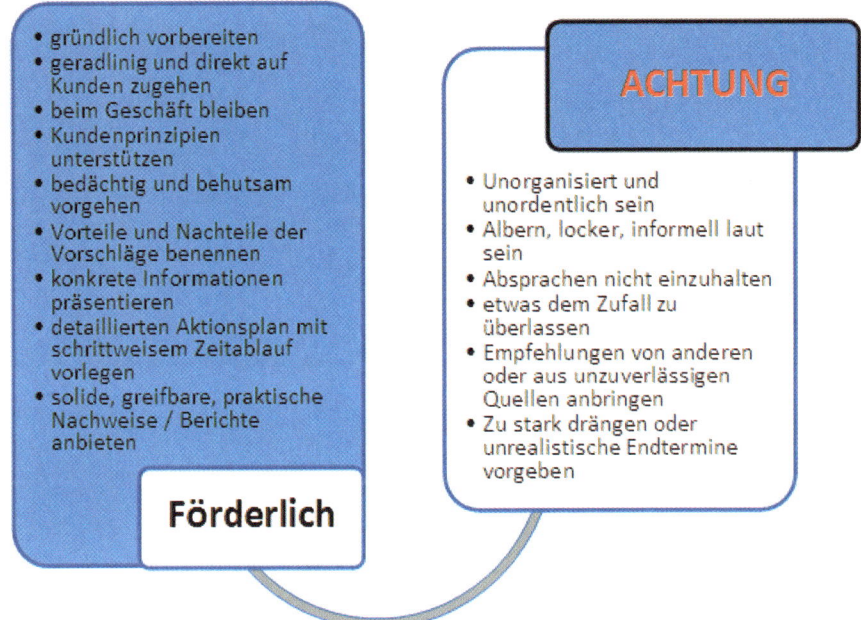

Abbildung 2.10 Grafiken und Bilder ersetzen Zweige und schaffen Transparenz.

Zu guter Letzt fügen wir noch Hyperlinks ein, um auf weitere Literatur hinzuweisen und den direkten Zugriff zu ermöglichen.

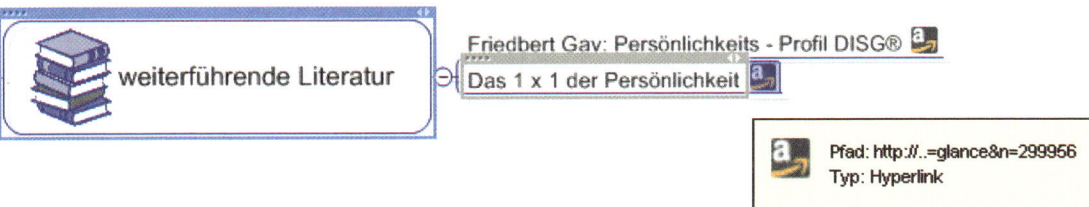

Abbildung 2.11 Heterogene, externe Informationen mithilfe der Hyperlinks einbinden

Ihre Mitarbeiter können sich zum Beziehungsmanager entwickeln und Verkaufsstrategien gezielt auf die Bedürfnisse Ihrer Kunden abstimmen.

Tipp für die Praxis: Ausgedruckt auf DIN A3 ist die OnePage eine gute Gedächtnisstütze bei Telefonaten.

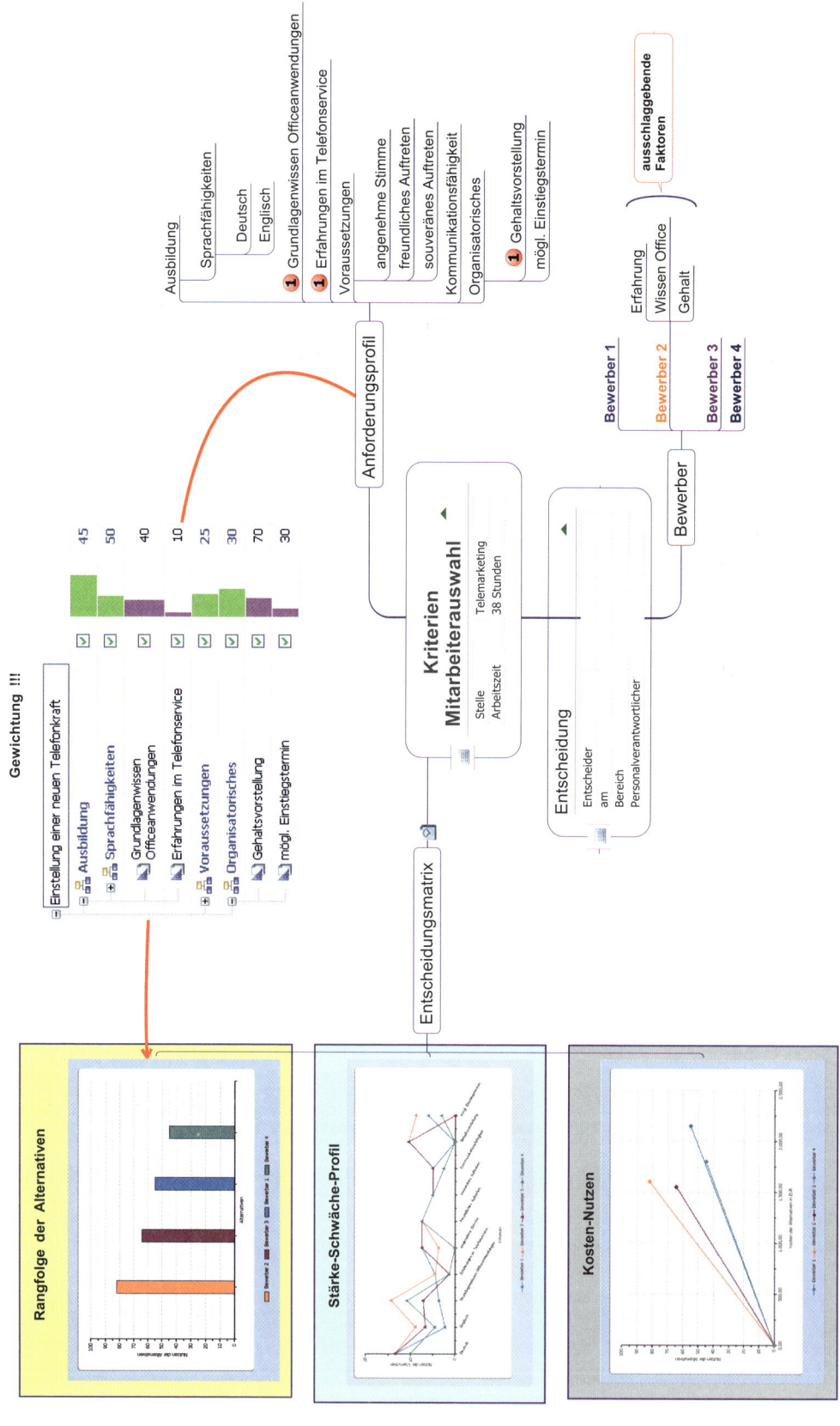

2.3 Das Salz in der Suppe – die Mitarbeiterauswahl

- 500 gr. MindManager
- 750 gr. Map4Score
- 1 Fläschchen Farbe
- 3 Teelöffel Mut zur grafischen Gestaltung

Die Mitarbeiterauswahl ist eine wichtige Führungsaufgabe, welche die Leistungsfähigkeit eines Unternehmens maßgeblich beeinflusst.

Der erste Schritt bei der Mitarbeiterauswahl muss eine sorgfältige Anforderungsanalyse sein. Dabei sind Kriterien zur Erstellung eines Anforderungsprofils zu entwickeln. Ziel ist es, dass Leistungsfähige von weniger leistungsfähigen Bewerbern unterschieden werden können.

Es ist eine Ganztagesstelle für das Telefonmarketing ausgeschrieben. Ihre Aufgabe ist es, die Gespräche zu führen und die Vorentscheidungen zu treffen. Zur Dokumentation Ihrer Vorentscheidung möchten Sie eine MindBusiness OnePage erstellen, sprich: alle Informationen, die zu Ihrer Entscheidung geführt haben, auf einem Blatt zusammenzuführen. ①

Sinnvollerweise arbeitet man hier mit einer Map-Vorlage, welche die Grundstrukturen vorgibt. Die Funktion »Benutzerdefinierte Eigenschaften« (Menü/Zweig/Benutzerdefinierte Eigenschaften) bietet Ihnen zusätzliche Möglichkeiten.

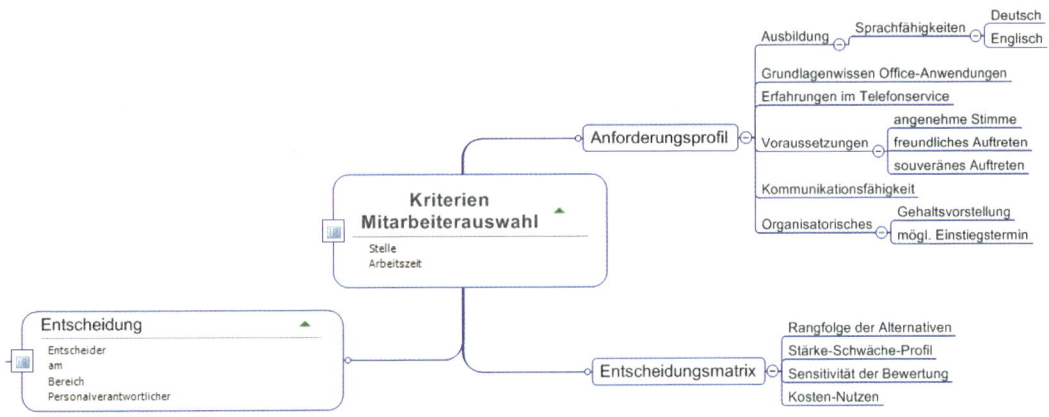

Abbildung 2.12 Gesammelte Kriterien

Bei externen Bewerbungen sichten Sie die Bewerbungsunterlagen, die nach formalen Kriterien (Vollständigkeit, Rechtschreibfehler etc.), Form und Passfähigkeit zum Anforderungsprofil bewertet werden. Doch wie führen Sie eine objektive Bewertung durch? In MindManager erstellen Sie mit wenigen Mausklicks umfangreiche Kritierienkataloge – und dann?

② Map4Score ist ein optimales Werkzeug, um komplexe Entscheidungsprobleme zu lösen. Sie importieren die Struktur aus den MindManager-Dateien und führen im Anschluss eine objektive Bewertung durch, indem Sie mit anderen Personen gemeinsam die Prioritäten festlegen.

Sie werten Ihre Ergebnisse mit leistungsstarken Analysefunktionen aus. Mit Map4Score vergleichen Sie anhand quantitativer und qualitativer Kriterien Ihre bevorzugten Alternativen.

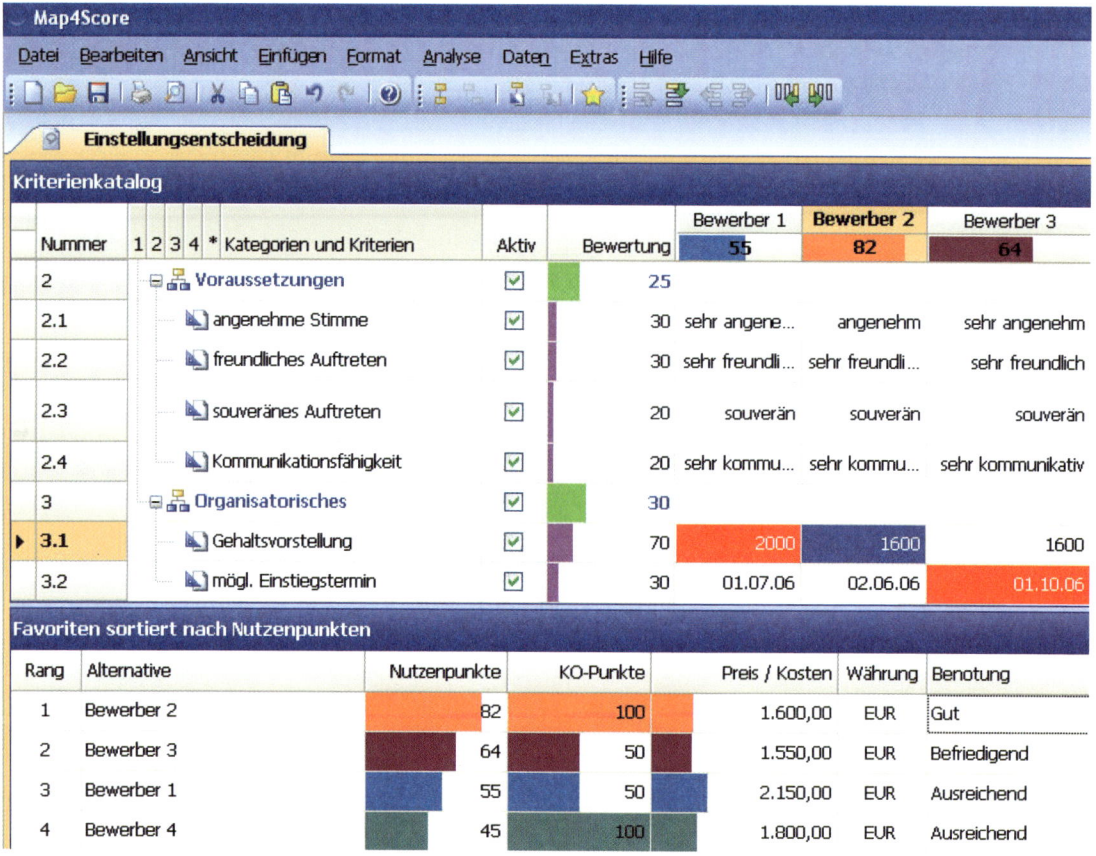

Abbildung 2.13 Der Kriterienkatalog in Map4Score

Für eine optimale Mitarbeiterauswahl haben Sie zehn bis zwölf Bewerber eingeladen. Die zwei bis drei Kandidaten, die dem Anforderungsprofil am besten entsprechen und die wenigsten berufsbezogenen Risiken haben, wollen Sie nun der Unternehmensleitung vorstellen.

③ Zur Dokumentation werden die in Map4Score dynamisch durchgeführten Berechnungen als Grafik importiert: Entscheidungstabellen, Ergebnisübersichten ...

Eine optimale Gesprächsgrundlage und Informationsübersicht beispielsweise für Kundentermine oder die Unternehmensleitung.

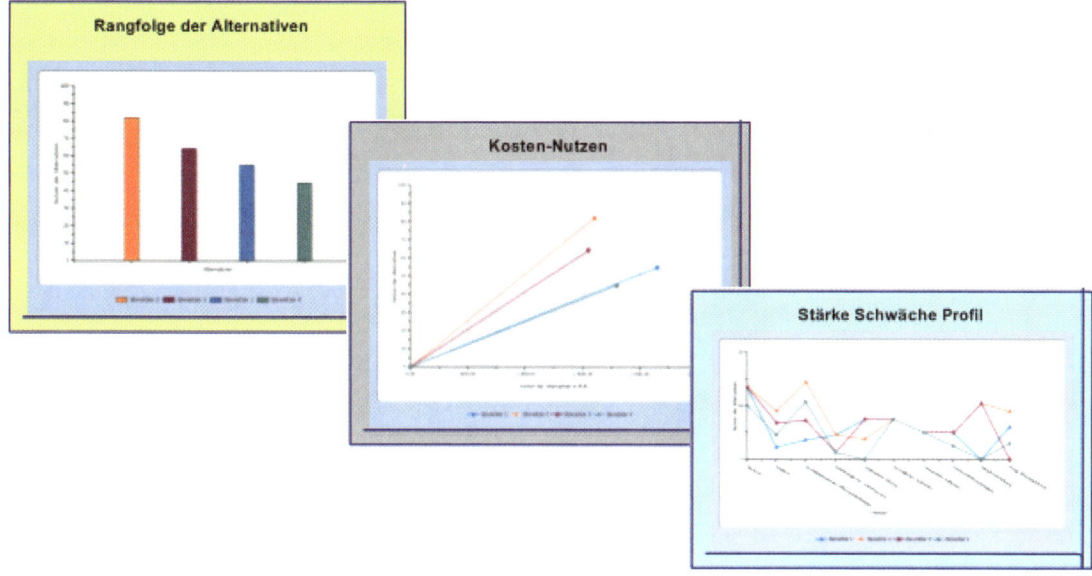

Abbildung 2.14 Entscheidungstabellen und Ergebnisübersichten sind integriert.

Die endgültige Entscheidung trifft die Unternehmensleitung mit dem unmittelbaren Vorgesetzten unter Berücksichtigung aller Erkenntnisse über den Kandidaten. ④

Abbildung 2.15 Externe Information im direkten Zugriff – Hyperlink setzen

Die Entscheidungsdatei wird in der OnePage zur späteren Dokumentation noch ergänzt. So kann sie auch zu einem späteren Zeitpunkt gut nachvollzogen werden.

Schauen Sie sich das Gericht im Detail an: Grafische Gestaltung mithilfe der Funktion Zweiganordnung spielen neben der farblichen Gestaltung sowie der Integration der Grafiken eine sehr wichtige Rolle.

Viel Spaß beim Nachkochen.

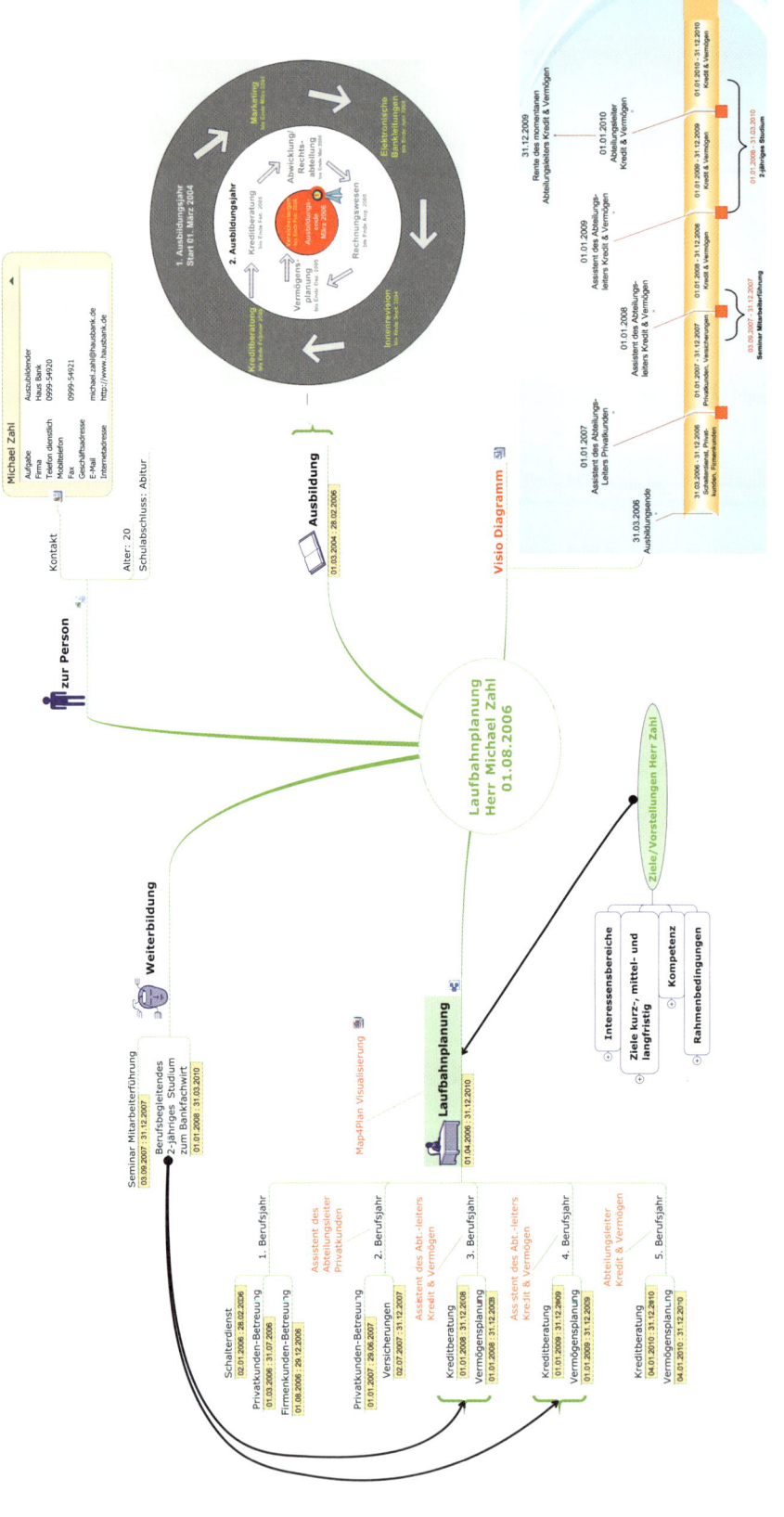

2.4 Eine Prise Optimismus – die optimale Laufbahnplanung

- 1 l Mindjet MindManager
- 200 ml Microsoft Visio
- 750 ml Map4Plan
- eine große Prise Selbstvertrauen

Den Beruf »für das ganze Leben« gibt es nicht mehr. Mit Gegebenheiten wie dem Wertewandel, ständigen Veränderungen in Wirtschaft und Gesellschaft, unsicheren Arbeitsplätzen und ungewissen Zukunftsaussichten müssen sich heute alle Menschen auseinandersetzen. Es werden Wege erforderlich, um in einer hektischen Arbeitswelt gesund und zufrieden zu bleiben – und trotzdem den Anforderungen zu entsprechen.

Die Laufbahnplanung ist in diesem Zusammenhang ein Werkzeug, das sich in den vergangenen Jahren immer mehr durchgesetzt hat. Ziel der Laufbahnplanung aus Unternehmenssicht ist es, mithilfe von individuellen Karriere- und Entwicklungsperspektiven qualifizierte Mitarbeiter langfristig an sich zu binden.

Da sich die Laufbahnplanung an der Person und den Fähigkeiten eines Mitarbeiters orientiert, ist sie nicht nur für die Betriebe von Interesse, sondern auch für die Personen, die sie erleben. Das heißt: Beide Seiten werden sich über Fähigkeiten sowie Potenziale im Klaren. Damit kombiniert die Laufbahnplanung die persönlichen Ansprüche der Mitarbeiter mit den Erfordernissen der Betriebe.

Als Personalleiter einer Bank sind Sie zuständig für die Laufbahnplanungen. Sie haben einen Ihrer Mitarbeiter, der vor sechs Monaten eine Ausbildung in Ihrer Bank begonnen hat, zu einem Laufbahnplanungsgespräch eingeladen. Der Mitarbeiter wurde vorab über das Gespräch und die Inhalte informiert, sodass auch er sich ausgiebig Gedanken über sich und seine beruflichen Wünsche und Ziele machen kann.

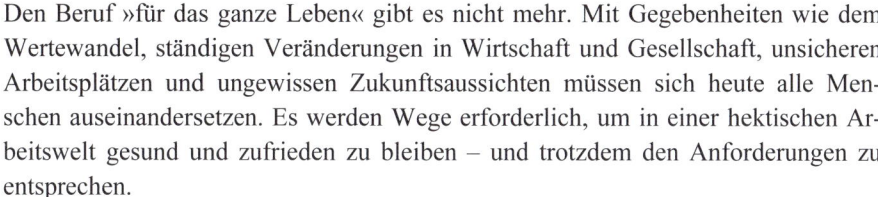

Abbildung 2.16 Die wichtigsten Informationen zur Person auf einen Blick

Sie haben eine Business-Map-Vorlage im Firmen-CI erstellt, um die wichtigsten Gesprächsinhalte festhalten zu können. Hierzu zählen auch die personenbezogenen Informationen. (Vgl. Sie **Abbildung 2.16**.)

② Da die Stufen innerhalb der Ausbildung vorgegeben sind, diese bereits vor Beginn der Ausbildung ausgiebig besprochen wurden und hier nur punktuell auf besondere Wünsche eingegangen werden kann, haben Sie diesen Bereich bereits mithilfe von Visio in Ihrer Map dargestellt.

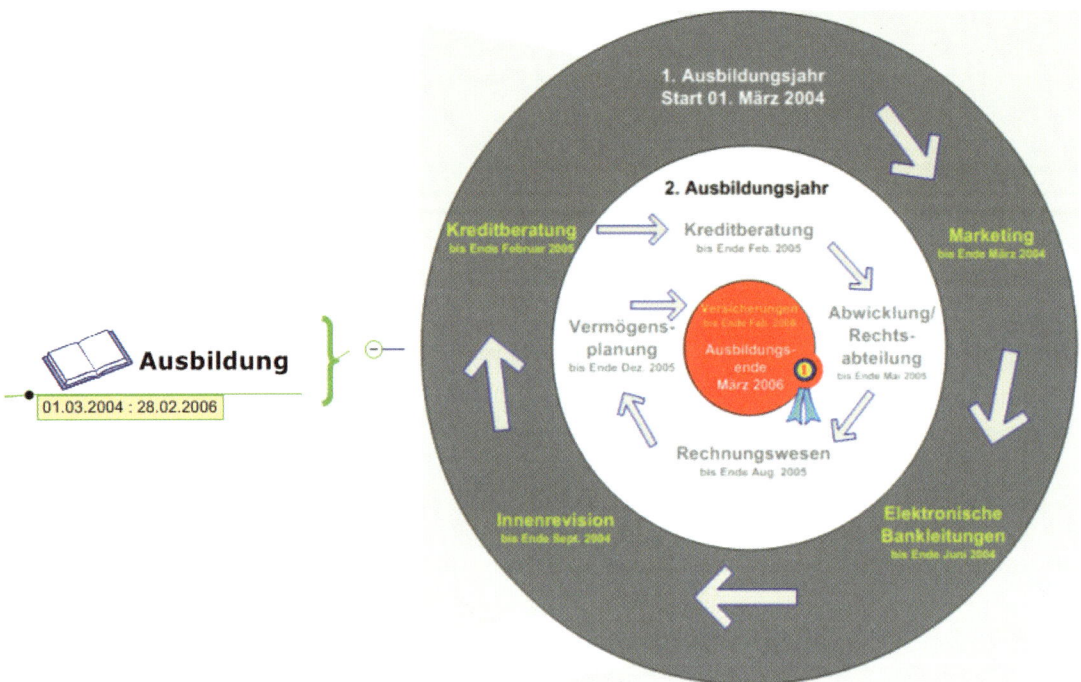

Abbildung 2.17 Die Stufen der Ausbildung übersichtlich visualisiert

Nachdem sich der Auszubildende in den vergangenen sechs Monaten bereits einen Überblick über die einzelnen Abteilungen verschaffen konnte, möchte er sich – seinen Interessen entsprechend – in den Bereichen Vermögensplanung und Kreditberatung spezialisieren.

③ Die Laufbahnplanung richten Sie entsprechend dieser Interessen aus – es werden Wege aufgezeigt und gemeinsam Ziele gesteckt. Hierzu zählen auch der zeitliche Rahmen der einzelnen Abschnitte, festgehalten über die Aufgabeninformationen in MindManager, sowie diverse Weiterbildungsmaßnahmen. Ein Visio-Diagramm und die MindManager-Hyperlink-Funktion verschaffen hier einen optimalen Überblick.

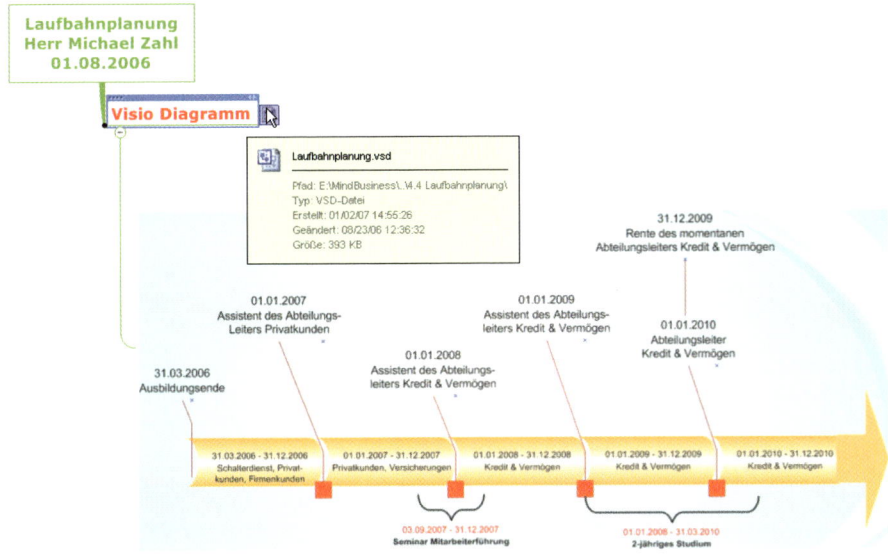

Abbildung 2.18 Die wichtigsten Informationen auf einen Blick

Um zum Schluss alle Informationen übersichtlich zu visualisieren, nutzen Sie die Gantt-Chart-Funktion in Map4Plan. Hierzu importieren Sie schnell und unkompliziert die in MindManager erstellte Business Map.

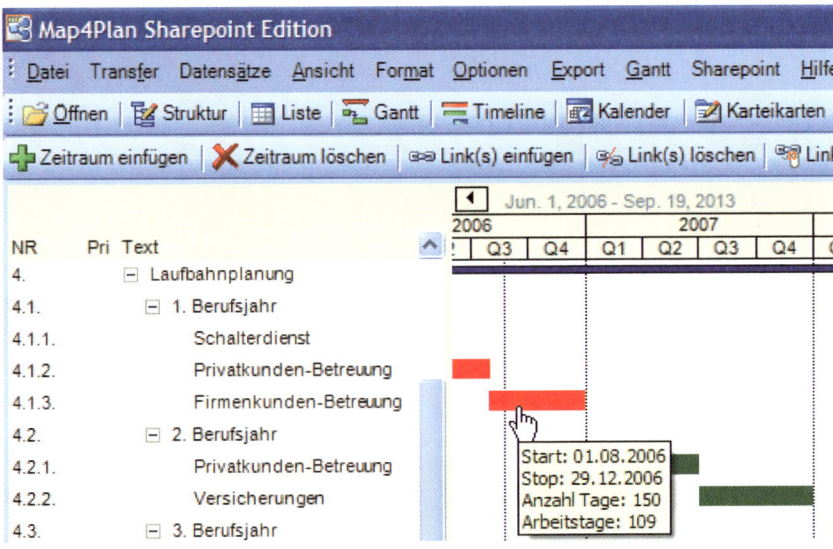

Abbildung 2.19 Die zeitliche Darstellung der Laufbahnplanung in Map4Plan

Auf diese Weise werden Abläufe und Zeitspannen auf einen Blick sichtbar. Zeitnah können sowohl Sie als auch der Mitarbeiter gegebenenfalls terminliche oder andere Änderungen in Map4Plan vornehmen und mit MindManager synchronisieren. Der Weg auf der Karriereleiter kann beginnen.

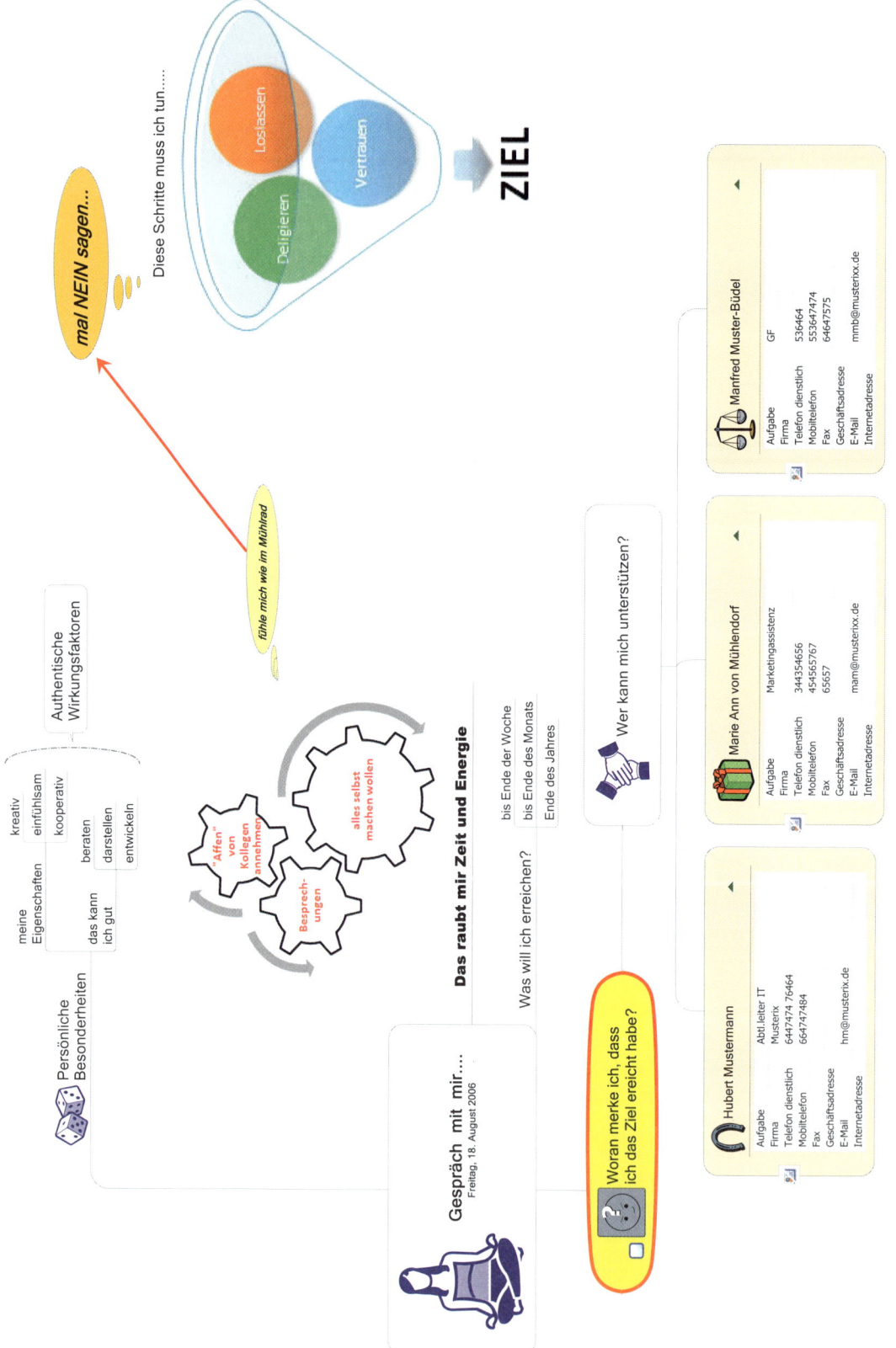

2.5 Effektive Fettlöser – Coaching und Problemlösung

- 1,5 kg Mindjet MindManager
- 200 gr. Microsoft Outlook
- 300 gr. Microsoft Word (Office 2007)
- 1 Messerspitze Vertrauen
- 2 Teelöffel Selbsterkenntnis
- Farbe und Bilder nach Geschmack

Führungskräfte auf allen Managementebenen tragen eine enorme Verantwortung. Neben Leistungen unternehmerischer Veränderungsprozesse spielt das Begleiten und Lösen von fachlichen wie persönlichen Konflikten eine immer größere Rolle. Zum einen sind Manager für die effektive Neugestaltung der Unternehmensstruktur verantwortlich, zum anderen sollen sie für die Sicherung der Arbeitsplätze sorgen. Häufig treten in solchen Fällen Grenzsituationen auf, die mithilfe des Coachings gelöst werden können.

Barbara B. hat von Ihrem Coach die Hausaufgabe bekommen, ein Gespräch mit sich selbst zu führen und Ihre Gedanken aufzuschreiben. Ziel ist es, für das nächste Coaching-Gespräch eine Arbeitsgrundlage zu haben.

Abbildung 2.20 Die ersten Gedanken sind gesammelt.

Während eines solchen Gedankenprozesses geht viel in dem Menschen vor. Gerade unangenehme Situationen wühlen auf und wollen zu Papier gebracht werden. Doch Worte sind viel zu schwer zu finden. Mithilfe der grafischen Möglichkeiten in Word (Office 2007) können »Gefühle« verarbeitet und sichtbar gemacht werden.

②　Hier ist der Gedanke »im Mühlenrad feststecken« so richtig greifbar geworden und als Bild in die Map eingefügt worden. Nur mit MindManager wäre es nicht sichtbar geworden.

Abbildung 2.21 Mit Grafiken Gedanken zum Ausdruck gebracht

③　Bärbel B. fragt sich, wer sie unterstützen kann. Drei Namen fallen ihr ein. Alle drei Menschen sind ihr sehr wichtig und haben ihr Vertrauen. Gespräche mit Hubert haben ihr schon oft Glück gebracht, und Marie-Ann ist ein wirklicher Schatz. Sie kann zuhören und gibt sehr gute Ratschläge. Herr Muster-Büdel ist ihr Vorgesetzter, an dem sie besonders seinen Sinn für Gerechtigkeit schätzt. Wo bekommen Sie diese Informationen besser dargestellt …

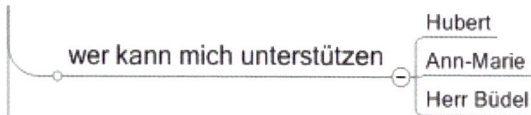

Abbildung 2.22 Wer kann mir helfen – so …

Abbildung 2.23 … oder so

Wie Schuppen fällt es Barbara B. von den Augen. Eigentlich müsste sie nur öfters mal »Nein« sagen. Gedacht, getan – die Information steckt schon in der Map. Mithilfe der Verbindungspfeile ist das ein Kinderspiel.

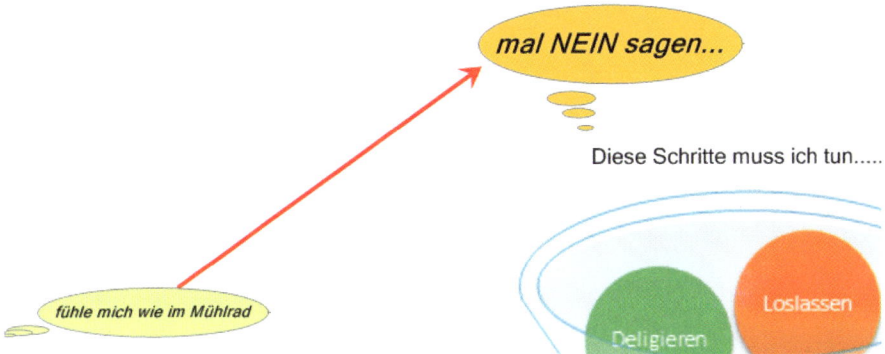

Abbildung 2.24 Verbindungspfeile bringen Klarheit

Die Frage ist nun noch: Wie erkenne ich eigentlich, dass ich mein Ziel erreicht habe?

Diese Frage möchte Barbara B. als offene Aufgabe mit in das Coaching-Gespräch nehmen und die Antwort dort mit ihrem Coach erarbeiten.

Also, schnell hervorheben und als offene Aufgabe festhalten. Ein Bild mit einem fragenden Kopf kann auch nicht schaden.

Abbildung 2.25 Offene Fragen mithilfe der Map-Markierungen als Aufgabe deklariert

Das Gespräch mit mir selbst hat gut getan, denkt sich Barbara B. und geht gut vorbereitet in den nächsten Coaching-Termin. Ihr Coach wird schnell im Bilde sein, und beide können sich auf die nächsten Steps konzentrieren.

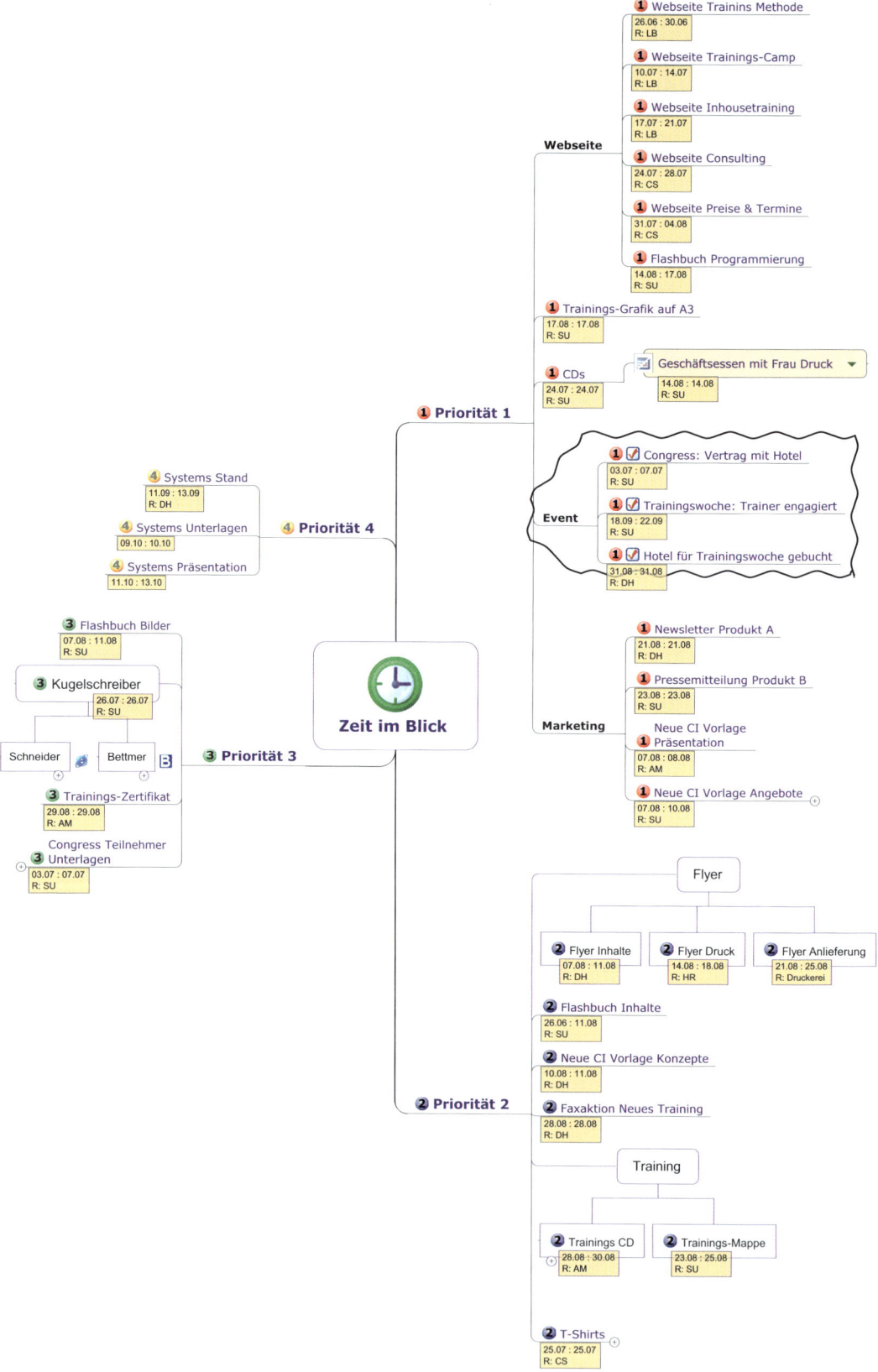

Zeit im Blick

Priorität 1

Webseite
- ❶ Webseite Trainins Methode
  26.06 : 30.06
  R: LB
- ❶ Webseite Trainings-Camp
  10.07 : 14.07
  R: LB
- ❶ Webseite Inhousetraining
  17.07 : 21.07
  R: LB
- ❶ Webseite Consulting
  24.07 : 28.07
  R: CS
- ❶ Webseite Preise & Termine
  31.07 : 04.08
  R: CS
- ❶ Flashbuch Programmierung
  14.08 : 17.08
  R: SU

❶ Trainings-Grafik auf A3
17.08 : 17.08
R: SU

❶ CDs
24.07 : 24.07
R: SU

Geschäftsessen mit Frau Druck
14.08 : 14.08
R: SU

Event
- ❶ ☑ Congress: Vertrag mit Hotel
  03.07 : 07.07
  R: SU
- ❶ ☑ Trainingswoche: Trainer engagiert
  18.09 : 22.09
  R: SU
- ❶ ☑ Hotel für Trainingswoche gebucht
  31.08 : 31.08
  R: DH

Marketing
- ❶ Newsletter Produkt A
  21.08 : 21.08
  R: DH
- ❶ Pressemitteilung Produkt B
  23.08 : 23.08
  R: SU
- ❶ Neue CI Vorlage Präsentation
  07.08 : 08.08
  R: AM
- ❶ Neue CI Vorlage Angebote
  07.08 : 10.08
  R: SU

Priorität 4
- ❹ Systems Stand
  11.09 : 13.09
  R: DH
- ❹ Systems Unterlagen
  09.10 : 10.10
- ❹ Systems Präsentation
  11.10 : 13.10

Priorität 3
- ❸ Flashbuch Bilder
  07.08 : 11.08
  R: SU
- ❸ Kugelschreiber
  26.07 : 26.07
  R: SU
  - Schneider
  - Bettmer
- ❸ Trainings-Zertifikat
  29.08 : 29.08
  R: AM
- ❸ Congress Teilnehmer Unterlagen
  03.07 : 07.07
  R: SU

Priorität 2

Flyer
- ❷ Flyer Inhalte
  07.08 : 11.08
  R: DH
- ❷ Flyer Druck
  14.08 : 18.08
  R: HR
- ❷ Flyer Anlieferung
  21.08 : 25.08
  R: Druckerei

❷ Flashbuch Inhalte
26.06 : 11.08
R: SU

❷ Neue CI Vorlage Konzepte
10.08 : 11.08
R: DH

❷ Faxaktion Neues Training
28.08 : 28.08
R: DH

Training
- ❷ Trainings CD
  28.08 : 30.08
  R: AM
- ❷ Trainings-Mappe
  23.08 : 25.08
  R: SU

❷ T-Shirts
25.07 : 25.07
R: CS

2.6 Raffinierte Kleinigkeiten – Zeitmanagement

- 350g Microsoft Outlook
- 350g Map4Plan
- 250g MindManager
- SharePoint nach Geschmack
- Zeit nach Maß

Termine, Termine, Termine. Wer heute erfolgreich sein will, steht oft unter Druck und muss seine Kapazitäten systematisch und klug einsetzen – das Wort Zeitmanagement begegnet uns immer öfter. Unter Zeitmanagement verstehen wir die Maßnahmen zur effektiven Nutzung der zur Verfügung stehenden Zeit. Voraussetzung für effektives Zeitmanagement ist das Setzen von Zielen und Prioritäten. Der Begriff Zeitmanagement als solches ist eigentlich eine irreführende Bezeichnung, da die Zeit ganz unabhängig davon, was wir in dieser Zeit tun, vergeht. Das Einzige, was man managen kann, ist sich selbst.

Sie sind Projektleiter der Marketingabteilung und haben das Gefühl, dass Ihnen Überstunden und Meetings die Luft abschneiden. Sie wollen Ihre Termine und Aufgaben zukünftig besser planen und im Team effizienter arbeiten. Was ist Ihr Ziel? Ihr Ziel ist es, alle Termine übersichtlich darzustellen, Detailinformationen zu den verschiedenen Projekten mit einem Klick sichtbar machen zu können und jederzeit Zugriff auf aktuelle Projektinformationen zu haben.

Alle aktuellen Aufgaben haben Sie in einer Business Map – versehen mit verschiedenen Aufgabeninformationen, Prioritäten, Kontakten usw. – gesammelt. Ein erster Schritt – aufgrund der Größe der Map jedoch fehlt Ihnen immer noch der Überblick. Deshalb sortieren Sie die Map nach Aufgaben und Prioritäten, und filtern Sie nun noch nach den Aufgaben innerhalb einer bestimmten Kalenderwoche.

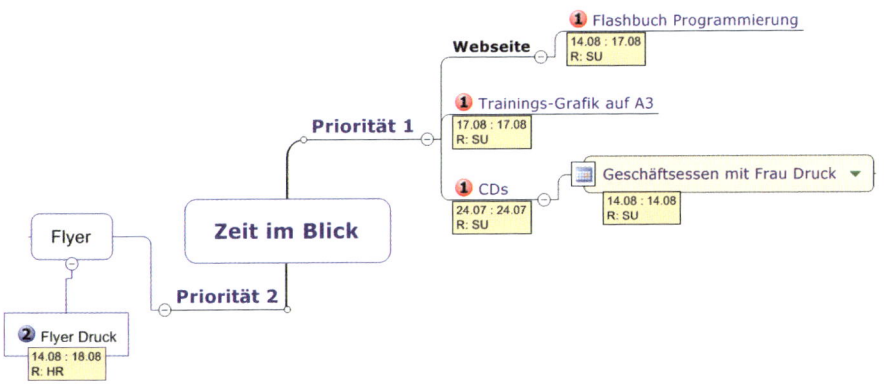

Abbildung 2.26 Aus einer Fülle von Terminen werden nur noch die aktuellen angezeigt.

② Sie wollen jedoch auch langfristig alle Termine auf einen Blick haben und flexibel Auswertungen vornehmen können. Map4Plan hilft hier weiter. Sie importieren die Map und haben so in Sekundenschnelle alle Termine übersichtlich – und durch die Synchronisationsfunktion jederzeit aktuell – zur Verfügung, und das in verschiedenen Ansichten. Zusätzliche Transparenz über Prioritäten, Ressourcen und den aktuellen Stand schaffen Sie mit der Filterfunktion in Map4Plan.

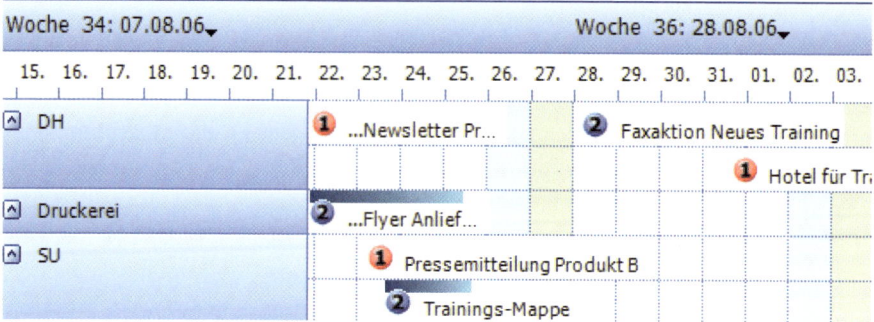

Abbildung 2.27 Egal ob mit der Timeline-Übersicht

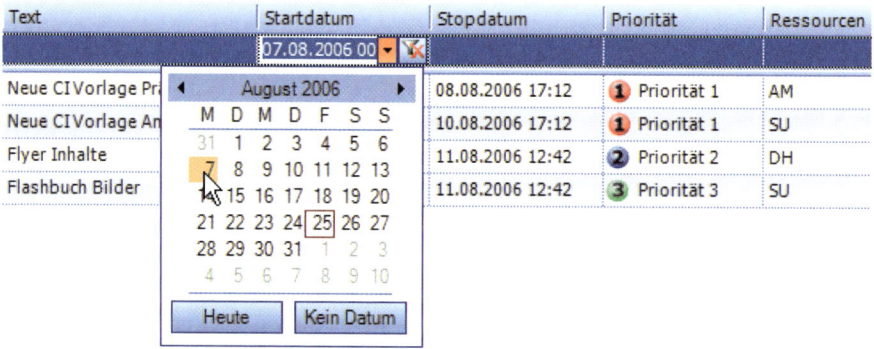

Abbildung 2.28 … oder der Listen-Ansicht

Die Darstellung in Form von gefilterten Listen oder Diagrammen hilft Ihnen dabei bereits im Vorfeld, Probleme, mögliche Krisenherde oder Terminkonflikte einfacher zu erkennen und schneller zu reagieren.

③ Um Ihre eigenen Aufgaben noch besser kontrollieren zu können, verknüpfen Sie diese mit Ihrem Kalender in Microsoft Outlook. Setzen Sie Outlook nicht nur als bloßes E-Mail-Programm ein, sondern nutzen Sie die Möglichkeiten und das volle Potenzial des elektronischen Helfers, um sich optimal zu organisieren und effektiv zu arbeiten.

Die Synchronisationsfunktion mit MindManager garantiert Ihnen auch bei Terminverschiebungen stets Aktualität.

Abbildung 2.29 Lassen Sie sich an Ihre Termine früh genug erinnern.

Der viel E-Mail-Verkehr innerhalb des Teams kostet Sie übermäßig viel Zeit. Hier eine Datei, hier eine aktualisierte Datei und dann noch die Aktualisierung der Aktualisierung. Sie verbringen eine Stunde täglich mit der Archivierung Ihrer E-Mails.

Sie haben für Ihr Team eine SharePoint-Projektseite eingerichtet, auf der aktuelle Dateien gespeichert und über die Sie automatisch benachrichtigt werden.

④

Abbildung 2.30 Mit SharePoint steht Ihnen eine perfekte Teamplattform zur Verfügung.

Schon wieder Zeit gespart! Übrigens – die gewonnene Zeit kann frei genutzt werden! Es geht beim Zeitmanagement nicht ausschließlich darum, dass Sie noch mehr Zeit für Arbeit freimachen, so dass Sie in den zwölf Stunden, die Sie täglich arbeiten, die Arbeit von 15 Stunden hineinquetschen können. Es geht darum, durch ein systematisches Zeitmanagement letztlich weniger Arbeit mit denselben Aufgaben zu haben, weil man durch konsequente Ausrichtung auf das Wesentliche die wichtigen Dinge im Blick behält. Sowie Safran ist auch unsere Zeit ein zu kostbares Gut, um verschwenderisch damit umzugehen!

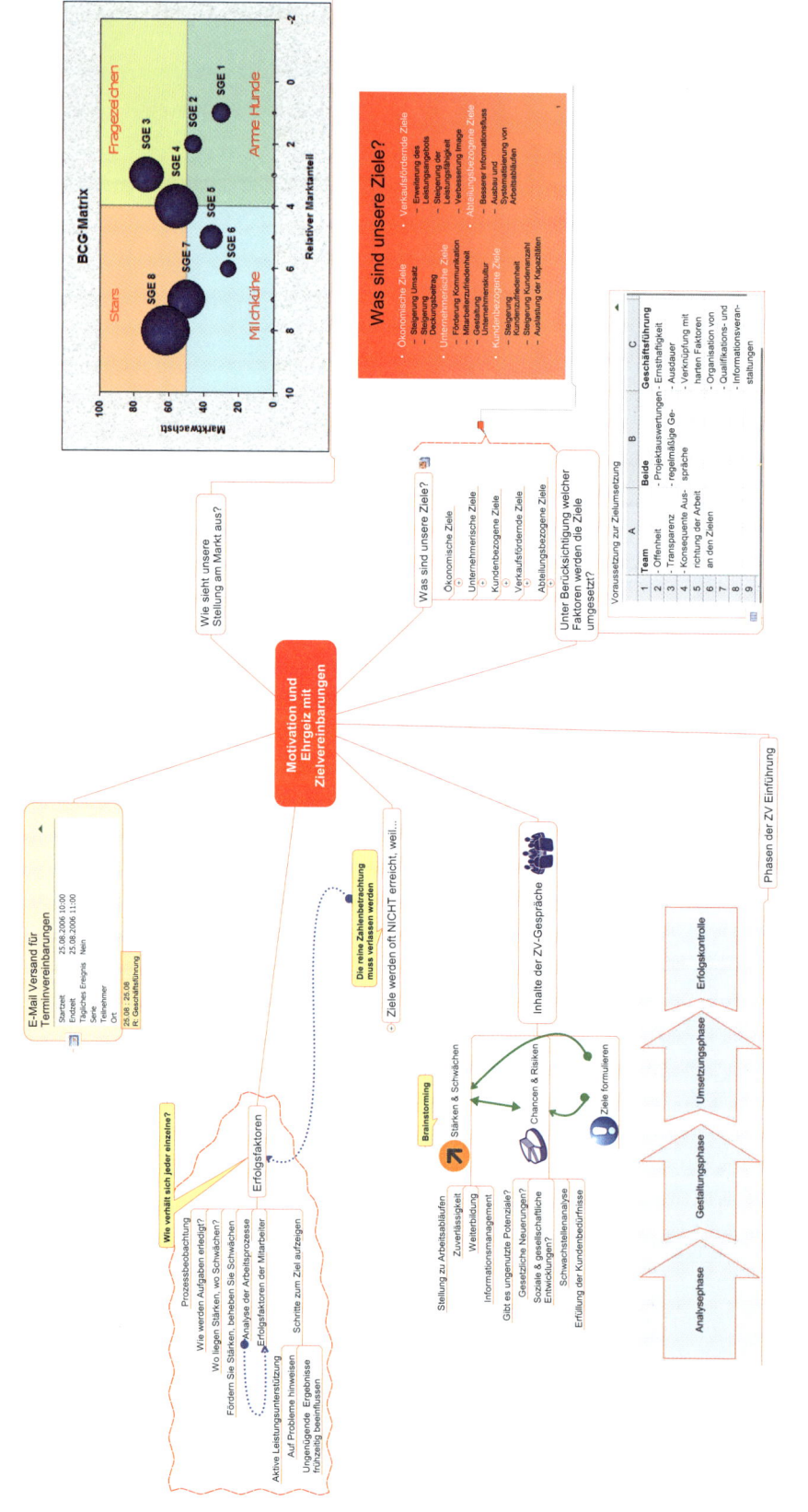

2.7 Große Wirkung erzielen – Zielvereinbarungen

- 1 kg Strategie
- 2 EL Mindjet MindManager
- 1 Messerspitze PowerPoint
- 125gr. Visio
- 300 gr. Messerspitze Excel

Jedes Unternehmen strebt nach Erfolg, und es gibt eine Vielzahl an Wegen, um zum Erfolg zu kommen. Management by Objectives – die Führung durch Zielvereinbarungen ist Bestandteil neuer Organisations- und Managementkonzepte und der indirekten, ergebnisorientierten Unternehmenssteuerung und muss auf allen Ebenen konsequent durchgeführt werden. Die Entwicklung gemeinsamer Ziele und des damit verbundenen Teamgeistes gehört zu den Aufgaben einer modernen Unternehmensführung. Doch wie erarbeitet man einen gemeinsamen Plan? Was sollten die Vereinbarungen beinhalten, und wie können die einzelnen Schritte zur Realisierung der Ziele gemessen werden?

Als Geschäftsführer eines mittelständischen Unternehmens wollen Sie mithilfe von Zielvereinbarungen Ihr Team motivieren und die Leistung jedes Einzelnen steigern. Sie haben alle Mitarbeiter zusammengerufen, um sie über Ihr Vorhaben zu unterrichten. Um für das Treffen gerüstet zu sein, wollen Sie die Informationen, die Sie Ihren Zuhörern vermitteln wollen, übersichtlich visualisieren.

Zunächst analysieren Sie Ihre Stellung am Markt.

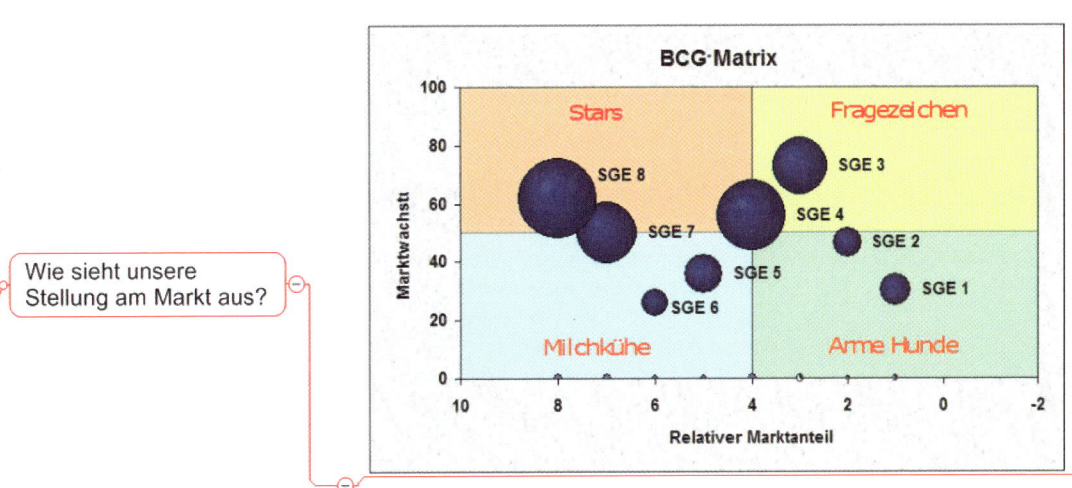

Abbildung 2.31 Der schnelle Überblick über den Stand der strategischen Geschäftseinheiten

Ein einfaches Portfolio, erstellt in Microsoft Excel, verschafft den perfekten Überblick über Anteile und Wachstum Ihrer strategischen Geschäftseinheiten.

(2) Um Sinn und Nutzen der Ziele für die Mitarbeiter deutlich herauszustellen, ist es wichtig, dass sie auch den größeren Rahmen der Zielvereinbarungen, in den ihre Arbeit eingeordnet ist, überblicken. Die Aufzählungen präsentieren Sie in PowerPoint.

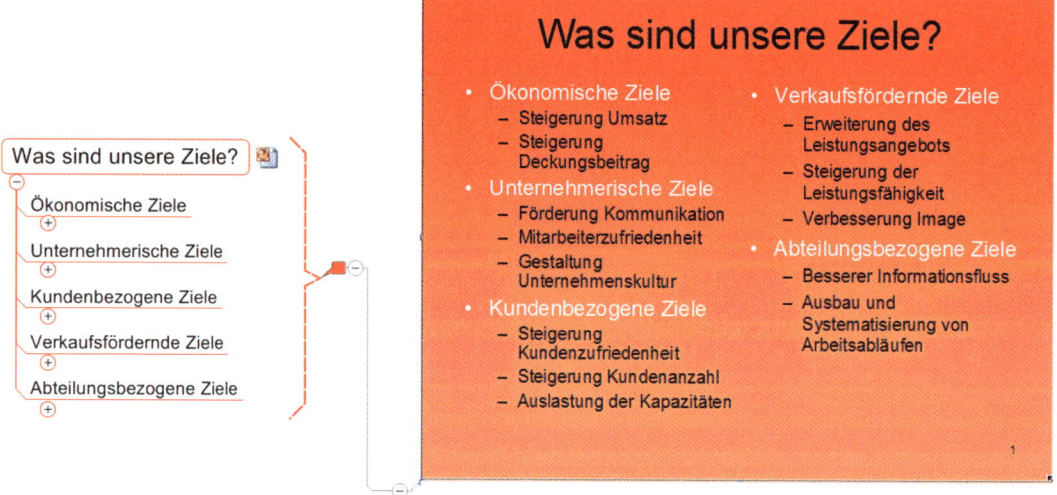

Abbildung 2.32 Nur wer die Prozesskette im Gesamten kennt, ist in der Lage, weitere Energie zu mobilisieren.

(3) In Form einer Tabelle listen Sie als Nächstes die Voraussetzungen zur Umsetzung der Zielvereinbarungen auf.

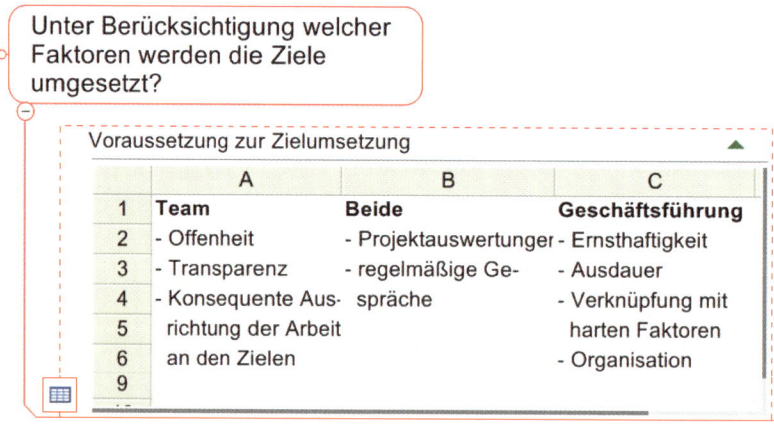

Abbildung 2.33 Schneller geht's nicht – wichtige Faktoren im Überblick

(4) Nun möchten Sie noch die einzelnen Phasen der Umsetzung der Zielvereinbarungen verdeutlichen. In Microsoft Visio stehen Ihnen hierfür vielfältige Visualisierungsmöglichkeiten zur Verfügung.

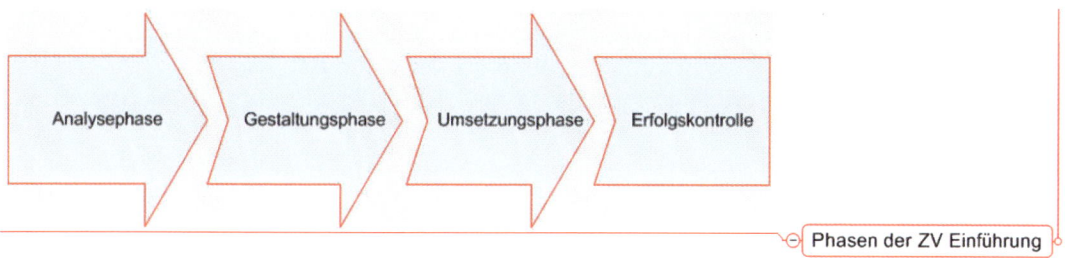

Abbildung 2.34 Einfach und übersichtlich – die Phasen der Einführung von Zielvereinbarungen

Die Grundlage und das Grundverständnis sind geschaffen. Im nächsten Schritt wollen Sie noch kurz skizzieren, was die Mitarbeiter in den Einzelgesprächen erwarten wird. Denn auch sie sollen sich vorab Gedanken über Stärken & Schwächen, Chancen & Risiken, Ziele, Zeitpunkt, Kontrolle und Strategie und Aktionen machen.

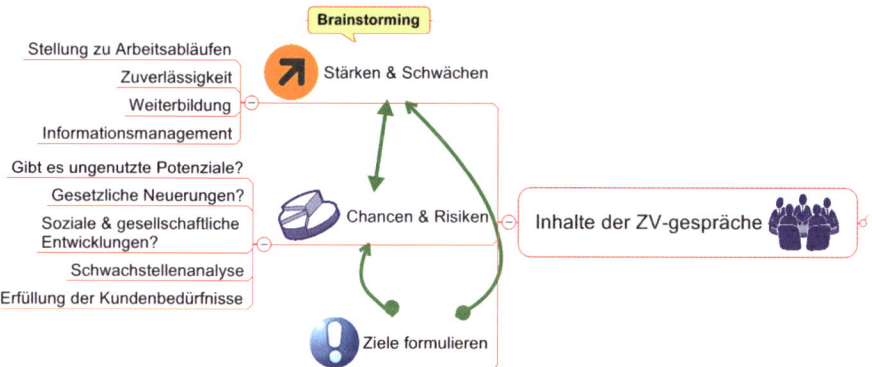

Zu einer geplanten Einführung von Zielvereinbarungen gehört auch die Bekanntmachung verschiedener Termine. Diese Outlook-Termine integrieren Sie in Ihre Map.

Abbildung 2.35 Termine im Blick – für das Meeting eine optimale Lösung

Übrigens: Empfinden die Mitarbeiter ihren Beitrag als wichtig, wertvoll oder sogar unverzichtbar, werden sie über ihre eigenen Aufgaben hinaus denken und sich für das gemeinsame Gelingen einsetzen!

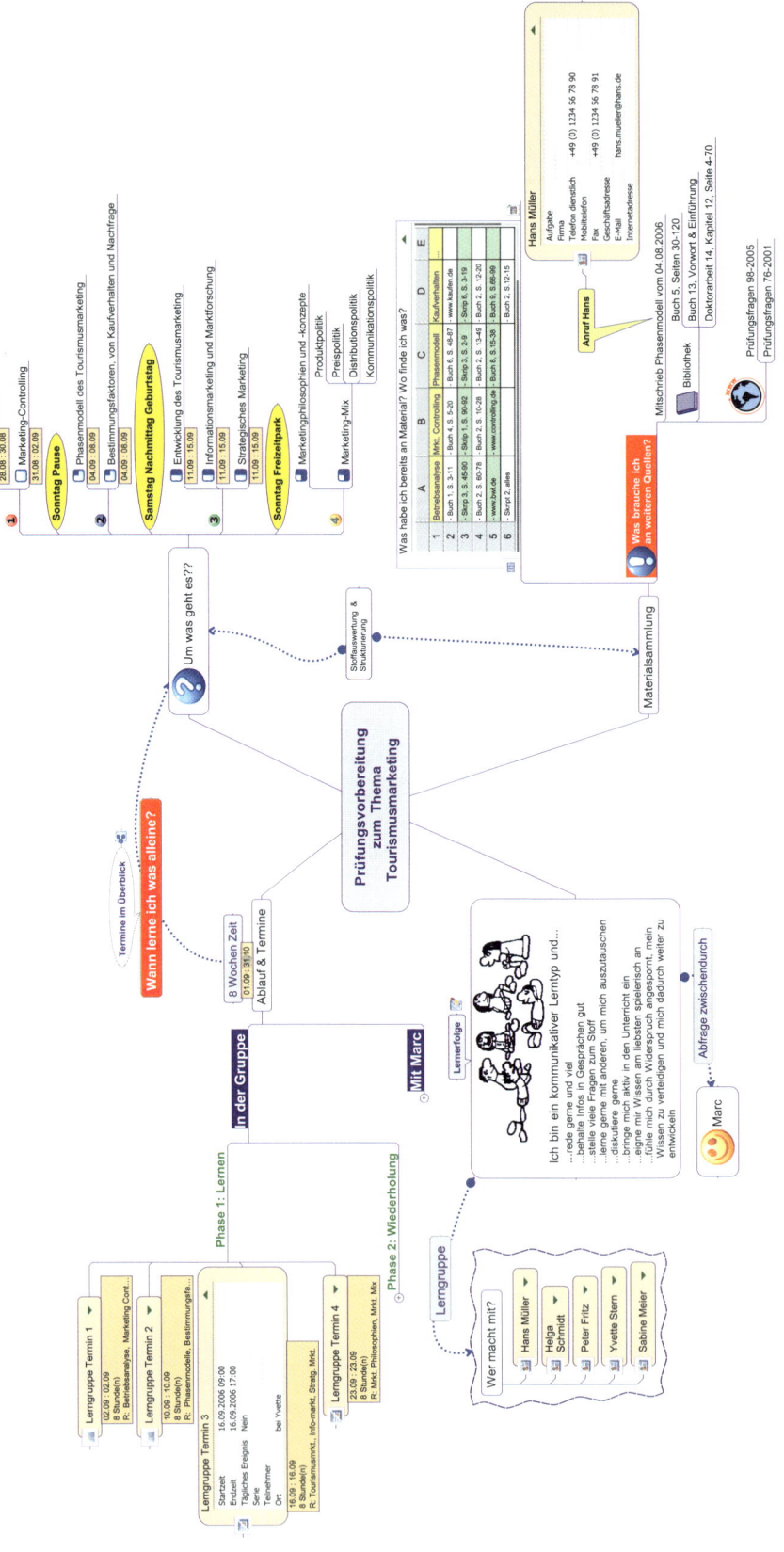

2.8 Ein gutes Rezept – Prüfungsvorbereitungen

- 1 kg Wissensdurst
- 500 gr. MindManager
- 5 TL Bilder & Farben
- 200 gr. Outlook
- Nach Belieben Map4Plan

»Also lautet ein Beschluss, dass der Mensch was lernen muss« Wilhelm Busch

Merkmal unserer modernen Leistungsgesellschaft ist es, dass sich ihre »Teilnehmer« zum kontinuierlichen Lernen verpflichten. Deshalb kommen die wenigsten unter uns ohne Prüfungen aus. Um den entstehenden Stress im Hinblick auf Prüfungen so zu vermindern, dass daraus zum einen keine schwerwiegenden Belastungen für Körper und Seele entstehen und zum andern auch das Ergebnis der Prüfung angenehm ausfällt, bedarf es einer optimalen Vorbereitung.

Sie sind Reisebürokauffrau und in einem Reisebüro tätig. Vor vier Monaten haben Sie ein dreijähriges berufsbegleitendes Studium zur Tourismusfachwirtin bei der IHK begonnen. Die erste Prüfung naht – noch neun Wochen bis zum Stichtag. Nach neun Stunden täglicher Arbeit ist die Zeit des Lernens auf die Abende oder das Wochenende begrenzt. Sie erstellen sich einen Plan zur optimalen Prüfungsvorbereitung – und das in Form einer MindBusiness OnePage, sodass Sie auf einem Blatt einen Überblick über alle wichtigen Punkte, die bereits erledigten Themen, Termine usw. haben.

Die vom Professor genannten prüfungsrelevanten Themen schreiben Sie auf und legen erste Prioritäten fest, da für Sie interessante Bereiche weniger Aufwand mit sich bringen werden.

Abbildung 2.36 Führen Sie eine realistische Bestandsaufnahme Ihrer Fähigkeiten durch!

② Anschließend gehen Sie an die Durchsicht Ihrer Unterlagen – was habe ich, was brauche ich noch? Dieser Schritt ist vergleichbar mit einer Stärken-Schwächen-Analyse.

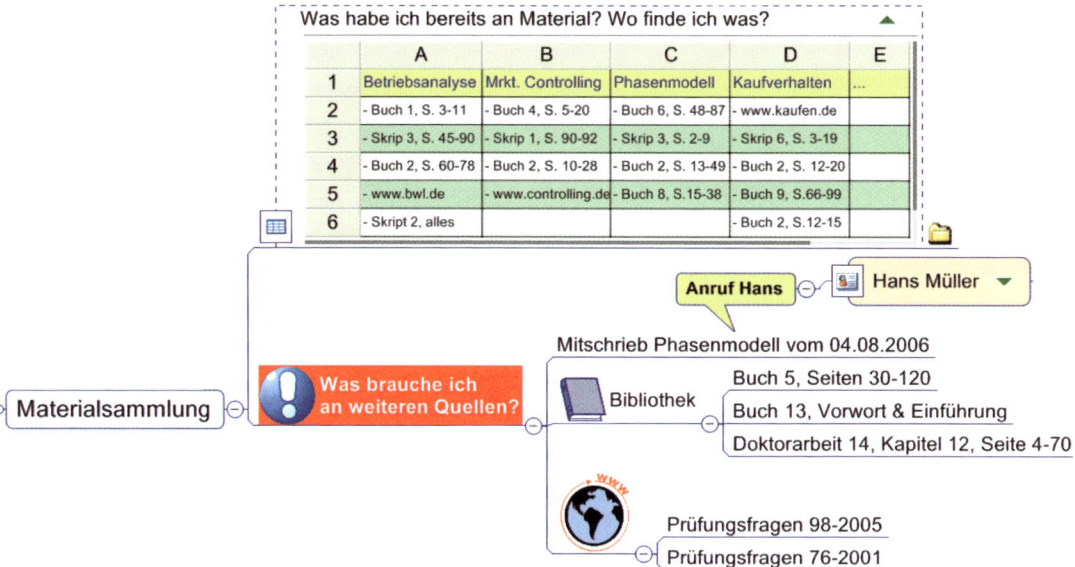

Abbildung 2.37 Achten Sie auf eine Gewichtung von Standardwerken und Forschungstexten von etwa 70-80/30-20.

③ Dass Sie ein kommunikativer Lerntyp sind und am besten in der Gruppe lernen, haben Sie bereits herausgefunden. Sie wollen eine Lerngruppe bilden und auch Ihren Partner Marc einspannen.

Abbildung 2.38 Wer steht Ihnen für ein optimales Lernen zur Verfügung?

Mit den Leuten aus Ihrer Lerngruppe haben Sie bereits gesprochen und angeboten, einen Plan zu erstellen, wann sie sich wann und wo treffen, um etwas zu lernen. Sie legen Termine mit Aufgabeninformationen fest. Gleichzeitig planen Sie die Abfrageabende mit Ihrem Partner sowie Zeiten zur freien Verfügung.

Mit den MindManager-Aufgabeninformationen und Microsoft Outlook haben Sie die passenden Werkzeuge für diese Planung.

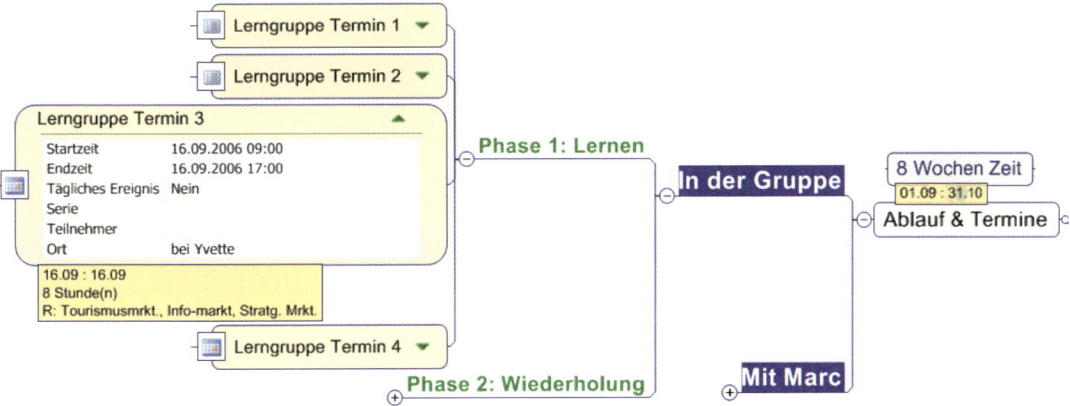

Abbildung 2.39 Ein gutes Projekt- und Zeitmanagement ist auch in diesem Falle unabdingbar.

Die Terminzweige fügen Sie in eine neue leere Map ein. Das Ganze nun nach Map4Plan importiert und in der Kalenderansicht dargestellt, ergibt einen optimalen Überblick über Ihren Lernplan!

Abbildung 2.40 Tipp – drucken Sie sich den Terminplan aus, und hängen Sie ihn an eine sichtbare Stelle.

Wir wünschen viel Erfolg für die nächste Prüfung!

3 Projekte

Projekte – das Land der besonderen Vorhaben, gewaltig und unberechenbar.

Die Küche in dieser Region ist keine leichte. Sie kombiniert oftmals aus schlichten Zutaten Gerichte, die würzig und originell sind, bietet aber auch Möglichkeiten in Hülle und Fülle. Die Vielfalt der Kombinationsmöglichkeiten macht den Reiz, aber auch die Herausforderung aus. Es gibt unzählige von Projektmanagementmethoden und -werkzeuge. Welche Methoden in genau diesem Projekt angewendet und gewichtet werden sollen, ist eine entscheidende Frage. Projektarbeit heißt »Das Projekt führen, koordinieren, steuern und kontrollieren«.

Mit der Durchführung können eine einzige, aber auch mehrere tausend Personen befasst sein. Entsprechend stehen dem Projektleiter unzählige Werkzeuge zur Verfügung. Der Erfolg eines Projektes – Methoden hin, Methoden her – hat immer auch mit den Menschen im Projekt zu tun. Zur erfolgreichen Projektdurchführung benötigt ein Projektmanager folgende Kenntnisse:

- Projektmanagement allgemeines Managementwissen
- produktspezifisches Wissen
- Ausdauer und Belastbarkeit
- soziale und kommunikative Fähigkeiten

Sofern Teams Gestaltungsfreiraum haben und nicht nur innerhalb eines engen Korridors von Vorgaben Maßnahmenpakete abarbeiten, fördert dies die Identifikation mit dem Projekt und dem Unternehmen und wirkt sich zusätzlich erfolgssteigernd aus. »Nichts ist überzeugender als das eigene Handeln.« Verstehen Sie nun, warum diese Kochregion so interessant ist? Dabei sind wir auf die Punkte »allgemeines Managementwissen« und »produktspezifisches Wissen« noch gar nicht eingegangen.

Wir haben Ihnen einige interessante Gerichte gekocht, bei denen der Blick auf die Einfachheit im Mittelpunkt steht. An Raffinesse haben alle Gerichte dadurch nichts eingebüßt – ganz im Gegenteil.

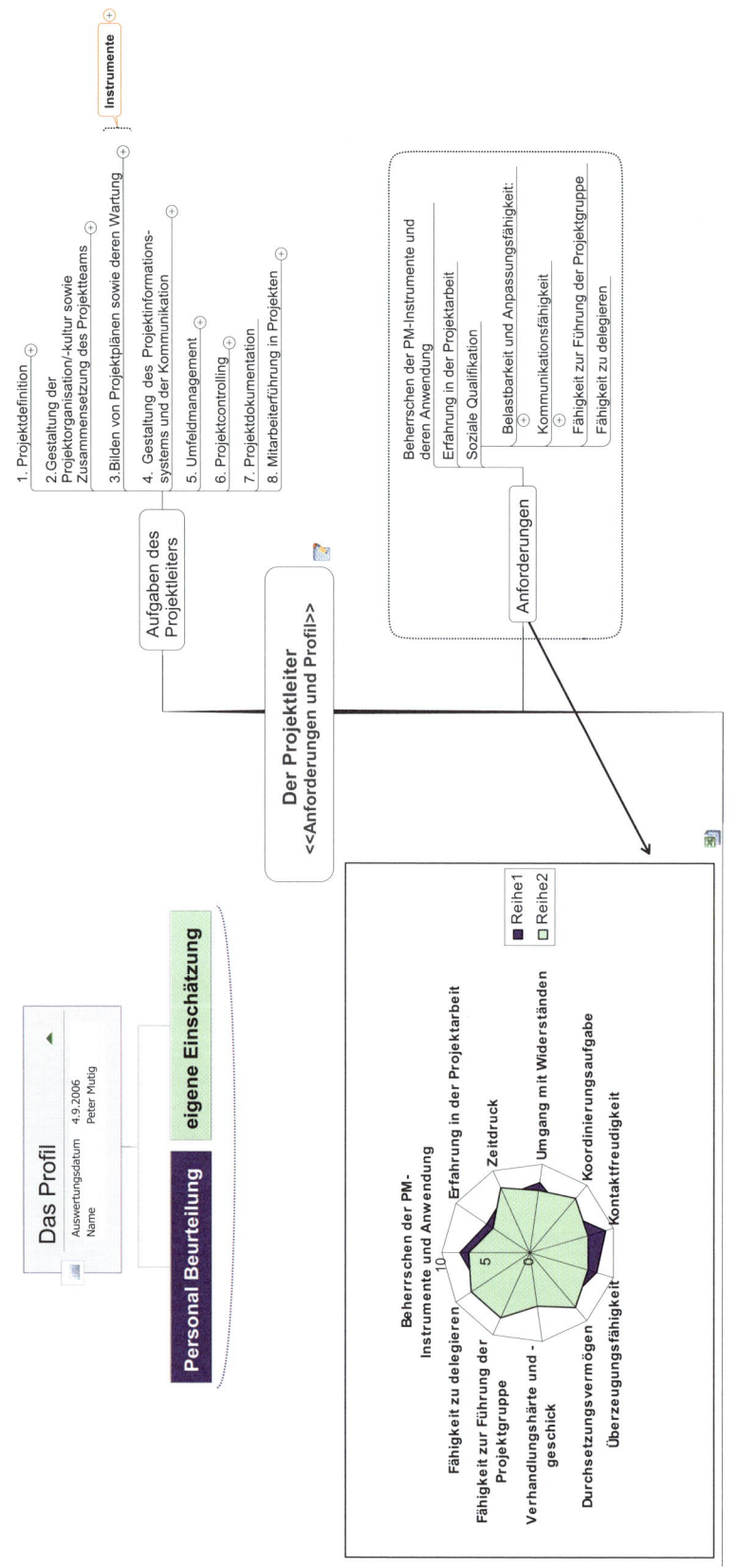

Instrumente ⊕

Aufgaben des Projektleiters

1. Projektdefinition ⊕

2. Gestaltung der Projektorganisation/-kultur sowie Zusammensetzung des Projektteams ⊕

3. Bilden von Projektplänen sowie deren Wartung ⊕

4. Gestaltung des Projektinformationssystems und der Kommunikation ⊕

5. Umfeldmanagement ⊕

6. Projektcontrolling ⊕

7. Projektdokumentation

8. Mitarbeiterführung in Projekten ⊕

Der Projektleiter
<<Anforderungen und Profil>>

Anforderungen

Beherrschen der PM-Instrumente und deren Anwendung

Erfahrung in der Projektarbeit

Soziale Qualifikation

Belastbarkeit und Anpassungsfähigkeit:

Kommunikationsfähigkeit

Fähigkeit zur Führung der Projektgruppe

Fähigkeit zu delegieren

Personal Beurteilung

eigene Einschätzung

Das Profil ◀

Auswertungsdatum   4.9.2006
Name   Peter Mutig

Reihe1
Reihe2

Beherrschen der PM-Instrumente und Anwendung

Erfahrung in der Projektarbeit

Zeitdruck

Umgang mit Widerständen

Koordinierungsaufgabe

Kontaktfreudigkeit

Überzeugungsfähigkeit

Durchsetzungsvermögen

Verhandlungshärte und -geschick

Fähigkeit zur Führung der Projektgruppe

Fähigkeit zu delegieren

10
5
0

3.1 Das gewisse Etwas – was zeichnet einen Projektleiter aus?

- 1 kg MindManager
- 2 Esslöffel Visualisierungselemente
- 750 gr. Excel
- 1 kl. Flasche Farbe
- 1 Prise Hyperlinks

Der Projektleiter ist für die Planung aller Projektaufgaben, die Arbeitsverteilung an die Mitarbeiter sowie die Gesamtkoordination verantwortlich. Für Mitarbeiter und Führungskräfte reicht es heute nicht mehr aus, über exzellente Fachkompetenzen zu verfügen. Um wettbewerbsfähig zu bleiben, wird es immer wichtiger, im Team und interdisziplinär zu arbeiten. Heutzutage werden in Form von Projekten meist sehr umfangreiche, komplexe Aufgabenstellungen abgewickelt.

Daniela H. – Abteilung Personalentwicklung – stellt für die Geschäftsleitung ein OnePage zusammen. Ziel ist es, dass die Leitung auf einen Blick erkennen kann, was den Projektleiter Peter Mutig auszeichnet.

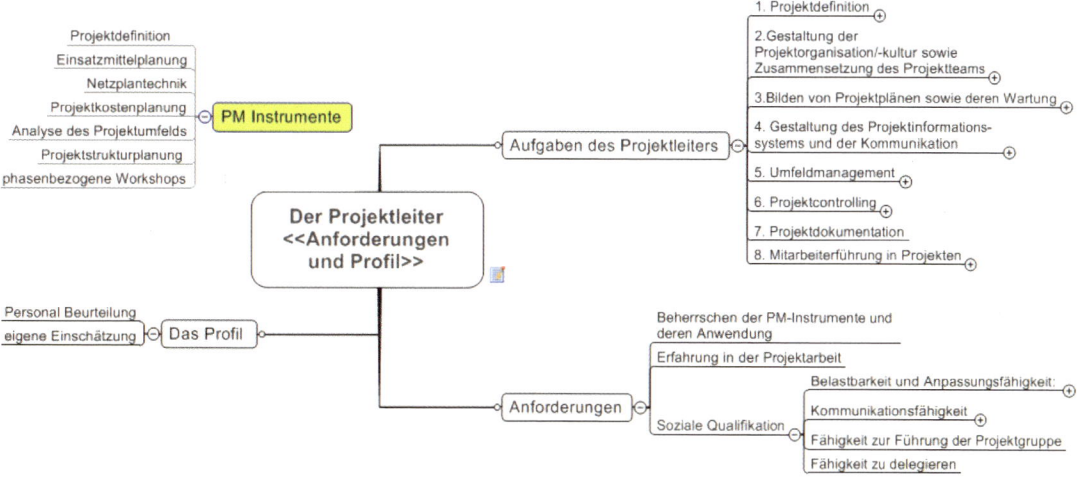

Abbildung 3.1 Alle Gedanken sind gesammelt und in Struktur gebracht.

Die Gedanken sind gesammelt. Der nächste Schritt ist einfach: Bestimmte Informationen wie Anforderungen oder PM-Instrumente werden hervorgehoben bzw. in Relation gebracht. Umrandungen, Klammern und freie Anmerkungen in Anmerkungen umzuwandeln sind einfache, aber wirkungsvolle Zutaten.

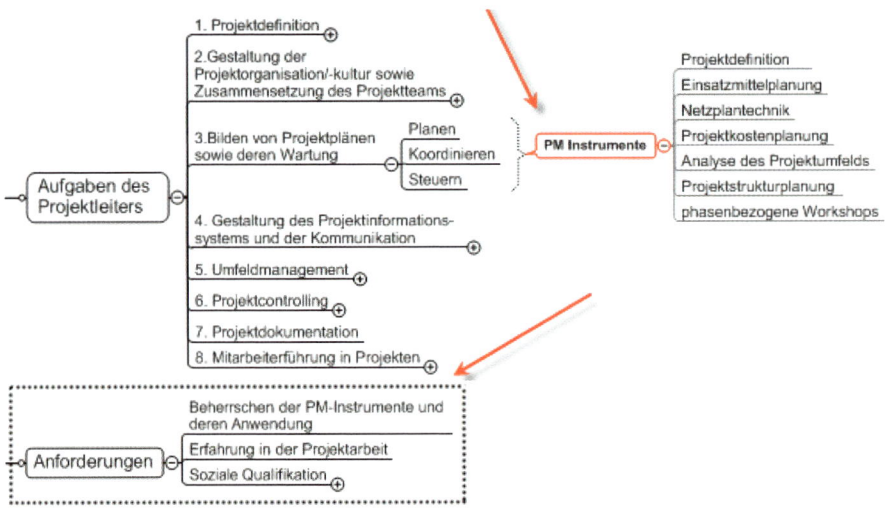

Abbildung 3.2 Visualisierungselemente

(3) Daniela H. hat die Anforderungen an den Projektleiter in der BusinessMap erfasst. Die Beurteilungen und die Selbsteinschätzungen sind zur Auswertung und Gegenüberstellung in Excel allerdings viel besser aufgehoben. Die grafische Umwandlung der Auswertung kann in Excel sehr einfach, aber »geschmacksintensiv« erfolgen.

	Personal Beurteilung	eigene Einschätzung
Beherrschen der PM-Instrumente und	8	7
Erfahrung in der Projektarbeit	6	5
Zeitdruck	7	8
Umgang mit Widerständen	8	7
Koordinierungsaufgabe	6	8
Kontaktfreudigkeit	9	7
Überzeugungsfähigkeit	8	7
Durchsetzungsvermögen	7	8
Verhandlungshärte und -geschick	6	6
Fähigkeit zur Führung der Projektgruppe	8	8
Fähigkeit zu delegieren	7	8

keine Kenntnisse = 0
sehr gute Kenntnisse = 10

Abbildung 3.3 Das Profil in Excel visualisiert

(4) Die grafische Darstellung der Auswertung muss der Geschäftsleitung zur Verfügung gestellt werden; nicht als Nachtisch oder Vorspeise, sondern in die Hauptspeise eingebunden. So hat Daniela H. die Grafik per Copy & Paste in die Business Map eingefügt. Den Zugriff zu den detaillierten Informationen realisiert sie mithilfe der Hyperlinks.

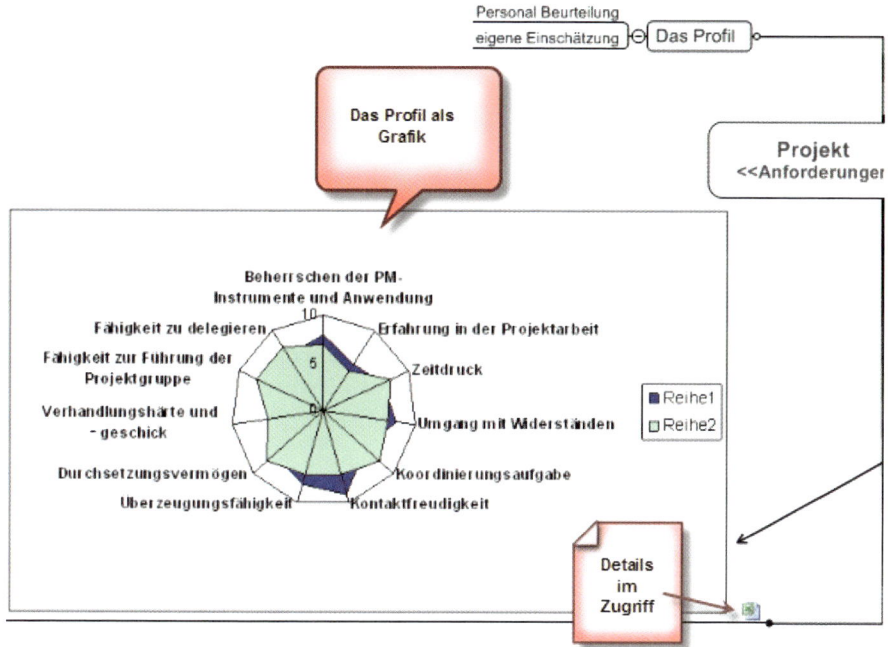

Abbildung 3.4 Das ist wichtig – das Profil als Grafik eingebunden

Schauen Sie den Zweig »Das Profil« in **Abbildung 3.1** kritisch an. Die Information, dass das Profil sowohl aus Sicht der Personalbeurteilung als auch aus der Selbstbeurteilung des Projektleiters benötigt wird, kommt hier noch nicht zum Tragen. Bei der Darstellung als Organigramm wurde nicht nur die Zweiganordnung positiv verändert – auch die Farben des Profilnetzes aus Excel wurden aufgenommen. Mithilfe der benutzerdefinierten Eigenschaften bekommt das Gericht seine Identität: Es geht um den Projektleiter Peter Mutig. Die Auswertung des Profils erfolgte am 4.9.2006.

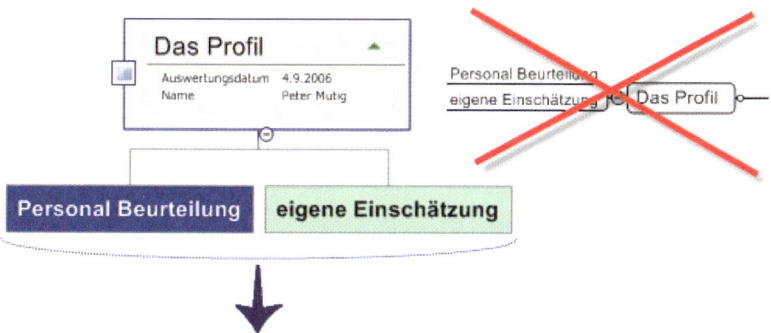

Abbildung 3.5 Aussagekraft durch Organigramme und benutzerdefinierte Eigenschaften

Viel Information auf wenig Platz und die Details im Zugriff – ein perfektes Gericht für Schnellentschlossene.

Prozesskette

- Personalbedarfsplanung
- Teamzusammenstellung
- Teamentwicklung
- Teamleitung

Peter Mutig (PL)

- Marion Zukunft (PE)
- Wigbert Genau (CO)
- Helene Praktikus (AuF)
- Marius Analysis (IT)

Geschäftsleitung
Qualitätsbeauftragten

Kritische Punkte

Die ISO-Zertifizierung setzt lediglich Mindeststandards.

Festlegung der Prozesse geht zu weit -> unflexibel.

wichtigen Punkte sind nicht Gegenstand

QM beschreibt nur Qualität der Prozesse

Teamzusammenstellung

Projekt	Einführung QM
Teilprojekt	QM in der Personalentwicklung
Projektnummer	QM 01-2006
Projektleiter	Peter Mutig

Zuständigkeitsmatrix

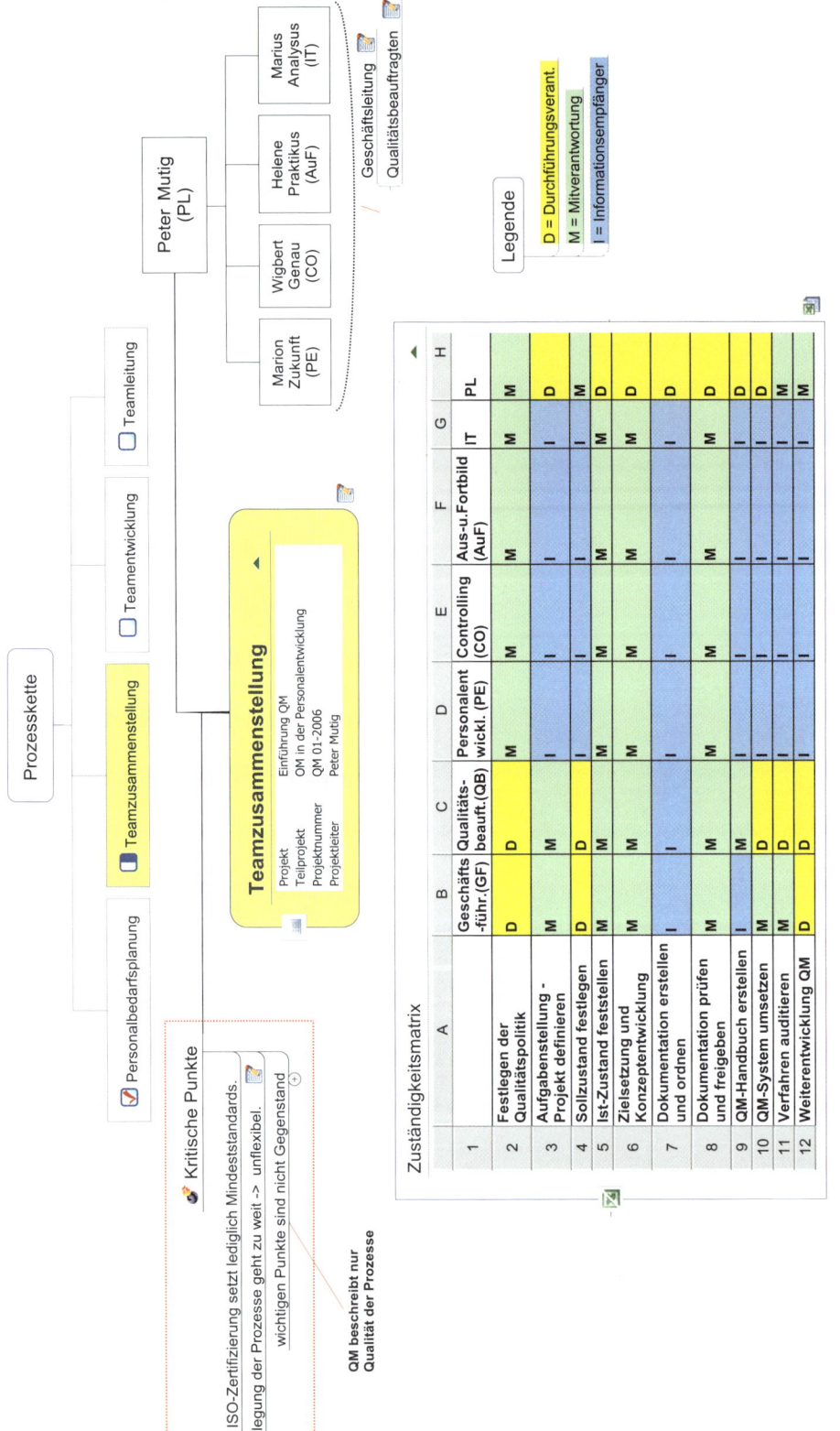

	A	B Geschäfts-führ.(GF)	C Qualitäts-beauft.(QB)	D Personalent wickl. (PE)	E Controlling (CO)	F Aus-u.Fortbild (AuF)	G IT	H PL
2	Festlegen der Qualitätspolitik	D	D	M	M	M	M	M
3	Aufgabenstellung - Projekt definieren	M	M	I	I	I	I	D
4	Sollzustand festlegen	D	D	M	I	I	I	M
5	Ist-Zustand feststellen	M	M	M	M	M	M	D
6	Zielsetzung und Konzeptentwicklung	M	M	M	M	M	M	D
7	Dokumentation erstellen und ordnen	I	I	I	I	I	I	D
8	Dokumentation prüfen und freigeben	M	M	I	M	M	M	D
9	QM-Handbuch erstellen	I	M	I	I	I	I	D
10	QM-System umsetzen	M	D	I	I	I	I	D
11	Verfahren auditieren	M	D	I	I	I	M	M
12	Weiterentwicklung QM	D	D	I	I	I	I	M

3.2 Die richtige Prise – die Teamzusammenstellung

- 1 kg MindManager
- 1 kg Excel
- 2 Gläser Farbe
- 3 Esslöffel Gestaltungselemente

Das Zusammenstellen des Projektteams ist ein Projektmanagementprozess und besteht u.a. aus der Verteilung der Aufgaben an konkrete Personen. Daraus ergeben sich das Projektteamverzeichnis, die aktualisierte Einsatzmittelverfügbarkeit und ggf. Änderungen im Personalmanagementplan.

Eine Verantwortlichkeitsmatrix muss erstellt werden, damit die eindeutige Zuordnung von Projektaufgaben zu Personen und Organisationseinheiten erfolgen kann. Sie schafft Klarheit für die Kommunikation im Projekt und löst den klassischen Konflikt zwischen Projekt- und Linienorganisation hinsichtlich Aufgabenverantwortlichkeit. Die Fragen: »In welcher Phase des Prozesses befinden wir uns gerade?« und »Welche Informationen zu kritischen Punkten sind für das Team wichtig?« müssen vorab geklärt werden.

Peter Mutig erstellt eine MindBusiness OnePage, um alle wichtigen Informationen aus unterschiedlichen Dateiformaten auf einen Blick zu haben. Diese OnePage dient in den folgenden Wochen auch dem Team, um Klarheit und Überblick zu bewahren. ①

Als Erstes sammelt er alle Gedanken und gibt ihnen Struktur – der Basisteig für unser Gericht.

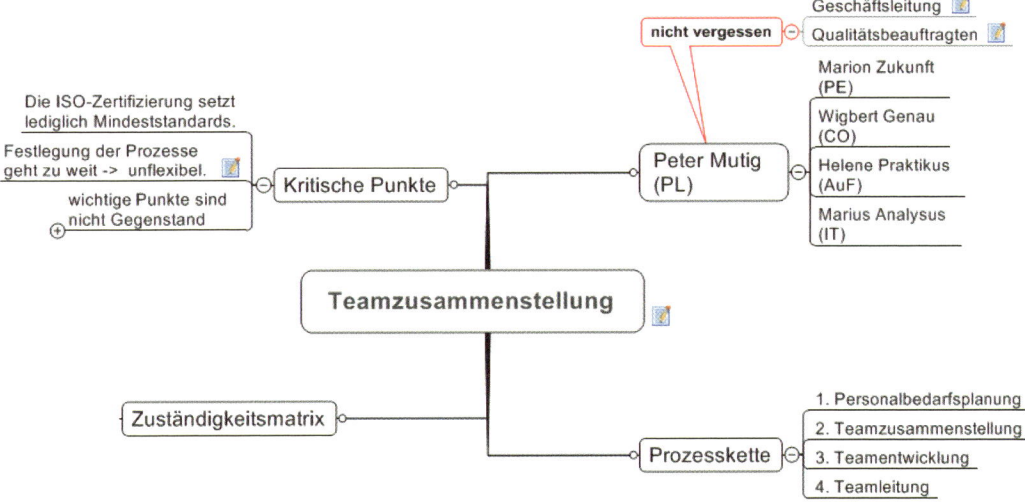

Abbildung 3.6 Die erste Struktur

2

Die Struktur gibt noch keinen Einblick, in welcher Phase des Prozesse Herr Mutig steckt. Diese Sichtweise ist aber wichtig. Einfach und schnell wird die Visualisierung erreicht, indem der Zweig vom Hauptthema gelöst, die Darstellungsform geändert und Füllfarbe eingesetzt wird:

Phase und Thema werden damit in den direkten Zusammenhang gebracht.

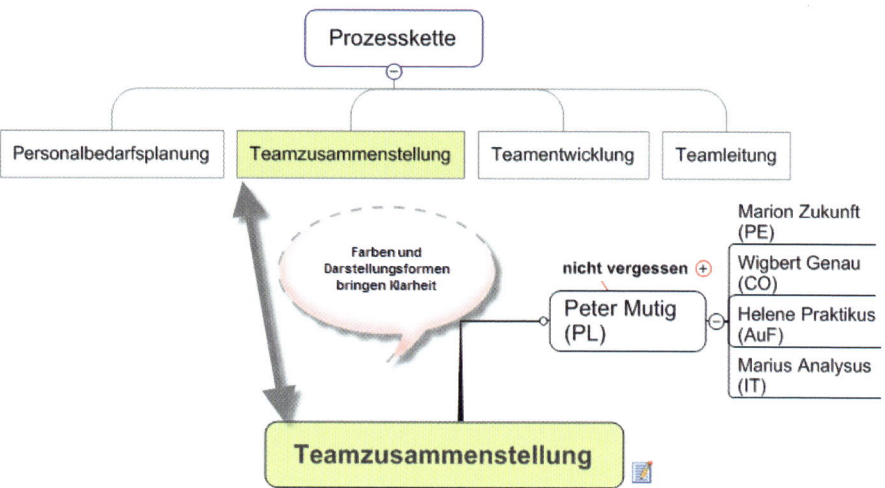

Abbildung 3.7 In welcher Phase des Projektmanagementprozesses befinden wir uns?

Die Frage, die sich als Nächstes stellt: um welches Team, um welches Projekt handelt es sich?

3

Gelöst wird diese Herausforderung mit dem Einsatz der benutzerdefinierten Eigenschaften …

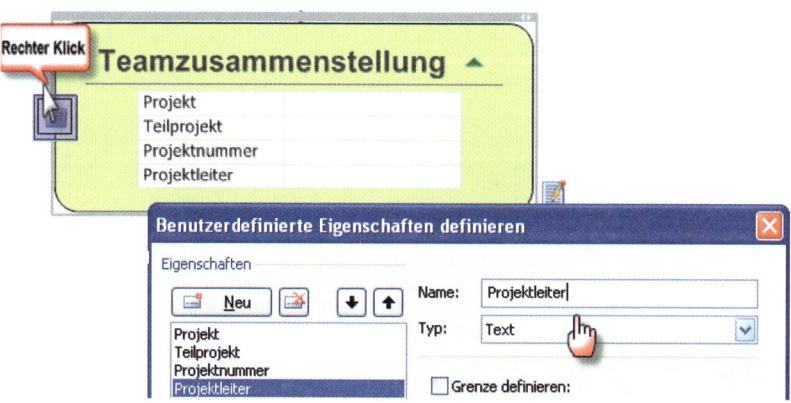

Abbildung 3.8 Um welches Team handelt es sich?

4

… und mithilfe der Zweiganordnung in Form der Organigrammdarstellung.

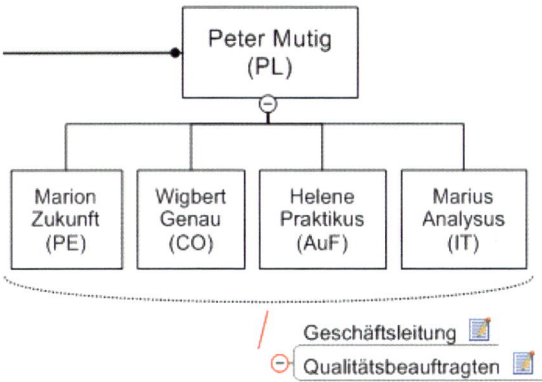

Abbildung 3.9 Das Team wird geBILDet.

Das Thema der kritischen Punkte steht nicht im Mittelpunkt, soll daher etwas abge-
grenzt und Platz sparend eingesetzt werden. Unser Tipp für die »Fast-Food-
Anhänger«: Umrandungen und die Zweiganordnungen ändern.

⑤

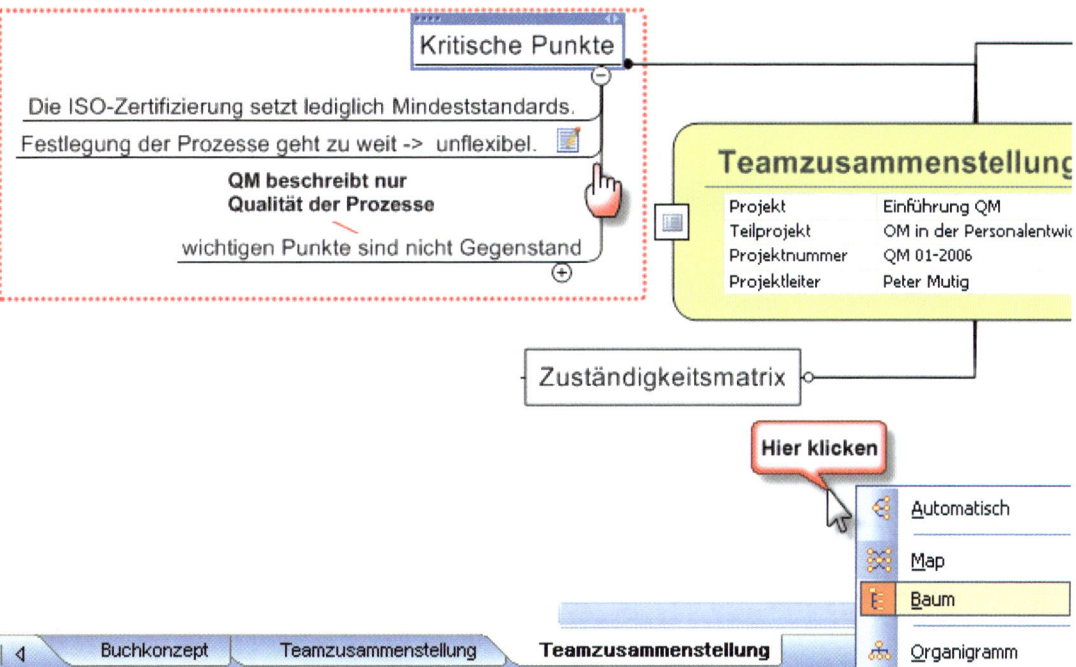

Abbildung 3.10 Trickreich Platz sparen

Welche Prozessphase ist bereits abgeschlossen, wie ist der momentane Status etc.?

Peter Mutig setzt dafür Map-Markierungen ein.

⑥

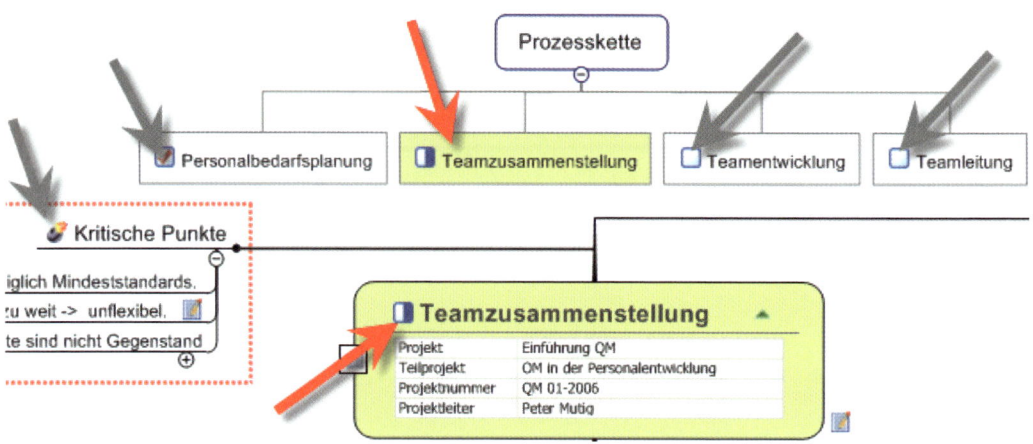

Abbildung 3.11 Kleiner Aufwand, große Wirkung – die Icons als Straßenschilder

 Das Gericht nimmt Formen an, die Beilagen fehlen aber noch komplett. Die Verantwortlichkeitsmatrix muss erstellt werden, damit Klarheit über die eindeutige Zuordnung von Projektaufgaben zu Personen und Organisationseinheiten herrscht. Peter Mutig weiß, dass Excel das richtige Werkzeug hierfür ist.

Gesagt getan: Die Beilagen werden in einer anderen Schlüssel zubereitet.

		Geschäfts-führ.(GF)	Qualitäts-beauft.(QB)	Personalent wickl. (PE)	Controlling (CO)	Aus-u.Fortbild (AuF)	IT	PL
1	Festlegen der Qualitätspolitik	D	D	M	M	M	M	M
2	Aufgabenstellung - Projekt definieren	M	M	I	I	I	I	D
3	Sollzustand festlegen	D	D	I	I	I	I	M
4	Ist-Zustand feststellen	M	M	M	M	M	M	D
5	Zielsetzung und Konzeptentwicklung	M	M	M	M	M	M	D
6	Dokumentation erstellen und ordnen	I	I	I	I	I	I	D
7	Dokumentation prüfen und freigeben	M	M	M	M	M	M	D
8	QM-Handbuch erstellen	I	M	I	I	I	I	D
9	QM-System umsetzen	M	D	I	I	I	I	D
10	Verfahren auditieren	M	D	I	I	I	I	M
11	Weiterentwicklung QM	D	D	I	I	I	I	M

Abbildung 3.12 Projektaufgaben oder Aufgabenbereiche stehen den Projektbeteiligten zur Verfügung

Damit das gesamte Gericht auf einen Teller kommt, wird die Grafik in die OnePage eingebunden, und die Legende nimmt die Farben auf. ⑧

Damit alle wissen, was »D, gelb hinterlegt« etc bedeutet.

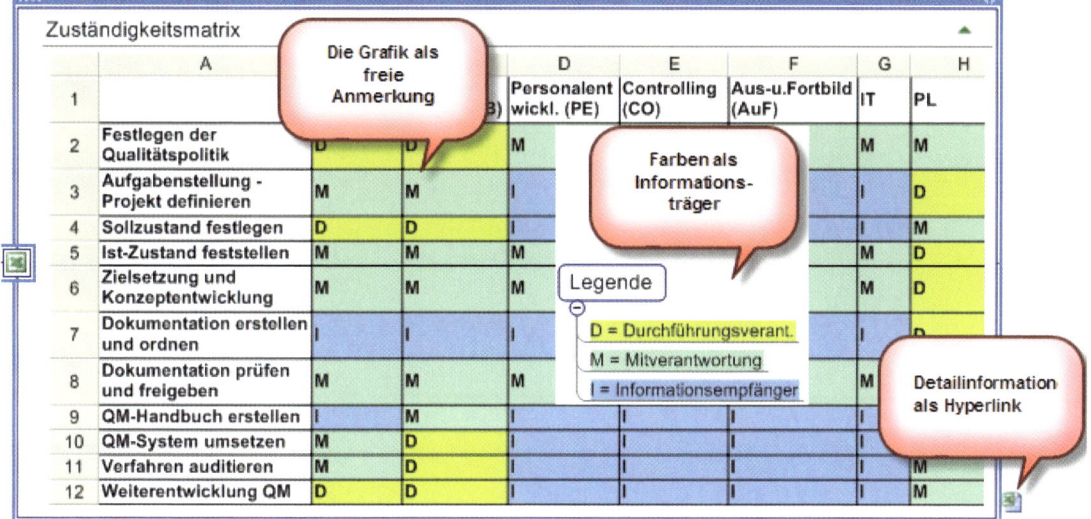

Abbildung 3.13 Von Excel in die Business Map

Guten Appetit und viel Erfolg

Projektschritte

Ganzheitliche Unternehmensziele

Abteil.bez. Ziele

Ökonom. Ziele

Verkaufsfördernde Ziele

Kundenziele

Hier stehen wir

• Analyse

• Beratung

langfristige Ziele im Überblick

Steigerung des Umsatzes
Steigerung des Deckungsbeitrages

Förderung der Kommunikation
Förderung der Mitarbeiterzufriedenheit
Gestaltung der Unternehmenskultur

Besserer Informationsfluss
Arbeitsabläufe systematisieren

Erweiterung der Leistungsfähigkeit
Erweiterung des Leistungsangebotes
Verbesserung des Images

Ökonomische Ziele

Unternehmerische Ziele

Abteilungsbezogene Ziele

① Kundenbezogene Ziele

② Verkaufsfördernde Ziele

PROJEKTZIELE im Überblick

nächste Meilensteine

08.9

20.9

Kundenziele (Service)

kurzfristige Termine innerhalb 3 Tagen
Kundenzufriedenheit um 35% steigern
Anfragen innerhalb 24 Stunden erledigen
Wartezeiten um 25% verkürzen

3.3 Bevor es richtig losgeht – Projektziele

- 750 gr Mindjet MindManager
- 2 kg Microsoft PowerPoint
- 1 Teelöffel Weitblick
- 1 kl. Flasche Farbe
- 1 Handvoll Gestaltung

Das Projektziel ist das nachzuweisende Ergebnis eines Projektes, wobei die folgenden Faktoren berücksichtigt werden müssen:

1. Das Projektziel muss eindeutig und allgemein verständlich formuliert sein.
2. Es muss realistisch und mit den vorgegebenen Bedingungen erreichbar sein.
3. Es darf den Lösungsweg nicht vorschreiben.

Planen Sie eine Reise? Dann kennen Sie sicherlich das Ziel, wissen, wo es losgehen soll. Wer am falschen Ort startet, kann auch realistische Ziele nicht erreichen. Genau so verhält es sich bei der Planung eines Projekts: Erst wenn Start- und Zielpunkt geklärt sind, lassen sich Aufgaben, Zeiten und Ressourcen planen.

Peter Mutig erstellt für Team, Geschäftsleitung und den Qualitätsbeauftragten eine OnePage. Ziel ist es, das Projektziel, Schritte und Gedanken im Blick zu haben.

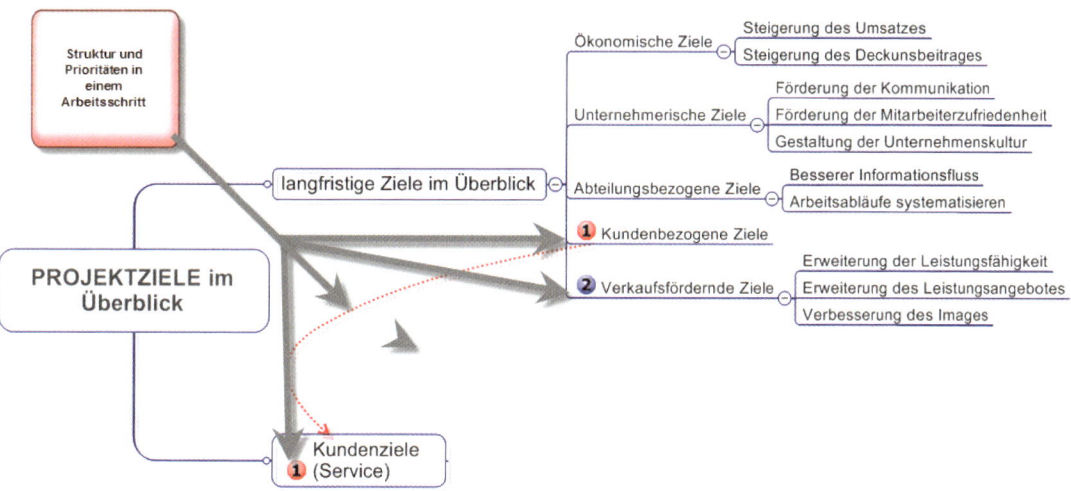

Abbildung 3.14 Strukturen, Prioritäten und Zusammenhänge in einem Arbeitsprozess

Die Ziele müssen in Projektschritte umgewandelt werden. Als Gestaltungselemente dienen Umrandungen, die Klammerfunktion und der Gedanke als Anmerkung.

Abbildung 3.15 Die Gestaltung des Gerichtes

③ Herr Mutig hat bereits viel Erfahrung bei der Erstellung von OnePages. Als Vorbereitung für weitere Visualisierungen stellt er daher die Map mit der gesamten Zweigstruktur um.

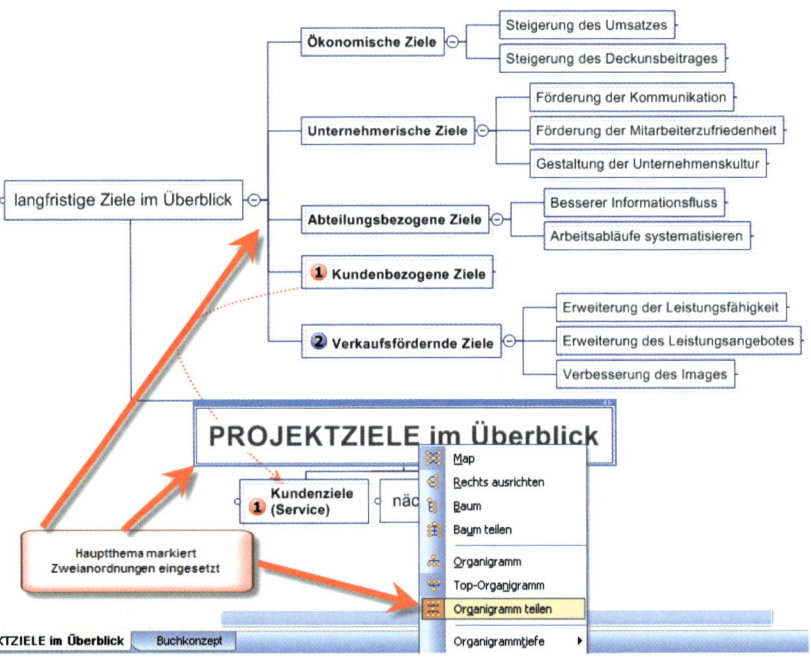

Abbildung 3.16 Die Zweiganordnungen sind wichtig.

Zu viel Text kann der Leser nicht schnell aufnehmen. Daher ist es wichtig, Texte zu visualisieren. PowerPoint dient als passendes und effizientes Werkzeug hierfür. Die Schlüsselinformationen sind als Zielscheibe dargestellt.

④ In PowerPoint arbeiten Sie hauptsächlich in der Symbolleiste *Zeichnen*. Mit neuen Gewürzen zu experimentieren macht das gewisse Extra aus.

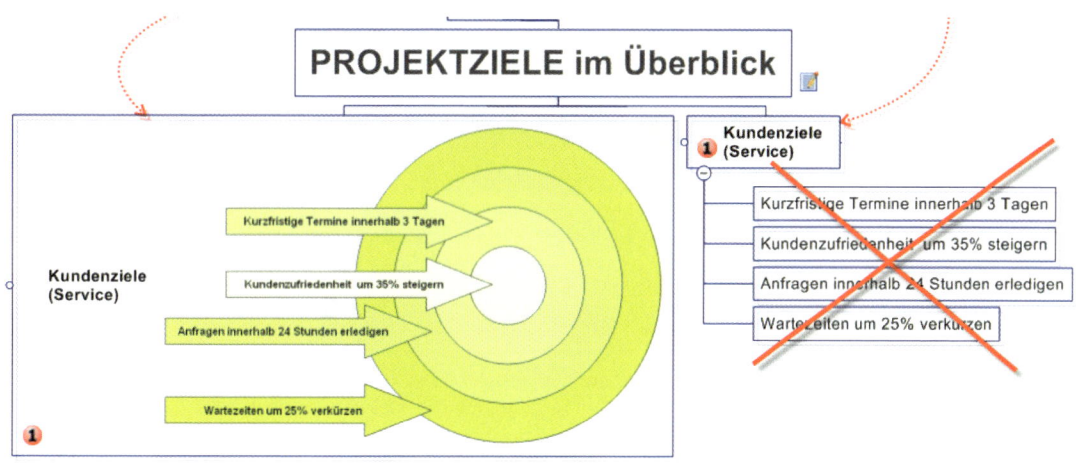

Abbildung 3.17 Ein Bild sagt mehr als 1000 Worte: übersichtliche Grafiken in PowerPoint erstellen

Peter Mutig erstellt auch die Projektschritte in PowerPoint. Die Objekte werden dabei mit Parallelperspektive gezeichnet und angeordnet. Anschließend wird dem Autoformat ein 3-D-Effekt zugewiesen.

Das Team hat Hunger, und das Gericht soll fertig gekocht werden. Die Grafiken werden eingebunden. In PowerPoint wurden die einzelnen Projektschritte mithilfe von Füllfarben visualisiert. Diese Farben werden nun noch den Zweigen zugeordnet.

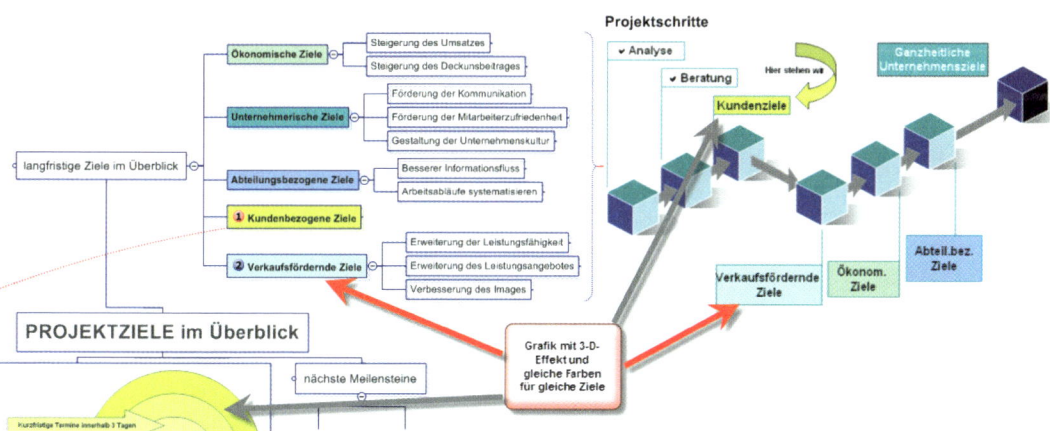

Abbildung 3.18 Die Grafiken und Farben als Informationsträger eingebunden

Herausgekommen ist eine übersichtliche OnePage nach MindBusiness: Offen für Experimente, Vorteile der Microsoft-Werkzeuge kennen, der gezielte Einsatz von Farben etc. Alles in allem ein ausgewogenes Gericht – das Auge isst schließlich mit.

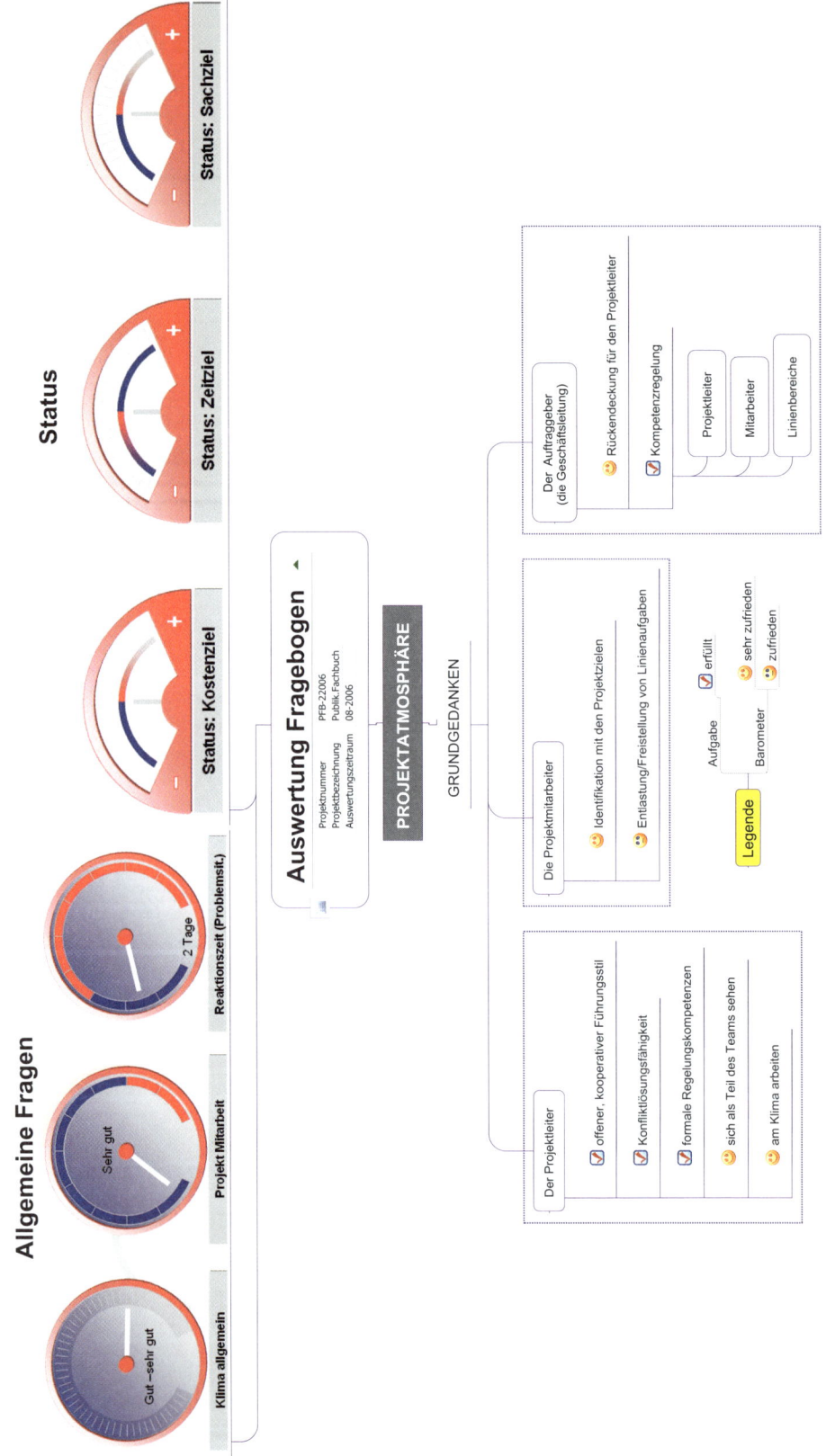

Allgemeine Fragen

Status

Status: Kostenziel

Status: Zeitziel

Status: Sachziel

Klima allgemein — Gut – sehr gut

Projekt Mitarbeit — Sehr gut

Reaktionszeit (Problemsit.) — 2 Tage

Auswertung Fragebogen

Projektnummer   PFB-2006
Projektbezeichnung   Publik Fachbuch
Auswertungszeitraum   08-2006

PROJEKTATMOSPHÄRE

GRUNDGEDANKEN

Der Projektleiter
- offener, kooperativer Führungsstil
- Konfliktlösungsfähigkeit
- formale Regelungskompetenzen
- sich als Teil des Teams sehen
- am Klima arbeiten

Die Projektmitarbeiter
- Identifikation mit den Projektzielen
- Entlastung/Freistellung von Linienaufgaben

Der Auftraggeber (die Geschäftsleitung)
- Rückendeckung für den Projektleiter
- Kompetenzregelung
  - Projektleiter
  - Mitarbeiter
  - Linienbereiche

Legende

Aufgabe — erfüllt

Barometer — sehr zufrieden — zufrieden

3.4 Aus Freude am Genuss – Projektatmosphäre

- 1 kg MindManager
- 2 kg Microsoft PowerPoint
- 2 Pakte Grafik
- 1 kl. Flasche Farbe
- 1 Prise Experimentierfreude

Projektatmosphäre schaffen heißt, von Anfang an Akzeptanz für das Projekt in Ihrem Unternehmen zu schaffen. Viele Projekte scheitern genau an diesem Punkt. Sobald Mitarbeiter aktiv in den Projektprozess eingebunden sind, können sie als Multiplikatoren gewonnen werden.

Das sorgt von Anfang an für eine positive Projektatmosphäre.

Wir haben Ihnen mit Genuss ein passendes Gericht dazu gekocht: Wir reduzieren die Komplexität, um sie handhabbar zu machen.

Die Grundgedanken werden in einer Map erfasst und strukturiert – einfach, schnell und flexibel. ①

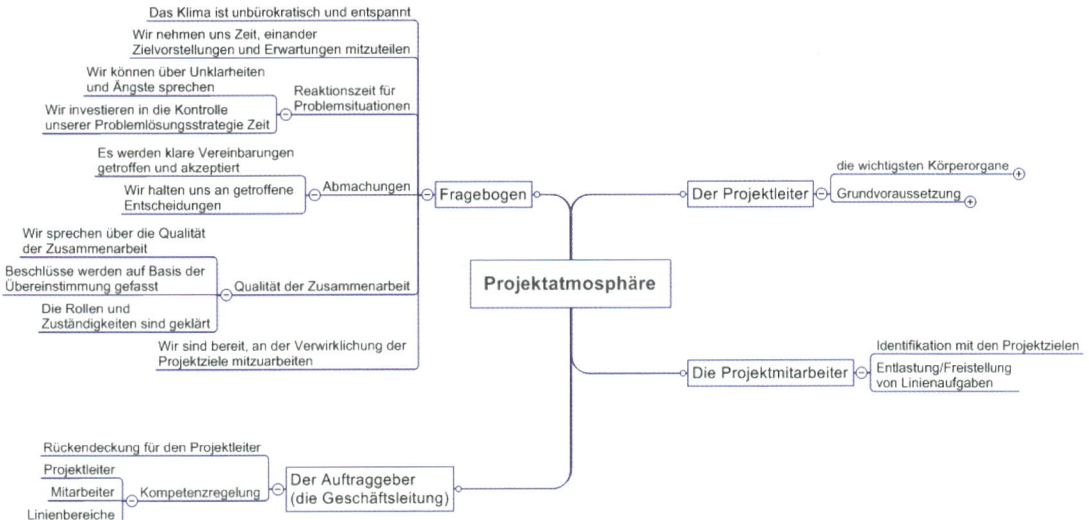

Abbildung 3.19 Die ersten Strukturen sind aufgebaut.

Die Gedanken wandern weiter. Wir wissen, dass wir die Fragen nicht in der Map lassen wollen, sondern in einem Fragenbogen zusammenfassen. Die Kollegen sollen zentral ihre Meinung sagen können.

Die Auswertung soll später aber in der OnePage dargestellt werden. Jetzt kümmern wir uns erst einmal um die Basis: Die Strukturen wurden verfeinert, neu gemischt und mithilfe der Zweiganordnung visualisiert. ②

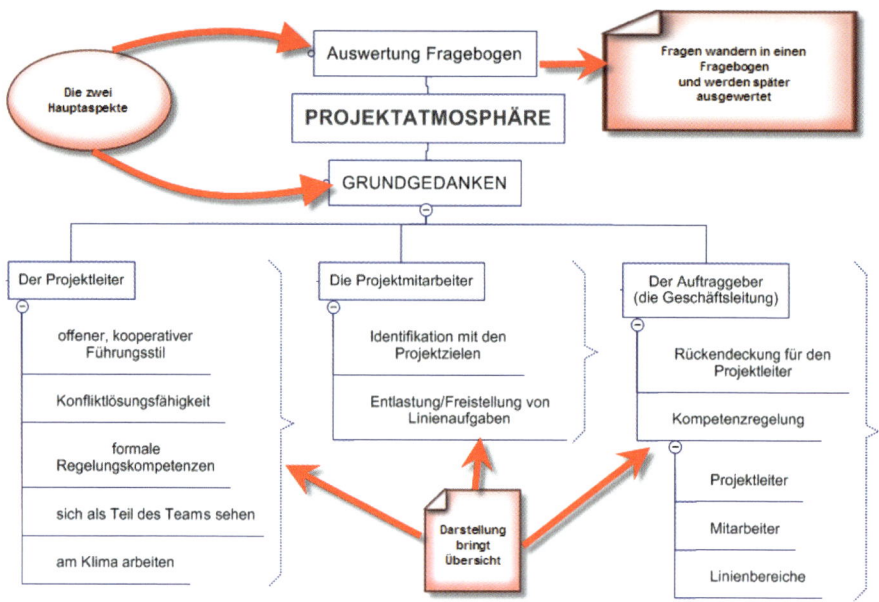

Abbildung 3.20 Weitere Übersicht über die Strukturen schaffen

③ Der Zweig »Auswertung Fragebogen« bekommt mithilfe der benutzerdefinierten Eigenschaften noch die notwendigen Informationen wie Projektnummer, Projektbezeichnung und Auswertungszeitraum. Diese Informationen sind wichtig, machen in der Textnotiz aber keinen Sinn und gehören auch nicht als Unterzweige eingefügt.

Daher wurde die Funktion der benutzerdefinierten Eigenschaften gewählt.

Abbildung 3.21 Benutzerdefinierte Eigenschaften bringen Informationen auf kleinem Platz

④ Das Gericht steht auf dem Herd, duftet schon recht gut, aber ... Mithilfe der Icons, Füllfarbe im Hauptthema und der Umrandungen bekommen die Buchstaben auf den Zweigen Unterstützung. Buchstaben und Zweige können als Informationen wahrgenommen werden.

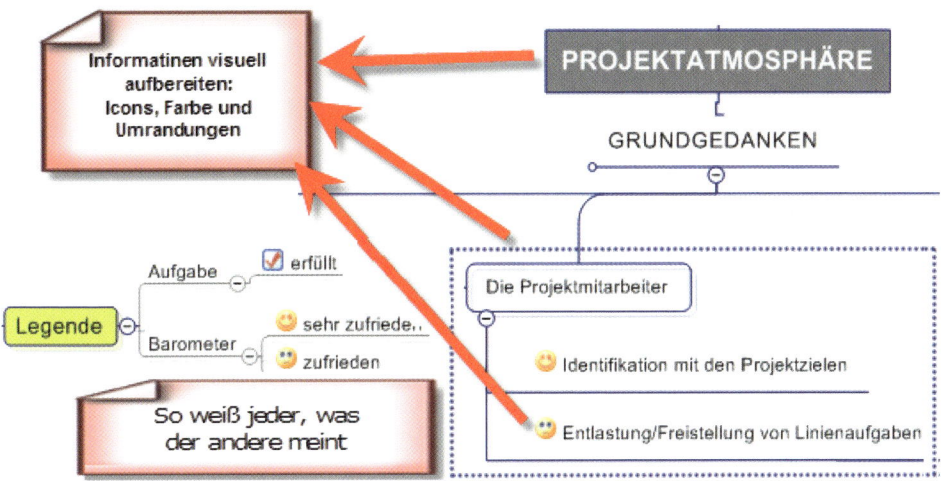

Abbildung 3.22 Icons, Farben und Umrandungen – kleine Helfer, große Wirkung

Wie können Antworten aus Fragebögen für alle im Kontext dargestellt werden? Hier gibt es sicherlich nicht die eine richtige Antwort. Wir haben die grafischen Möglichkeiten in PowerPoint genutzt und den Status sowie die Stimmung mithilfe eines Tachometers dargestellt. ⑤

Auf die Erstellung in PowerPoint können wir aus Platzmangel im Buch leider nicht im Detail eingehen.

Die Tachometer werden dann als Grafiken eingebunden und dem Zweig »Auswertung Fragebogen« zugeordnet. Als Zweiganordnung wird das Organigramm gewählt.

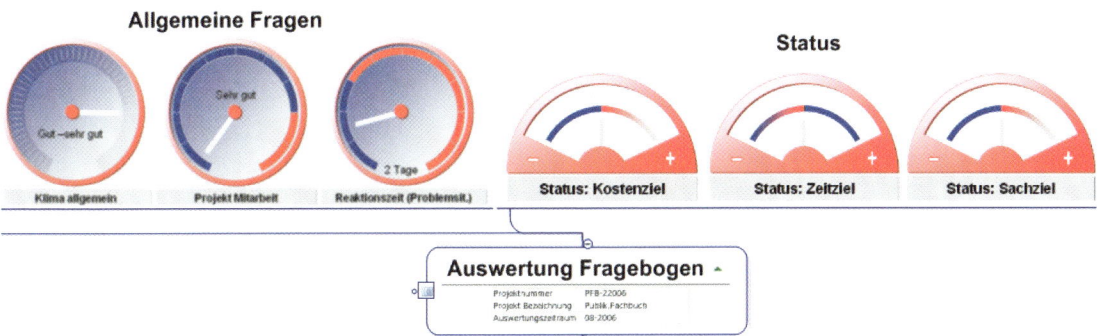

Abbildung 3.23 Die Projektatmosphäre im Klartext

Der Überblick über die Projektatmosphäre sorgt für Erfolgserlebnisse, fördert die Akzeptanz des Projekts und die gute Stimmung im Team – jeder im Team hat das Gefühl »Meine Anliegen werden ernst genommen und meine Meinung zählt«.

Dieses Gericht gehört einmal monatlich auf den Projekt-Mittagstisch.

Einführung Office 2007 - Ja oder Nein?

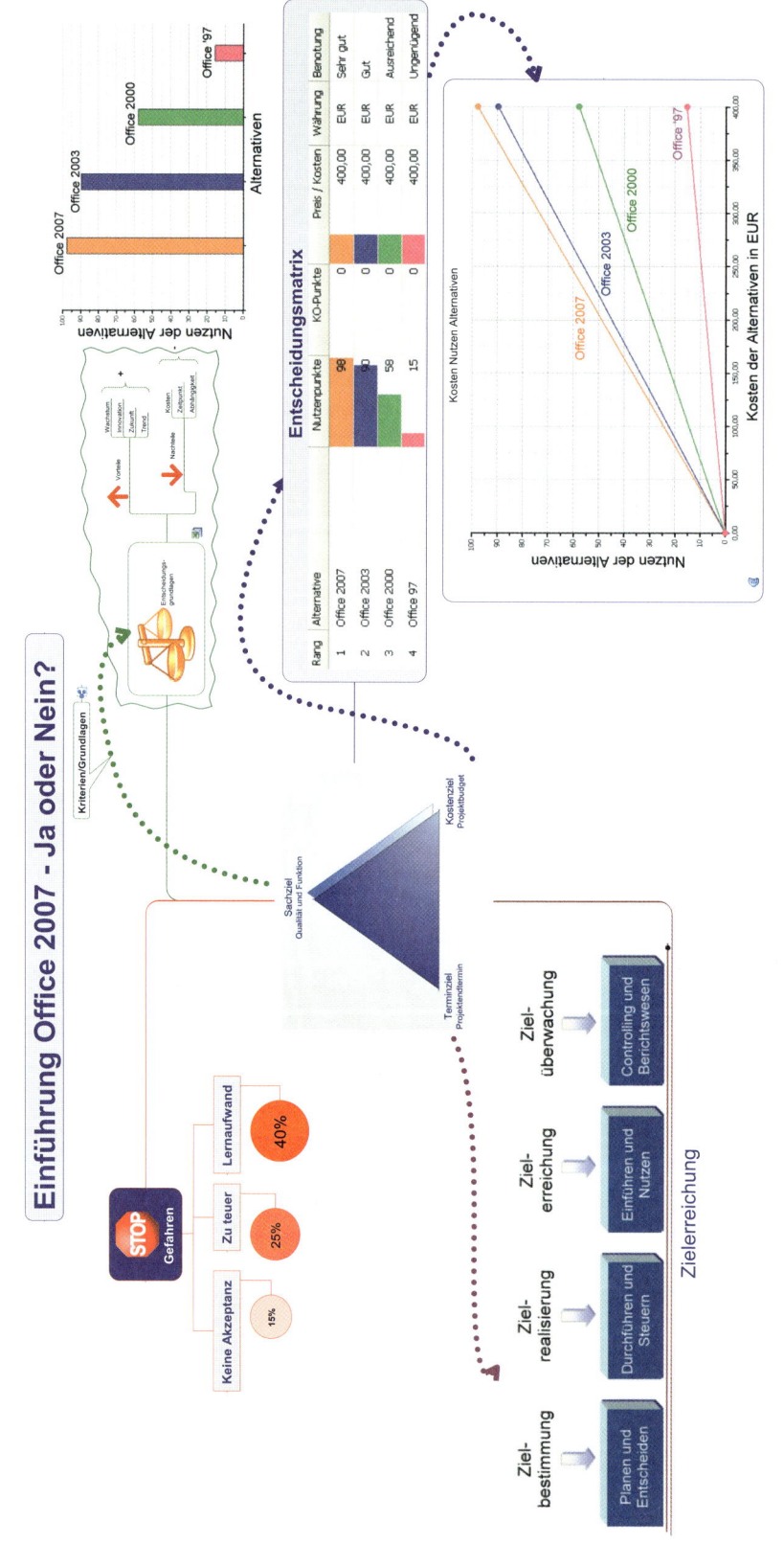

3.5   Die Qual der Wahl – Projekte entscheiden

- 100 gr. MindManager
- 300 gr. analytisches Denken
- 500 gr. Map4Score
- 1 Schuss Visio

Wie viele Entscheidungen treffen Sie täglich? Auf diese Frage wird jeder eine andere Antwort finden. Viele Entscheidungsfragen sind schwierig und komplex und erfordern zahlreiche Überlegungen. In einem Punkt sind alle Entscheidungen gleich – es kommt nicht auf das »Was« an, sondern vor allem auf das »Wie«. Entscheidungsfindung ist ein Prozess, der sich aus mehreren Schritten zusammensetzt und uns in die Lage versetzt, ressourcenschonend die beste Lösung zu finden. Ein effektiver Entscheidungsprozess konzentriert sich stets auf das Wesentliche. Er berücksichtigt objektive und subjektive Faktoren. Er vereint analytisches mit intuitivem Denken.

Herr Schmidt, EDV Abteilungsleiter der Firma »Innovatives Arbeiten GmbH«, beschäftigt sich schon seit der Ankündigung der neuen Office 2007-Version mit deren Funktionalitäten und Neuheiten. Er ist begeistert und vom Bauchgefühl her überzeugt. Doch er weiß: Sein Bauchgefühl allein reicht nicht aus, um die Geschäftsleitung von dieser Investition zu überzeugen. Er muss eine fundierte Entscheidung treffen und möchte seine Entscheidungsfindung in einer OnePage visualisieren.

Zunächst fasst er separat alle für ihn wichtigen Entscheidungskriterien in einer Map zusammen. Diese Punkte stellen die Basis für seine Entscheidungsfindung dar. ①

Abbildung 3.24 Die Entscheidungskriterien sind ausschlaggebend für das Für und Wider

Da diese Auflistung allein noch nicht aussagekräftig ist, generiert er daraus die wichtigsten und auf einen Blick erkennbaren Vor- und Nachteile und stellt diese mithilfe von Farben, Umrandungen und Icons in seiner OnePage dar. ②

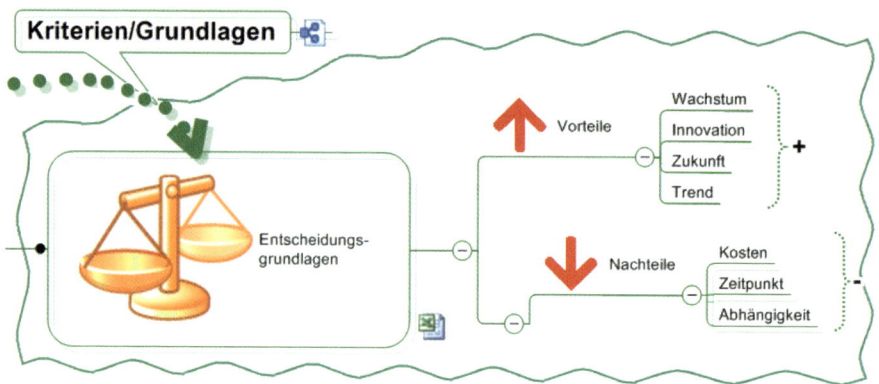

Abbildung 3.25 Wo liegen Vor- und Nachteile bei der Einführung von Office 2007?

Für den weiteren Verlauf der Analyse greift Herr Schmidt auf die Software Map4Score zurück. Map4Score stellt zur Lösung von Entscheidungsproblemen das optimale Werkzeug dar. Damit gelingt es ihm schnell, den richtigen Weg zu finden – und vor allem aussagekräftige, visualisierte Informationen zu erhalten.

Eine Entscheidungsmatrix sowie die Darstellung des Nutzens jeder Alternative – in dem Fall verschiedene Office-Versionen – sind im Handumdrehen erstellt und in die OnePage eingebunden. Die Nutzenpunkte für die Office 2007-Version sind hoch – ein weiterer Vorteil, der für die Einführung des neuen Software-Paktes spricht.

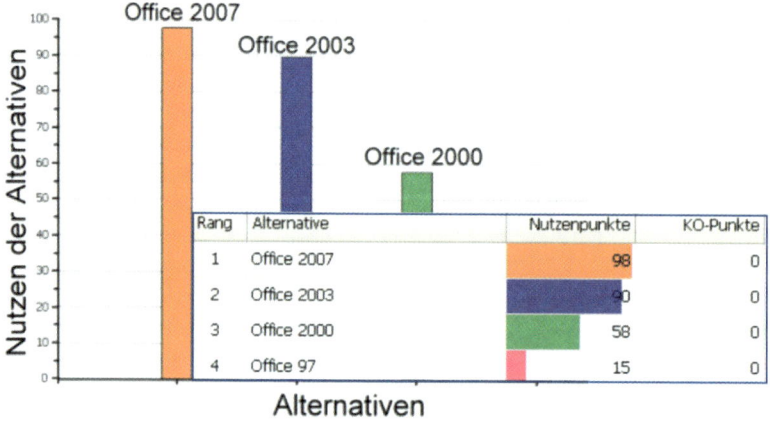

Abbildung 3.26 Welche Alternative bringt den meisten Nutzen?

Wichtig ist immer auch der Kostenfaktor. Wie stehen die Kosten im Verhältnis zum Nutzen? Die Ergebnisse der Map4Score-Auswertung sprechen für sich – auch wenn die Kosten für das Office 2007-Paket am höchsten sind, hat die neue Software aber auch den größten Nutzen. Auch diese Grafik bindet Herr Schmidt in seine OnePage ein.

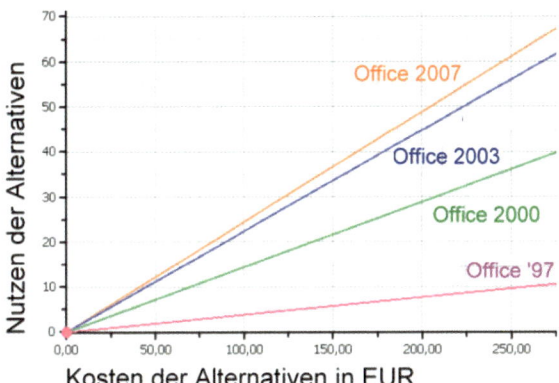

Abbildung 3.27 Perfekt visualisiert – das Verhältnis zwischen Kosten und Nutzen

Um eine Entscheidung zu finden, müssen Sach-, Termin- und Kostenziele erfüllt werden. In Herrn Schmidts Kopf brodelt es. Was ist wichtig, um eine reibungslose Einführung von Office 2007 zu gewährleisten? Diesen Prozess visualisiert er in Visio. Für ihn ist klar, auch das Terminziel erreicht werden kann.

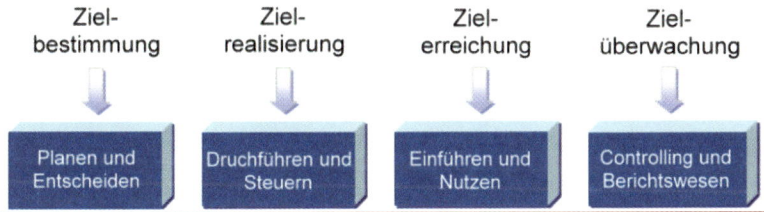

Abbildung 3.28 Prozessvisualisierung in Visio – einfach und schnell

Herr Schmidt möchte der Geschäftsleitung eine realistische Entscheidungsfindung präsentieren. Deshalb zeigt er zum Schluss noch, durch den Einsatz von Farben und unterschiedlichen Größen der Zweige, die Gefahren der Office 2007-Einführung auf.

Abbildung 3.29 Auf einen Blick zu erfassen – die Gefahren einer Office-Umstellung

Nun ist Herr Schmidt gewappnet und kann der Geschäftsleitung seine Entscheidung mundgerecht servieren. Guten Appetit!

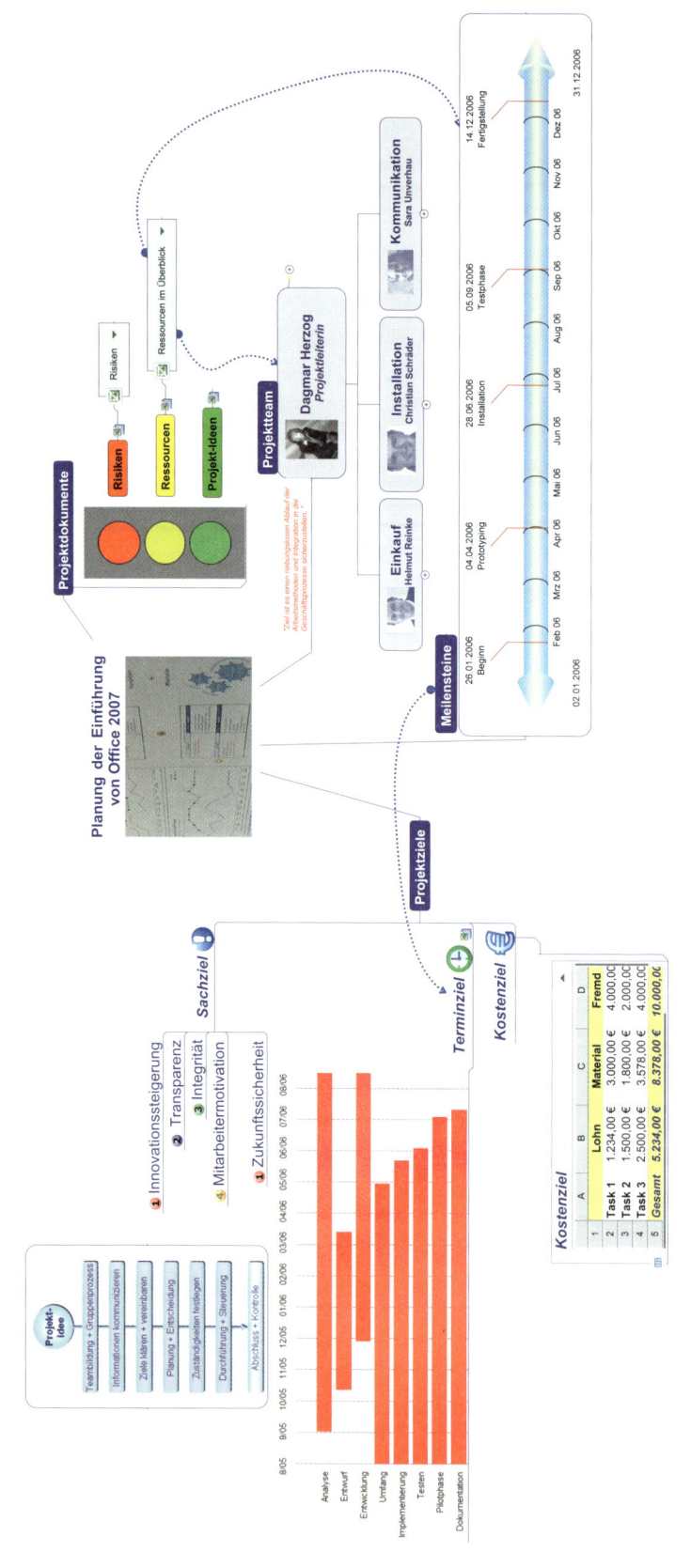

3.6 Achtung, fertig, los – die schnelle Zubereitung einer Planungsübersicht

- 500 gr. Planungsvermögen
- 5 gr. Löffel Visio
- 150 gr. MindManager
- 2 große Einheiten Kostenbewusstsein

Die Projektplanung ist die Voraussetzung für die Überwachung und Steuerung eines Projektes. Sie beschreibt daher, wie die Projektziele unter Einhaltung zumindest der drei Hauptrandbedingungen eines Projektes – Umfang, Zeit und Kosten – zu erreichen sind. Als weitere markante Projektmerkmale werden die Zielvorgabe, die zeitliche Begrenztheit, finanzielle, personelle und andere Restriktionen, die Abgrenzung gegenüber anderen Vorhaben sowie die projektspezifische Organisation genannt.

Herr Schmidt, der im vorangegangenen Kapitel aufgrund der fundierten Entscheidungsfindung für die Einführung der neuen Office-Version das Projekt durchsetzen konnte, hat die Projektleitung an Frau Dagmar H. übergeben.

Sie wiederum beginnt, das Projekt »Einführung von Office 2007« zu planen. Das Ergebnis soll eine erste Grobplanung der durchzuführenden Arbeiten und des damit verbundenen Aufwandes sein, die sie im nächsten Meeting der Geschäftsführung präsentieren möchte. Alles übersichtlich auf einem Blatt.

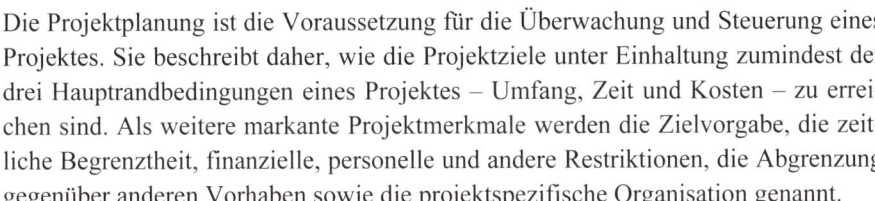

Abbildung 3.30 Wie soll das Projekt erfolgreich umgesetzt werden?

Und am Anfang war die Projektidee ...und mit ihr verbunden viele einzelne Schritte bis zu Zielerreichung. Um einen ersten Überblick zu erhalten, stellt Frau H. diese Schritte in einem Visio-Diagramm dar. (Vgl. Sie **Abbildung 3.30**.)

②

Im nächsten Schritt erstellt Frau H. grundlegende Berechnungen in Excel. Es entstehen verschiedene Dateien wie bspw. die Ressourcenplanung oder eine Risikoanalyse. Damit sie zum einen schnellen Zugriff auf die Quellen und weitere Projektdokumente hat, ihr gleichzeitig aber auch die wichtigsten Informationen in hrer OnePage zur Verfügung stehen, nutzt sie die Hyperlink-Funktion sowie die Excel Map Parts in MindManager.

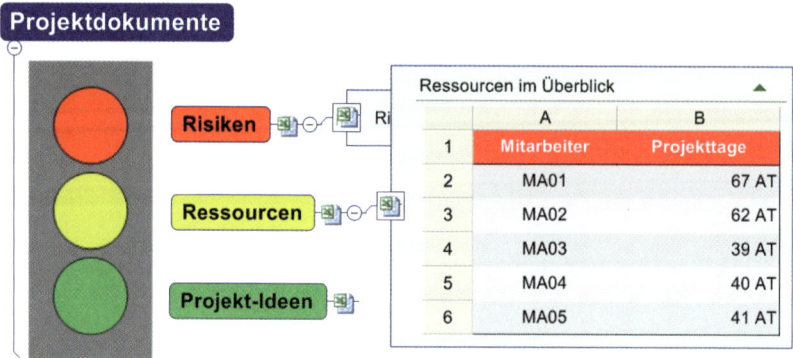

Abbildung 3.31 Auf einen Blick und einen Klick – die wichtigsten Projektdokumente

③

Zur Visualisierung des Projektteams bietet sich die Darstellung der Map-Zweige in Organigrammform an. Schnell hat Frau H. das Projektteam aufgestellt und die Kontaktdaten über den Outlook Linker integriert.

Abbildung 3.32 Unternehmensstrukturen können einfach in Organigrammform visualisiert werden.

Viele wichtige Informationen hat Frau H. nun bereits in ihrer OnePage dargestellt. Das Süppchen fängt an, warm zu werden ... Damit jedoch auch der Siedepunkt erreicht wird, sind noch einige Informationen in die OnePage einzubinden.

Ein Projekt ist durch seine Abgeschlossenheit gekennzeichnet. Es handelt sich immer um ein einziges Vorhaben, das einen Anfang und ein Ende besitzt – und natürlich Meilensteine zur Kontrolle des aktuellen Status. Diesen Zeitstrahl stellt Frau H. mithilfe der Diagramm-Shapes in Visio dar.

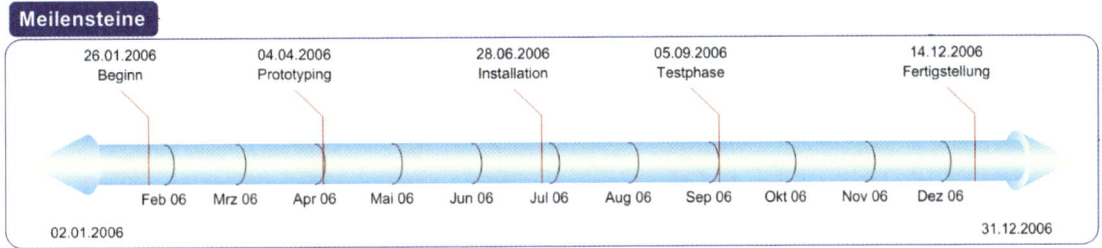

Abbildung 3.33 Visio – das richtige Werkzeug zur Darstellung von Prozessen und Zeitspannen

Die »Projektplan-Suppe« ist nun fast fertig. Fehlt nur noch die letzte Würze, damit Frau H. ihre Grobplanung ruhigen Gewissens präsentieren kann. Das von Herrn Schmidt bereits kurz angerissene Termin- und Kostenziel will sie nun etwas detaillierter darstellen. Ein in Excel erstelltes und in die OnePage eingefügtes Diagramm zeigt hierbei übersichtlich die Terminierung des Projekts, eine mit MindManager eingefügte Tabelle gibt Aufschluss über die groben Projektkosten.

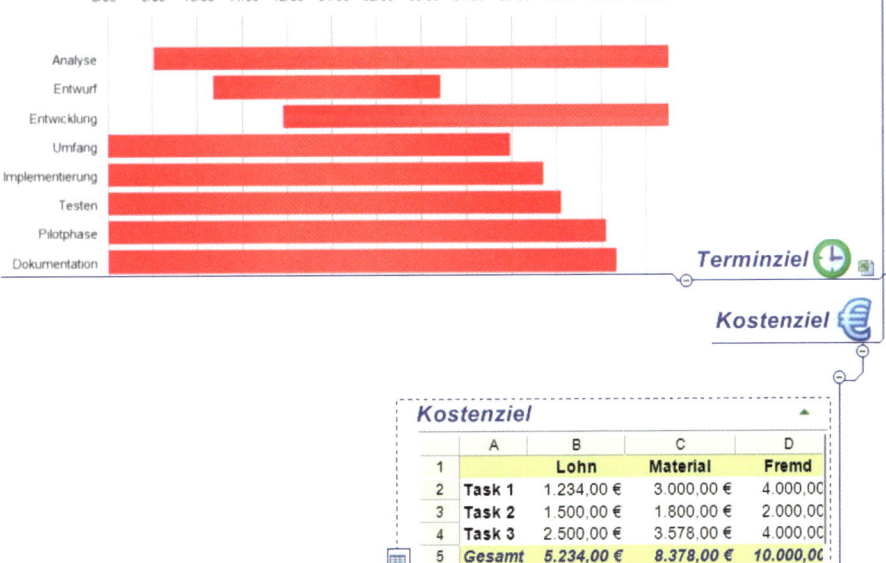

Abbildung 3.34 Eine erste Übersicht über Kosten und Termine

Das Gericht ist fertig und Frau H. bereit zum Servieren im Zimmer der Geschäftsleitung! Wir wünschen viel Spaß beim Nachkochen.

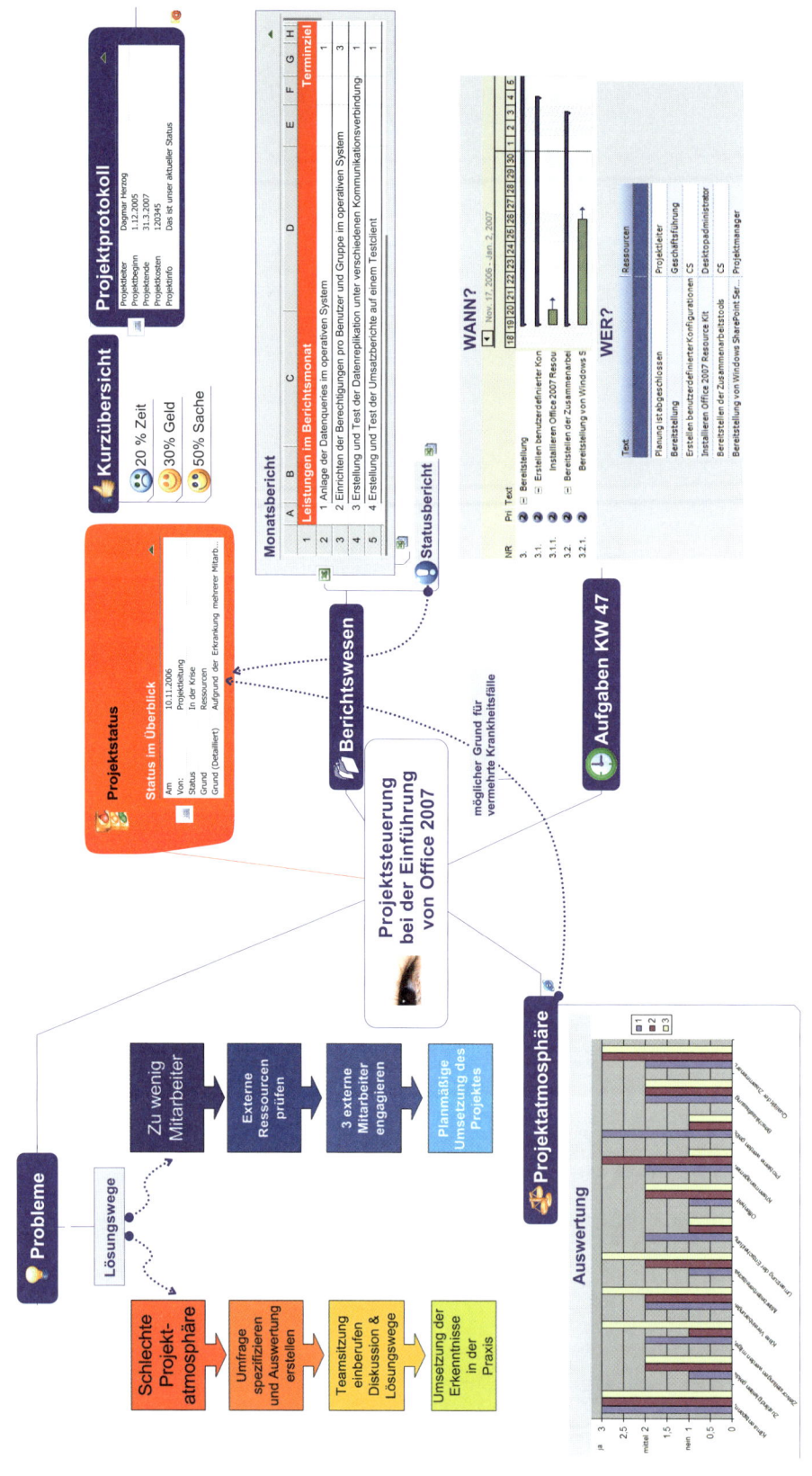

3.7 Das richtige Timing – Projekte steuern

- 100 gr. MindManager
- 300 gr. Excel
- 2 Teelöffel Fingerspitzengefühl
- 0,5 kg Map4Plan
- 1 Esslöffel buntes Allerlei

Aufgrund ihrer Zielorientierung werden Projekte durch einen weitestgehend logischen Aufbau sowie eine sach- und situationsgerechte Zuordnung von Zeit, Personal und Ressourcen bestimmt. Die Planung und Koordination der zahlreichen Aktivitäten wird dabei zu einer vordringlichen Aufgabe. Erst ein gut aufeinander abgestimmtes Verhältnis von Aufwand und Erfolg, Kosten und Nutzen schafft die Voraussetzungen für eine erfolgreiche Projektarbeit.

Über den Erfolg eines Projekts entscheidet jedoch nicht zuletzt die Art seines Verlaufs. Projektkontrolle ist zwar wichtig und notwendig, noch wichtiger ist es allerdings, Transparenz unter den Beteiligten herzustellen, externe und interne Einflüsse einschätzen zu können sowie korrigierend und gestaltend in den laufenden Prozess einzugreifen, wenn dies gegeben erscheint.

Kontrolle ist gut, Steuerung ist besser. Das denkt sich auch Frau H. – Projektleiterin des Projektes »Einführung von Office 2007«. Das Projekt läuft bereits auf Hochtouren, und im Projekttopf brodelt es kräftig. Frau H. hat sich zum Ziel gesetzt, das Projekt so zu steuern, dass möglichst jegliche Art von »Katastrophe« bereits im Vorfeld eliminiert wird. Sie erstellt eine Art Projektprotokoll in Form einer OnePage. Zur Information wird sie diese Übersicht anschließend an den für das Projekt zuständigen Lenkungsausschuss senden.

Zunächst integriert Frau H. die wichtigsten Dateien des Berichtswesens über die Hyperlink-Funktion in MindManager. Die erbrachten Leistungen und erreichten Ziele des Berichtsmonats visualisiert sie zusätzlich mithilfe des Excel Map Parts. ①

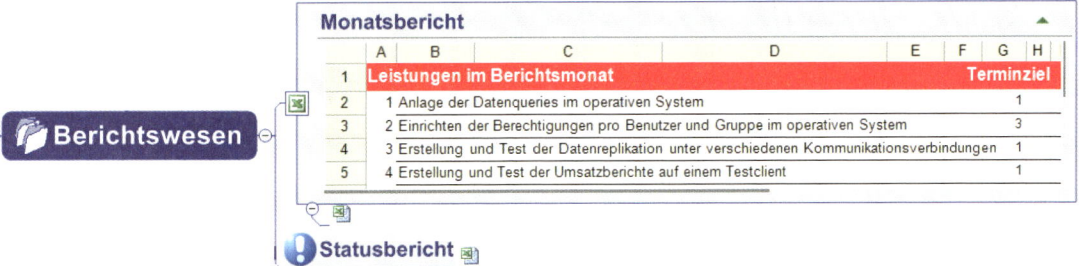

Abbildung 3.35 Wichtige Informationen wie erreichte oder nicht erreichte Terminziele einfach visualisiert

83

Um das Projekt effizient zu steuern, möchte Frau H. auch immer die nächsten Aufgaben im Blick haben. Da sie die Projektplanung unter anderem mit dem Werkzeug Map4Plan durchführt, ist es für sie kein Problem, die Aufgaben nach Kalenderwochen und/oder Ressourcen und Prioritäten zu filtern und in Form von Charts oder Listen darzustellen. Die Aufgaben für die neue Woche bindet sie in die OnePage ein.

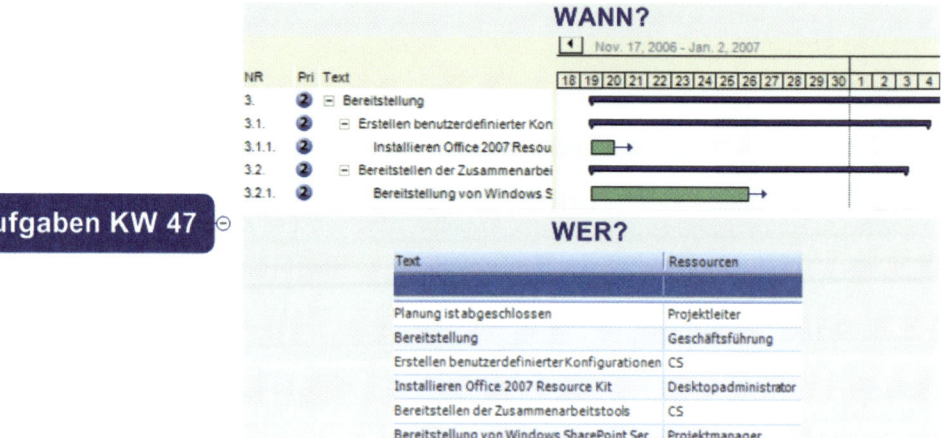

Abbildung 3.36 Wer macht was und wann? Für eine einfache Darstellung hilft die Visualisierung in Map4Plan.

Es haben sich Probleme ergeben. Einige Projektmitglieder sind krank, Einzelaufgaben daher im Verzug und die Stimmung im Team insgesamt inakzeptabel. Im firmeninternen Intranet hat Frau H. eine Umfrage zur Projektatmosphäre durchgeführt, die ihre Vermutung bestätigt – das Team ist unzufrieden.

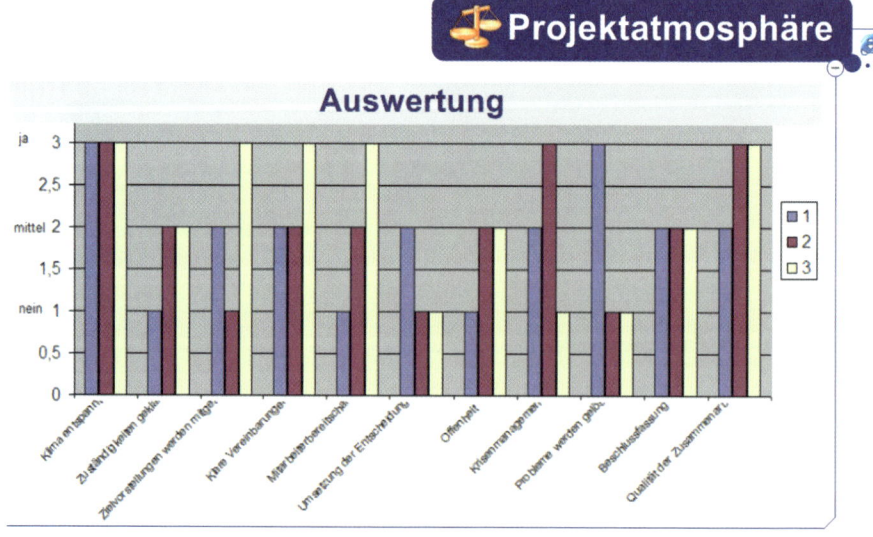

Abbildung 3.37 Die Auswertung sowie den Link zur Umfrage bindet Frau H. zur Information des Lenkungsausschusses in die OnePage mit ein.

Frau H. weiß: Es müssen Lösungen her. Zum einen für die Tatsache der schlechten Projektatmosphäre, die möglicherweise auch die vielen Krankheitsfälle bedingt, und zum anderen für den Ressourcenersatz bzgl. der fehlenden Mitarbeiter. Das Projekt soll sich nicht verzögern. Ihre Ideen und Lösungsansätze skizziert sie in Visio.

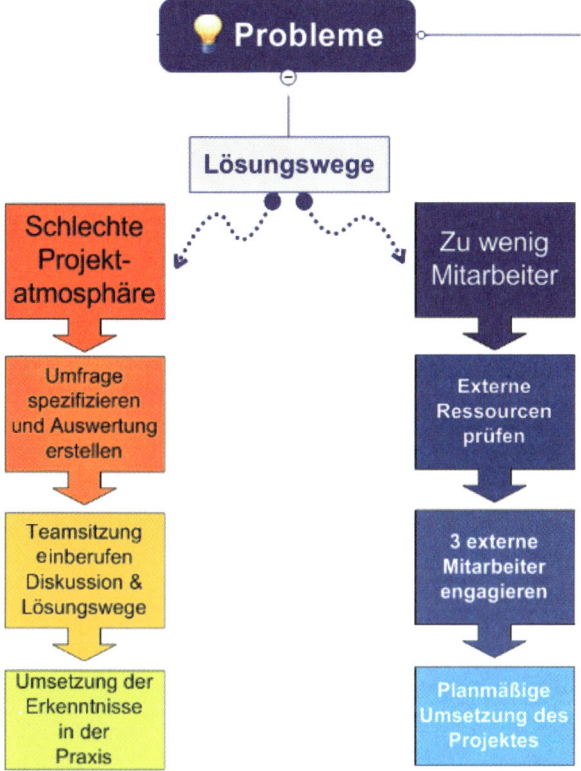

Abbildung 3.38 Übersichtlich und schnell zu lesen – die Lösungswege von Frau H.

Tipp: Mithilfe der benutzerdefinierten Eigenschaften verschaffen Sie dem Team oder dem Lenkungsausschuss gleich vorab einen ersten Überblick über den Stand des Projekts – noch bevor Detailinformationen unter die Lupe genommen werden.

Abbildung 3.39 Die »Quick-Info« für den kleinen Hunger

Gutes Gelingen beim Nachkochen!

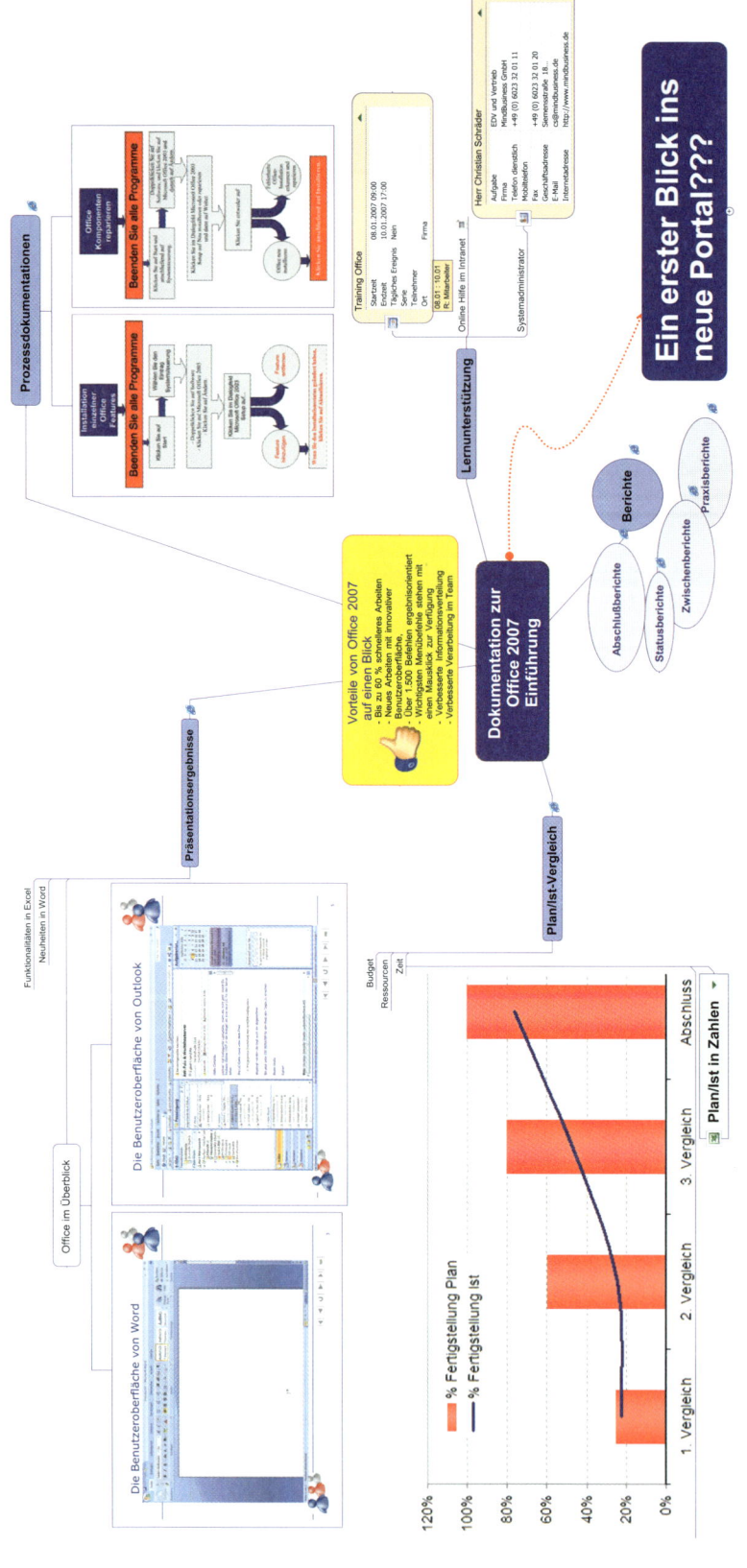

3.8 Der Nachtisch – Projekte dokumentieren

- 500 gr. Visio
- 500 gr. PowerPoint
- 1 kg Organisationstalent
- 3 Esslöffel MindManager

Mangelnde Projektdokumentation (z.B. aus Aufwands- und Zeitersparnisgründen) ist häufig einer der Organisationsmängel vieler Projekte. Es ist jedoch unerlässlich, die Ergebnisse jeder Aufgabe sowie den aktuellen Status regelmäßig und für alle zugänglich festzuhalten.

Zu diesem Zweck erweist sich der Einsatz eines Intranets, beispielsweise auf Basis von Windows SharePoint Services, als sinnvoll. Idealerweise ist SharePoint noch mit einer Versionskontrolle ausgestattet, was zusätzlich die Aktualität der Dokumente gewährleistet. Ein solches Intranet übernimmt somit die zentrale Verwaltung der aktuellen Arbeiten sowie der Informationen zum Projektstatus und enthält auf diese Weise sämtliche relevanten Projektdaten.

Frau H. – Projektleiterin des Projektes »Einführung von Office 2007« – hat im Zuge des bereits laufenden Projekts einen eigenen Bereich im firmeninternen SharePoint Intranet angelegt. Hier verwalten und bearbeiten sie und das gesamte Projektteam alle wichtigen Informationen. Eine optimale Projektdokumentation ist somit gegeben.

Frau H. hat wieder einen Termin bei der Geschäftsleitung. Sie soll der Führungsriege einen kurzen Überblick über die Projektdokumentation geben. Da sie nicht direkt im Intranet präsentieren möchte, erstellt sie eine OnePage mit Auszügen der wichtigsten Bereiche der Projektdokumentation. So hat sie alle wichtigen Informationen optimal visualisiert und griffbereit.

Die Prozessdokumentation war in den vergangenen Monaten ein heißes Thema in der Firma. Was passiert, wenn plötzlich ein Mitarbeiter ausfällt und durch einen neuen ersetzt wird? Wie wird ein Neueinstieg mit möglichst geringem Zeitaufwand gewährleistet? Prozessbeschreibungen sind dafür unumgänglich. Das Team von Frau H. hat das begriffen und alle im Projekt anfallenden Prozesse visualisiert. Einige davon integriert Frau H. in ihre OnePage.

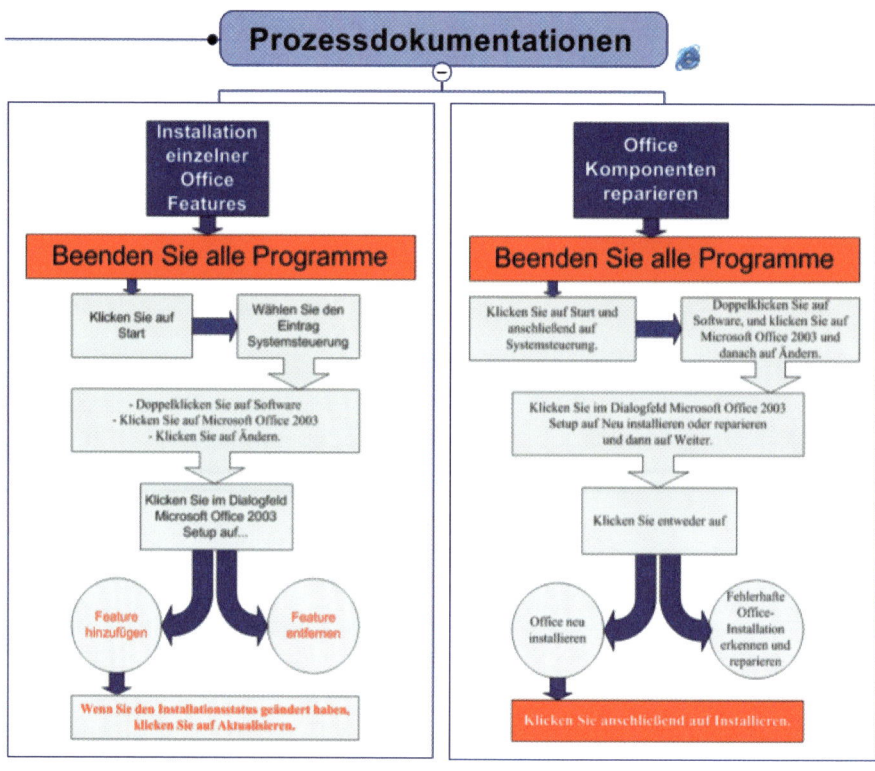

Abbildung 3.40 Prozesse lassen sich einfach in Visio abbilden und im Intranet veröffentlichen.

② Alle Mitarbeiter des Unternehmens haben Zugriff auf das Intranet und die Office 2007-Projektseiten. Frau H. weiß, dass der Umstieg auf Office 2007 einige Probleme mit sich bringen wird. Deshalb hat sie wichtige Anlaufstellen für Probleme im Umgang mit Office 2007 im Intranet integriert. Diese erscheinen auf der Startseite des Projektbereichs – und in ihrer OnePage.

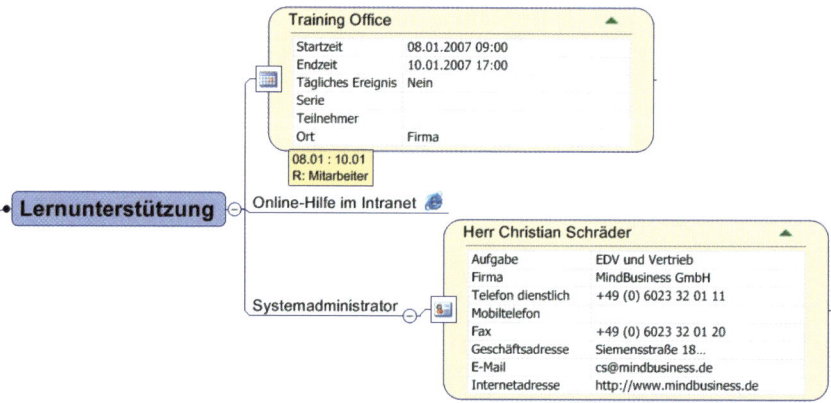

Abbildung 3.41 Wo finden die Mitarbeiter Hilfe? Im Intranet ist's dokumentiert!

Natürlich sind auch die aktuellen Zahlen nicht nur in Excel, lokal auf Frau H.s Rechner, sondern auch im Intranet zu finden. Diese bindet sie für die Präsentation und gleichzeitig zur Information in die OnePage mit ein. Außerdem verlinkt sie auf die entsprechenden Seiten im Netz.

Abbildung 3.42 Auch die Zahlen – wie Plan & Ist – werden tagesaktuell im Intranet verwaltet.

In PowerPoint hat Frau H. im Laufe des Projektes eine Vielzahl an Präsentationen erstellt. Selbstverständlich werden auch diese im Intranet verwaltet und zur Verfügung gestellt. Da sie weiß, dass die Präsentationen für die Geschäftsleitung von Interesse sind, bindet sie einen Auszug daraus in die OnePage mit ein.

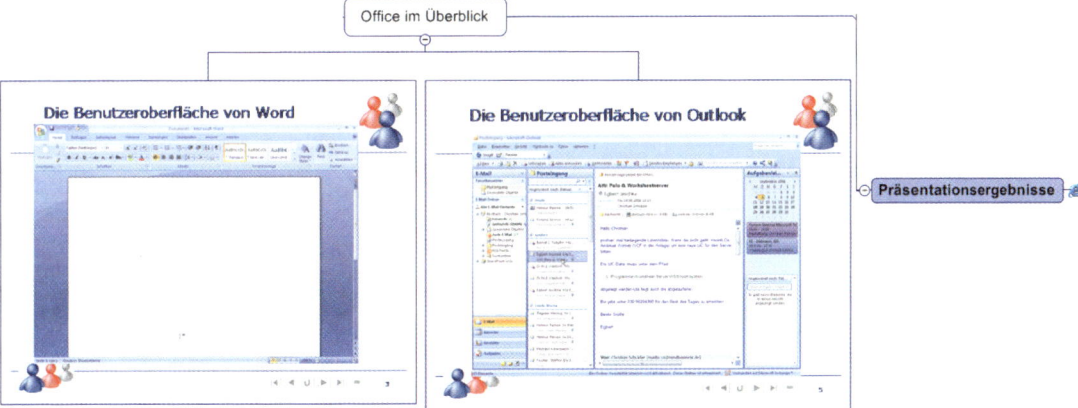

Abbildung 3.43 PowerPoint ist ein optimales Werkzeug zu Visualisierungszwecken.

Mal wieder ist Frau H. bestens für das Meeting mit der Geschäftsleitung vorbereitet. Viele Zutaten, die richtige Menge und Mischung ergeben ein gutes Gericht. Das »Mahl« Projektdokumentation ist in diesem Fall sehr schmackhaft geworden!

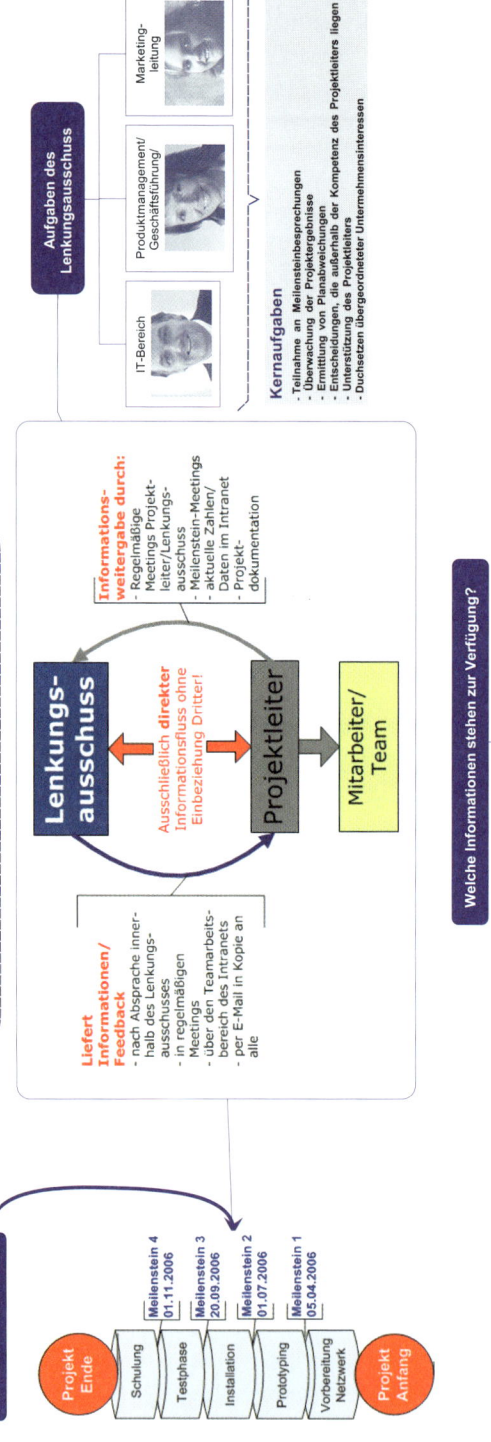

3.9 Eine gute Portionierung – Informationsfluss und Lenkungsausschuss

- 500 gr. Visio
- 250 gr. MindManager
- 5 Brisen Farben
- 1 TL Lust auf Veränderungen

Der Lenkungsausschuss ist das oberste beschlussfassende Gremium der Projektorganisation. Es muss von Anfang an festgelegt sein, wie der Lenkungsausschuss Entscheidungen trifft und auf welche Weise dem Lenkungsausschuss Informationen übermittelt werden. Der Lenkungsausschuss sollte sowohl zu festgelegten Berichtszeitpunkten als auch zu Meilensteinentscheidungen tagen.

Für das Projekt Einführung Office 2007 hat die Geschäftsleitung einen Lenkungsausschuss bestellt. Dieser möchte regelmäßig Informationen über den Status des Projektes erhalten, um die Überwachung des Sachzieles durchführen zu können. Wie genau der Informationsfluss vonstatten gehen soll, muss vor Beginn des Projektes geklärt sein. Ein Meeting wurde anberaumt.

Als Projektleiter sind Sie unter anderem für die reibungslose Kommunikation – also für einen funktionierenden Informationsfluss – im Unternehmen verantwortlich. Um für das Meeting gewappnet zu sein, wollen Sie alle wichtigen Informationen auf einem Blatt zur Verfügung haben.

Sie planen, zunächst einen kurzen Überblick darüber zu geben, wie Sie sich als Projektleiter die Zusammenarbeit zwischen Ihnen und dem Lenkungsausschuss vorstellen. Mit Umrandungen setzen Sie Ihre Ideen gut in Szene und geben ihnen die richtige Würze. ①

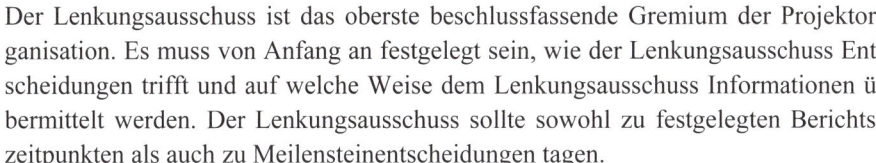

Was erwartet der Projektleiter?
- Offenheit
- schnelle Entscheidungsfindung
- Bereitschaft und Interesse
- Transparenz

Was garantiert Projektleiter?
- Offenheit
⊖ - Transparenz
- Aktualität
- Einsatz des Teams

Abbildung 3.44 Erwartungen und Ziele mit Farben und Formen hervorgehoben

Das Hauptthema der Map verwandeln Sie zu einem »Appetithäppchen« und fügen eine in Visio erstellte Grafik ein. Ein erster, dennoch aussagekräftiger Überblick ist geschaffen. ②

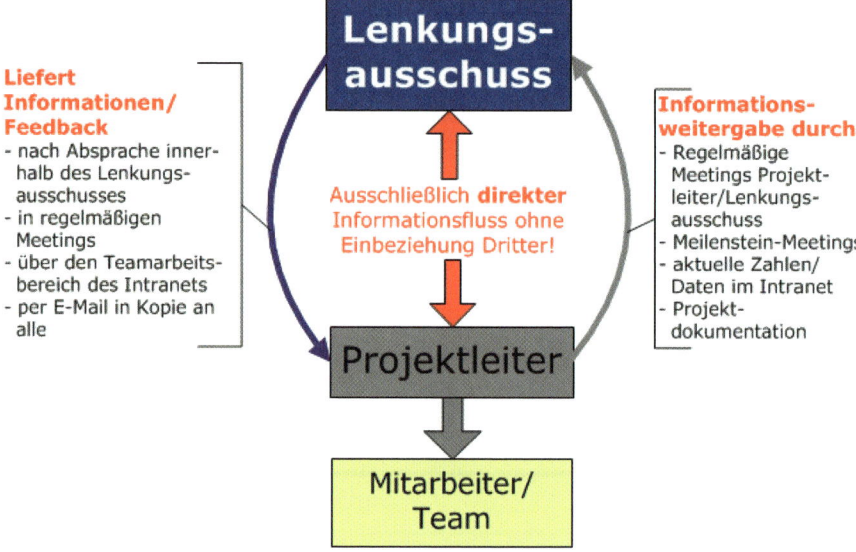

Abbildung 3.45 Kommunikation zwischen Projektleiter und Ausschuss

③ Im nächsten Schritt erfassen Sie die Personen innerhalb des Lenkungsausschusses sowie deren Aufgaben. Mit der Funktion zur Darstellung von Zweigen in Organigrammform schaffen Sie hier im Handumdrehen einen perfekten Überblick.

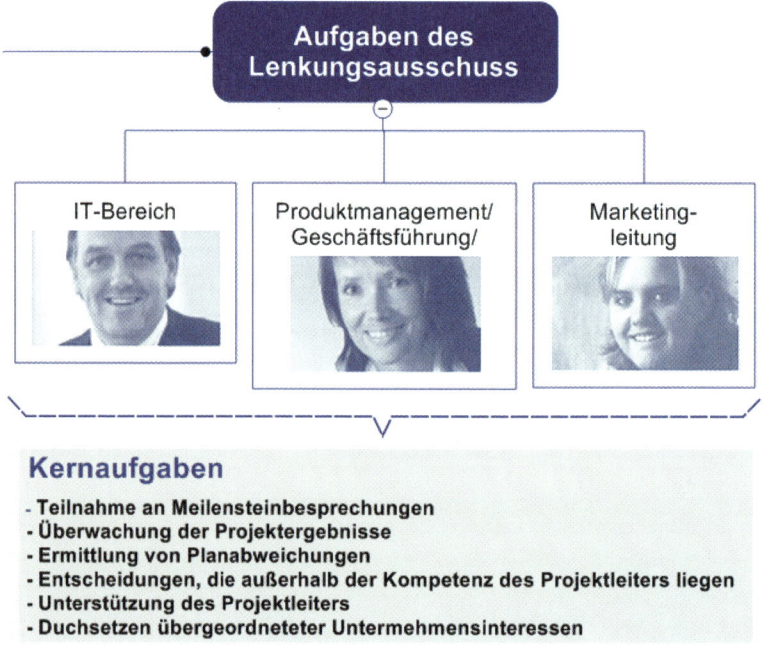

Abbildung 3.46 Nutzen Sie Organigramme zur Darstellung von Strukturen.

Ihr OnePage wächst und gedeiht. Nun wollen Sie dem Lenkungsausschuss aufzeigen, welche Informationen permanent und tagesaktuell zugriffsbereit zur Verfügung
stehen. Da im Verlauf des Projekts eine Vielzahl an Excel-Dateien mit Kostenüber-
sichten, Projektstatus- und Monatsberichten erstellt und gepflegt wurden, fügen Sie
deren wichtigste Inhalte in die OnePage mit ein.

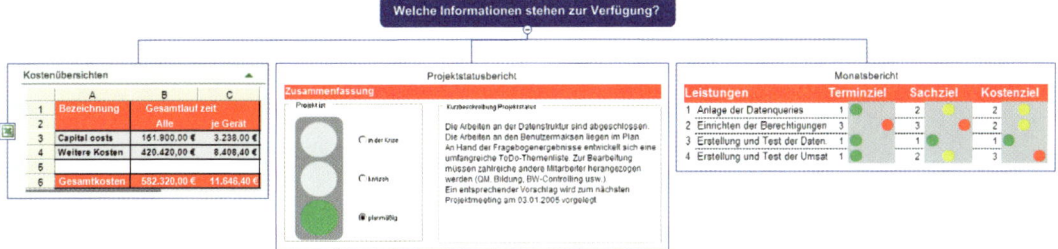

Abbildung 3.47 Mit den Excel Linker Map Parts wichtige Inhalte visualisieren

Ein wichtiges Gewürz fehlt noch in Ihrer OnePage: die Meilensteine. Da Sie schon
Erfahrungen mit dem Erstellen von OnePages haben, greifen Sie zielsicher zum
Werkzeug Visio.

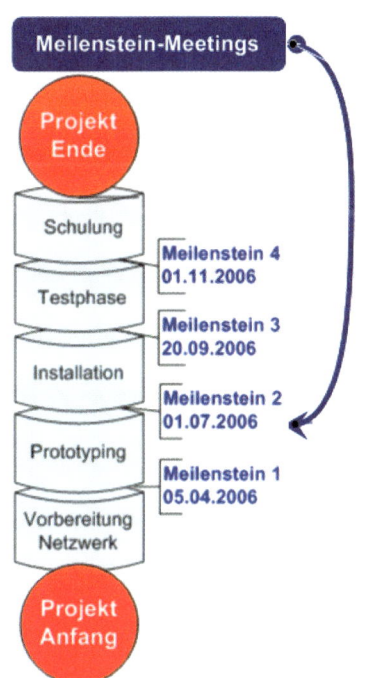

Abbildung 3.48 Die Meilensteine in Visio visualisiert

Es ist angerichtet … achten Sie auf die richtigen Zutaten, dann wird Ihnen das
Nachkochen viel Spaß machen! Wir wünschen schon jetzt: Guten Appetit!

4 Vertrieb und Marketing

Von allen Kochregionen ist die Teilregion Vertrieb eine der interessantesten – dennoch sind Rezepte in diesem Bereich dünn gesät. Wogegen die Teilregion Marketing eine große Auswahl an interessanten Rezepten bietet.

Warum sind beide Kochregionen so eng miteinander verbunden, und warum kennt man so viele Marketing-Gerichte? Bei genauer Betrachtung sind es zwei betriebswirtschaftliche Instrumente mit vielen unterschiedlichen Akzenten.

Vertrieb ist grob betrachtet der betriebswirtschaftliche Austauschprozess von Waren und Dienstleistungen gegen Entgelt. Oberstes Gebot ist es, Gewinn zu erzielen. In der Praxis findet das operative Verkaufen losgelöst von strategischen Überlegungen statt. Es geht um Tagesumsätze, neue Abschlüsse und Provisionen etc.

Marketing ist das Ausgestaltungsmittel, das die Unternehmensausrichtung integriert.

Ihr Unternehmen strebt die erfolgreiche, strategische und zielgerichtete Vermarktung eines neuen Produktes an. Marktbeobachtung, -segmentierung, Analyse des Kundennutzen und der Ausbau der Kundenbindung sind erforderlich. Untermauert wird die Umsetzung durch Schulungen, Seminare etc. Der Vertrieb arbeitet mit dem Kunden.

Beide Küchen verfügen über vielfältige Gewürze, kräftige Kräuter und weitere feine Zutaten. Doch beide Regionen haben ihre eigenen Gewürzrichtungen. Köche aus beiden Regionen stehen in der Küche. Die gekonnte Mischung aus beiden und eine feine Nase für die Zutaten machen den Erfolg aus.

Vergleichen wir es mit einem Menü: Entweder verzaubert es als Gesamtheit, durch das harmonische, geschmacklich abgestimmte Miteinander, oder es verliert, weil Vor-, Haupt- und Nachspeise nicht harmonieren.

Wir haben Ihnen Vor-, Haupt und Nachspeisen aus beiden Teilregionen gemischt und kleine Leckereien auf einem Blatt angerichtet. Vielleicht haben Sie Lust, das ein oder andere nachzukochen.

Unsere Trainingskompetenzen – eine magische Kombination

Methodisch

fachlich

software technisch

+

Software-kompetenzen
• MS Office
• Share Point
• MindManager
• Info Path

+

Kommuni-kation

Controlling

Projekt-management

Entwicklung

Kern-kompetenzen

MindBusiness.
Mensch und EDV mit Begeisterung verbinden.

Produktportfolio

Trainings
Mindjet®
MindManager®

Windows SharePoint
Services®

Microsoft® Office

Events
SolutionsDays

productive@work

OnePage
Studio

Camp

Inhouse

Map4Suite
Map4Plan

Map4Web

Map4Score

Map4Screen

Consulting

Publikationen
Hanser Verlag

Gabal Verlag

Fachbeiträge

MS Press

ein paar Informationen zu uns ...

Wir als Team

14 Mitarbeiter

Spezialistennetzwerk

Alzenau/U.fr.

gefragte Spezialisten, die Software &
Themen koppeln können

OnePage
der einfache Blick auf das Wesentliche
geprüft

Deutschland, Österreich, Schweiz

EU + International

Ihr Nutzen

4.1 Die perfekte Marinade – Vertriebskonzeption

- 1,5 kg MindManager
- 3 Fläschchen Firmenfarben
- Fingerspitzengefühl für Zweiganordnungen
- 3 Esslöffel Hyperlinks
- 750 gr. Bilder
- 500 gr. grafische Gestaltung mit Office 2007

Wenn Sie gefragt werden: »Was macht Ihr Unternehmen eigentlich?«, was sagen Sie? Ist Ihr Gesprächspartner danach im Bilde? Um es dem Fragenden leichter zu machen, ist ein Blatt, auf dem alle wichtigen Informationen übersichtlich zusammengefügt sind, eine gute Gesprächsgrundlage. So ist in zwei Minuten erklärt, was die Firma leistet. Der Fragende weiß Bescheid, kann Zusammenhänge verstehen.

Wir stellen Ihnen in diesem Kapitel ein Gericht aus der eigenen Küche vor, damit wir mit echten Angaben arbeiten können, und zeigen Ihnen unser Produktportfolio »für den ersten Blick«. Ziel ist es, die Produkte, Dienstleistungen, Kompetenzen etc. darzustellen, die von dem Unternehmen MindBusiness angeboten werden.

Also, ran an die Arbeit. Was machen wir eigentlich, welche Produkte haben wir, was bieten wir an etc.? Die Gedanken werden gesammelt und in eine Struktur gebracht.

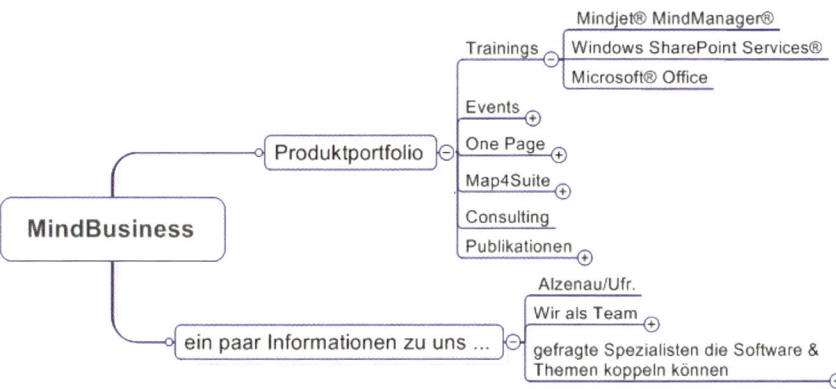

Abbildung 4.1 Gedanken in Struktur gebracht

Nachdem die erste Struktur aufgebaut ist, schaut man, ob Informationen gebündelt werden können und dem Betrachter so einfacher verständlich sind. Am Beispiel »gefragte Spezialisten …« können Sie sehr gut sehen, dass kein Zusammenhang zum Team besteht. Dennoch bezieht sich diese Aussage auf das Team. Fügt man eine Klammer ein und setzt hieran den Zweig »Spezialisten …«, sind die Zusammenhänge klar.

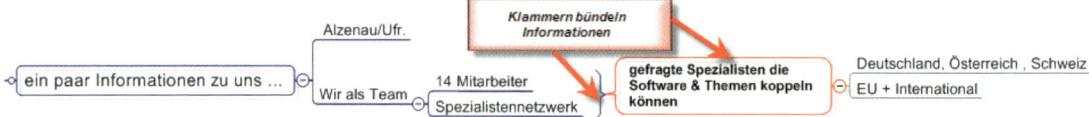

Abbildung 4.2 Informationen werden mithilfe der Klammerfunktion gebündelt.

③ Eine weitere Möglichkeit ist es, die gesamte Zweiganordnung zu verändern. Wenn Zweige als Organigramm dargestellt werden, bekommt der Betrachter einen anderen Informationsgehalt übermittelt. Kleine Funktion mit großer visueller Bedeutung.

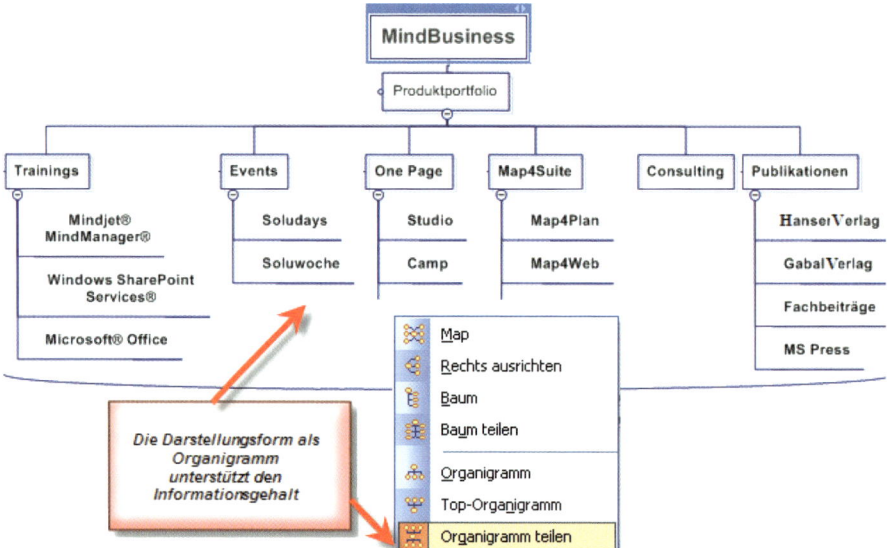

Abbildung 4.3 Informationsgehalt mithilfe der Zweiganordnungen (Organigramm)

④ In einer OnePage stellen Sie immer nur die wichtigsten Informationen für den ersten Überblick dar. Die Details müssen aber greifbar sein. Deshalb werden Hyperlinks eingesetzt. Man weiß ja nie, wer noch mehr wissen möchte ...

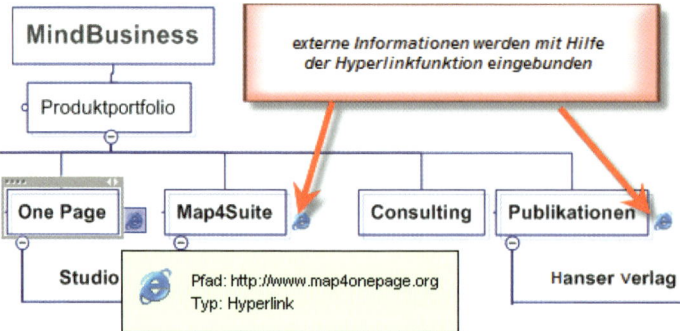

Abbildung 4.4 Die Details sind jederzeit greifbar – Hyperlinks zu externen Informationsquellen.

Wörter müssen gelesen werden, um zu wissen, um welches Produkt, welche Dienstleistung es sich handelt. Logos setzen sich meist in den Köpfen der Betrachter fest. Warum nicht diese Erkennungsmerkmale gegen die Schriften austauschen oder Bilder zur schnelleren Informationsaufnahme einbinden? Gesagt, getan!

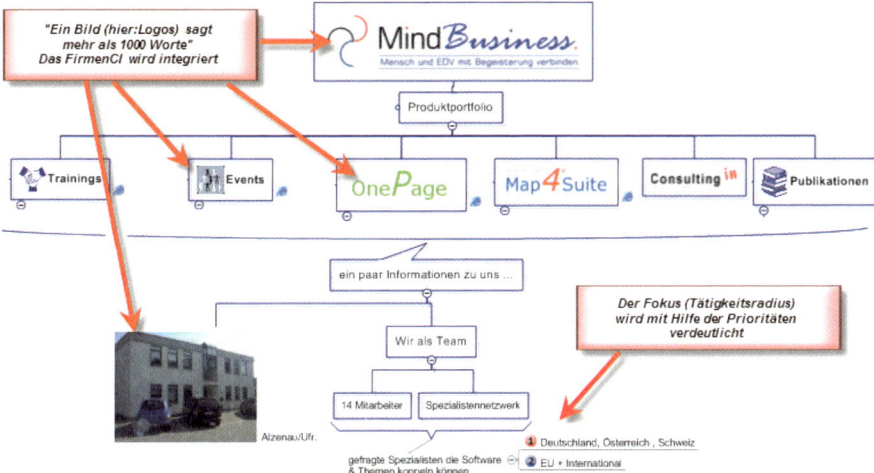

Abbildung 4.5 Logos werden eingefügt und ersetzen die Schrift – Wiedererkennung PUR.

Wie bei jedem Gericht macht die letzte Prise Salz alles aus. Eine Besonderheit von MindBusiness ist die Koppelung der Kompetenzen. Dieses Salz darf auf keinen Fall fehlen. In der Office 2007 Version stehen grafische Elemente zur Verfügung, die diese Inhalte passend darstellen können. Zum Einfügen der Grafik haben wir die Software Map4Screen eingesetzt. Mehr Informationen hierzu finden Sie im Register.

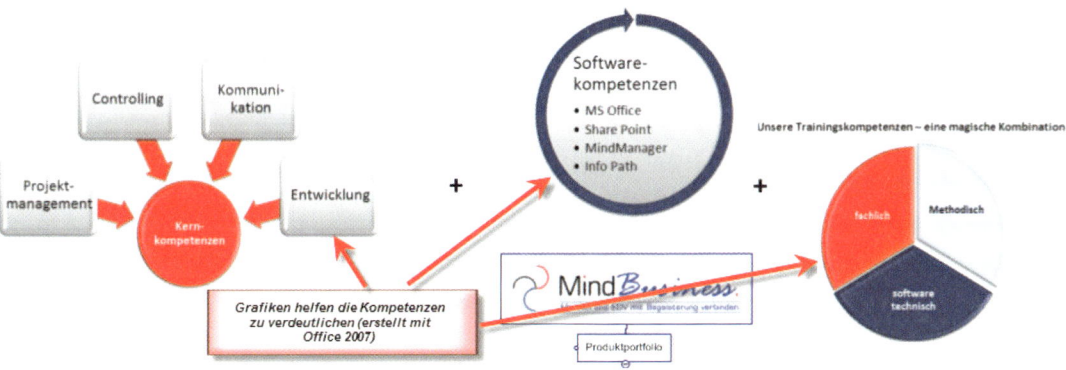

Abbildung 4.6 Grafiken schließen die noch offene Informationslücke: die Kompetenzen

Unser Fazit: Wir haben ohne großen Aufwand ein Produktportfolio aufgebaut, das in Gesprächen jederzeit zur Unterstützung hervorgeholt werden kann. Uns hat diese Darstellung schon oft gute Dienste erwiesen.

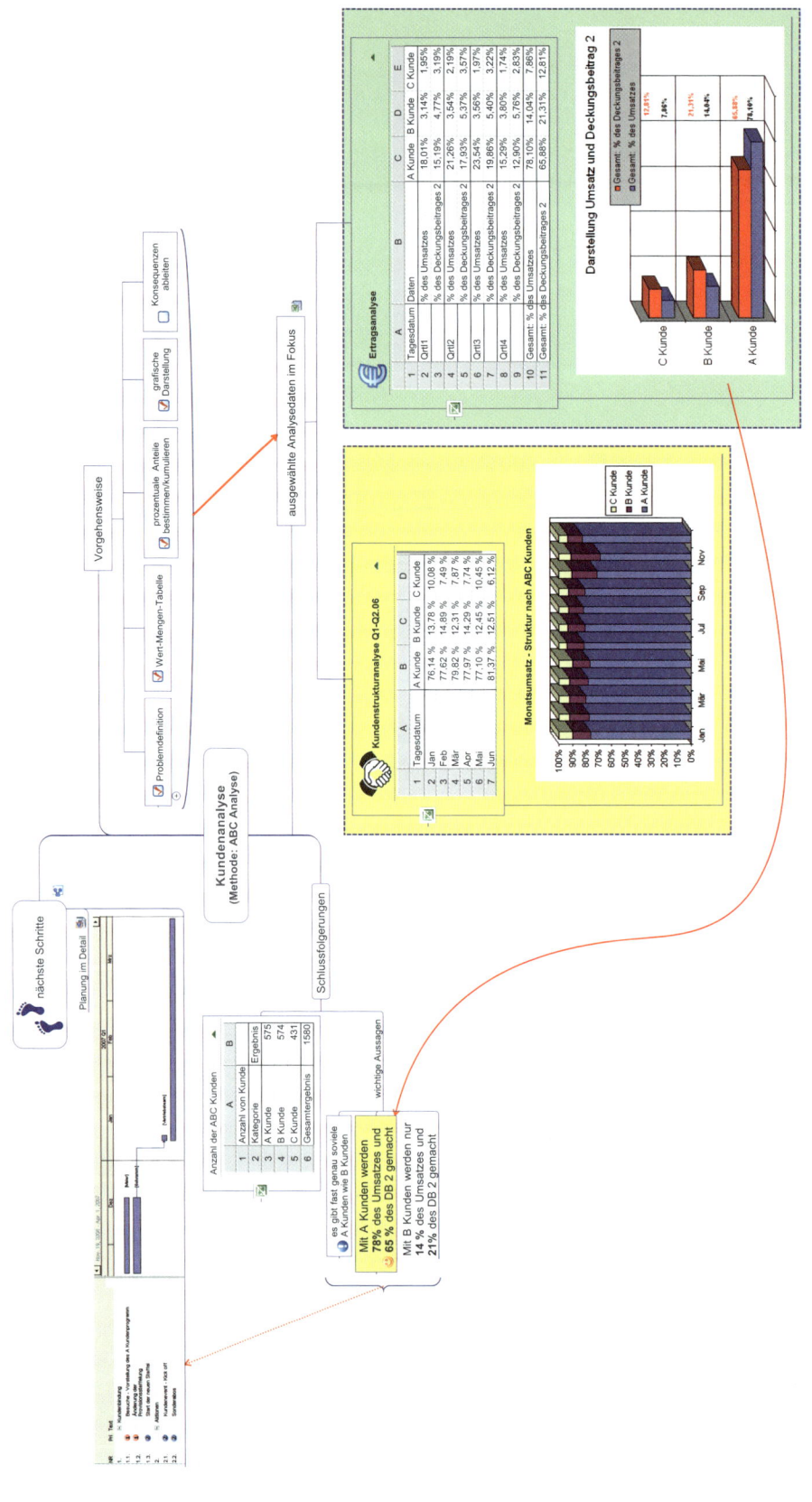

4.2 Fruchtbarer Boden – der Kunde als Partner

- 500 gr. MindManager
- 2 kg Excel und den Blick für Zahlen
- 350 gr. Map4Screen
- 1 Messerspitze Bilder und Farben
- 2 Teelöffel grafische Gestaltung

Haben Sie auch schon einmal darüber nachgedacht, wie groß die Abhängigkeit Ihrer Firma von einigen wenigen, aber wichtigen Abnehmern ist? Wenn Sie die Umsätze einzelner Kunden gegenüberstellen, ist es leicht, die wichtigen herauszufinden.

Aber wie stark ist der Gesamtumsatz von Großkunden abhängig? Wie stark ist das ganze Unternehmen auf wenige Abnehmer konzentriert? Sie als Vertriebsmitarbeiter leiden unter Zeitmangel, doch strategische Überlegungen dürfen nicht zu kurz kommen. Eine Kundenstrukturanalyse ist dafür wie geschaffen. An was ist zu denken?

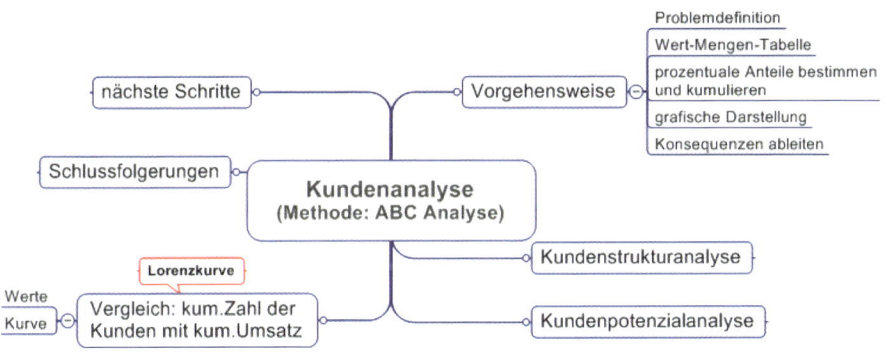

Abbildung 4.7 Die Vorbereitung in MindManager

Die Zahlen werden in Excel erstellt. Pivot-Tabellen und Co machen weiterführende Analysen möglich.

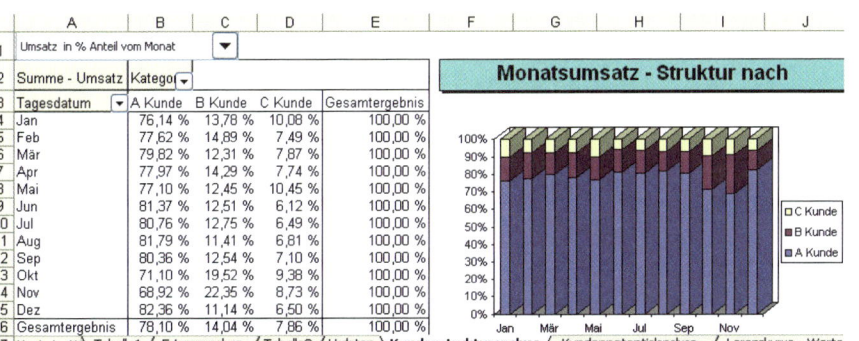

Abbildung 4.8 Analysemethoden im Einsatz – die ABC-Analyse, Lorenzkurve & Co in Excel

③ In der Gesamtübersicht brauchen Sie Informationen über Aufgaben. Zweige werden mit Aufgabeninformationen kodiert. Damit Sie schnellen Zugriff auf die Zahlen haben, binden Sie die Datei als Hyperlink ein.

Tipp: Sind Gedanken aus dem Brainstorming nicht mehr wichtig, empfehlen wir, die Zweige nicht sofort zu löschen. Nutzen Sie die Formatierungsleiste, um »Unwichtiges« zu kennzeichnen. So kommen alte Gedanken nicht wieder von Neuem auf.

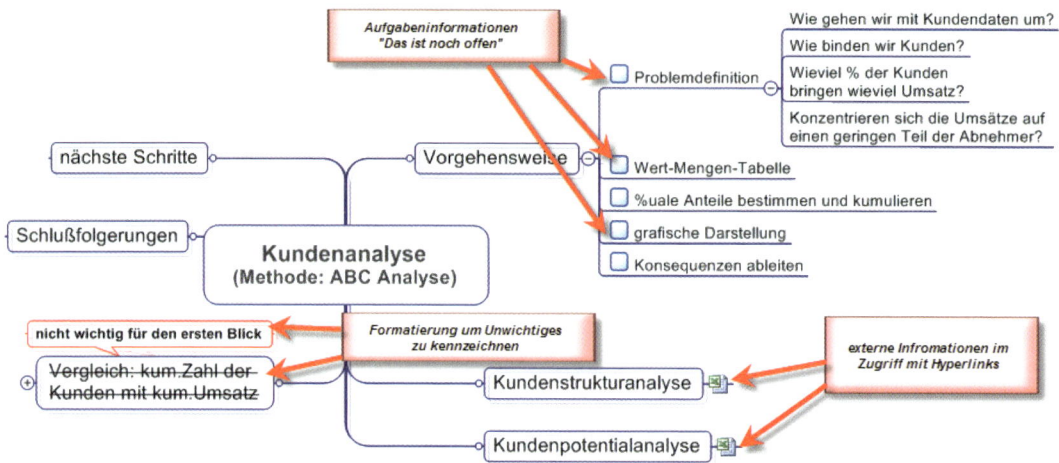

Abbildung 4.9 Externe Informationen verlinken und Aufgabeninformationen sichtbar machen

④ Die Darstellung von Zusammenhängen und Zusammenfassungen einzelner Schritte zu einem – mit dem Ziel, Transparenz zu schaffen –, erfordert unsere Aufmerksamkeit. Vergleichen Sie **Abbildung 4.9** mit **Abbildung 4.10**. Verbindungspfeile und Klammern führen Inhalte zusammen, Organigramme stellen sie übersichtlicher dar.

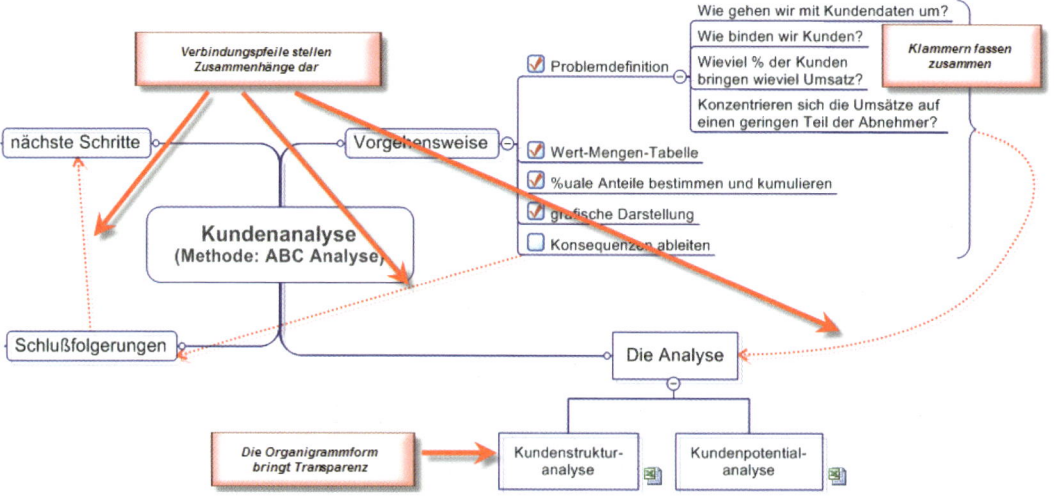

Abbildung 4.10 Gestaltung bringt Transparenz

Geschwindigkeit ist einer der wichtigsten Faktoren. Ziel der Darstellung der Absatz-analyse ist es, über Zahlenwerte zu informieren, Schlüsse zu ziehen und die daraus folgenden Schritte zu ermitteln.

Um den Blick auf die aussagekräftigen Zahlen zu konzentrieren, werden daher nur die Zahlen aus Excel mit MindManager verknüpft.

Das Gesamtzahlenwerk bleibt dabei jederzeit greifbar. Der Betrachter kann sich je-doch erst einmal auf das Wesentliche konzentrieren. Das spart Zeit.

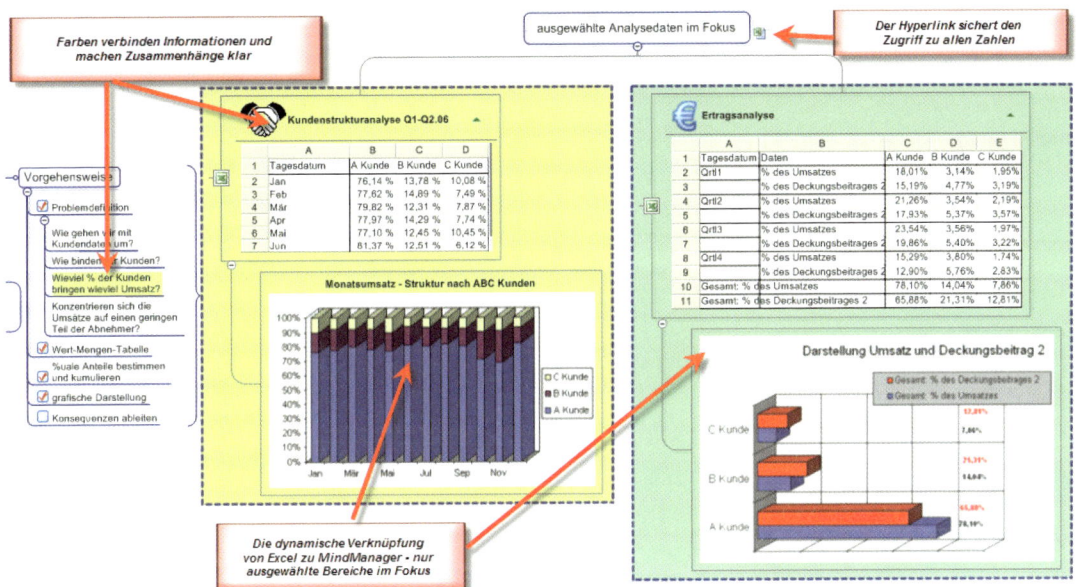

Abbildung 4.11 Die richtige Zahl im Blickfeld

Mithilfe von Farben und Verbindungspfeilen werden die aufgeführten Schlussfolge-rungen mit den Zahlenquellen visuell verbunden. Auf einen Blick werden in der Ge-sprächsführung einem Dritten die Zusammenhänge deutlich.

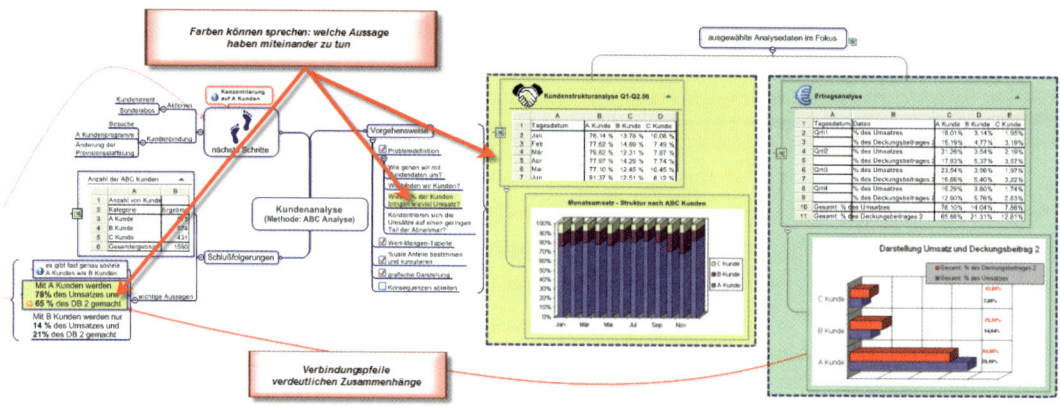

Abbildung 4.12 Schlussfolgerungen

 Die Planung der weiteren Schritte steht an. Damit die Übersicht bestehen bleibt, nutzen wir die Möglichkeit der MultiMap und exportieren den gesamten Bereich in eine eigene Map.

Diese ist automatisch mit der Hauptübersicht verknüpft.

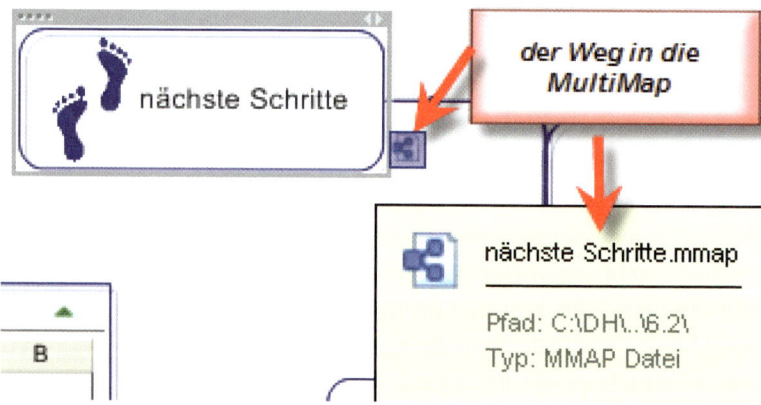

Abbildung 4.13 Der Weg in die MultiMap

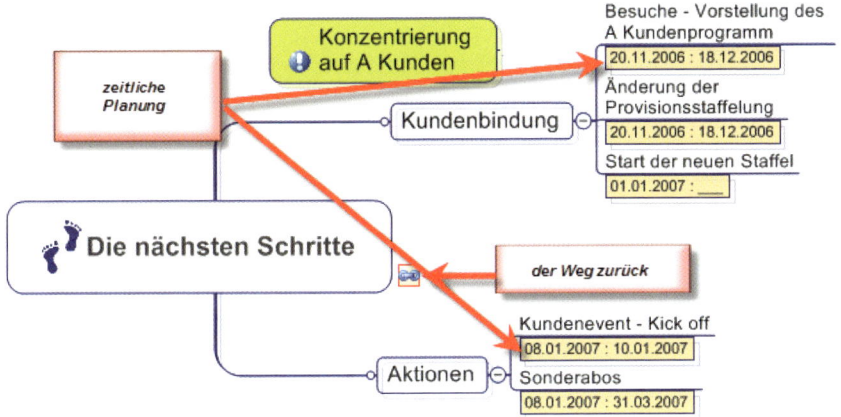

Abbildung 4.14 Planung in der MultiMap – Exportgrundlage zu Map4Plan

Die weitere Projektsteuerung erfolgt in einem Projektmanagement-Tool, in diesem Fall mit Map4Plan. Die zeitliche Abfolge ist in der Business Map jedoch wichtig. So wird die Gantt-Darstellung als Bild eingefügt. ⑧

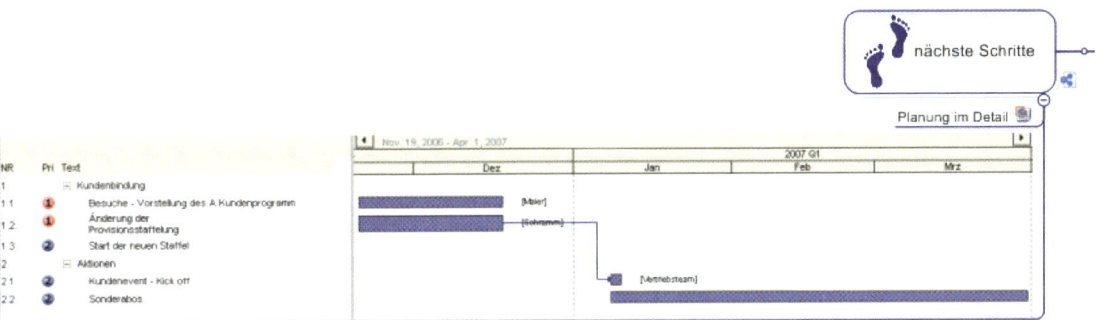

Abbildung 4.15 Die Planung visualisiert mithilfe von Map4Screen

Unser Fazit: Das Gericht ist etwas schwieriger zu kochen.

Der Aufwand lohnt sich jedoch, da ganz unterschiedliche Ebenen eingebunden werden können: Zahlenwerte, Analysemethoden, eigene Gedanken, Zusammenhänge zwischen Zahlen und Schlussfolgerungen sowie Planungsinformationen.

Es bietet eine Zusammenfassung mehrerer Arbeitsbereiche und eine gute Grundlage für jedes Gespräch.

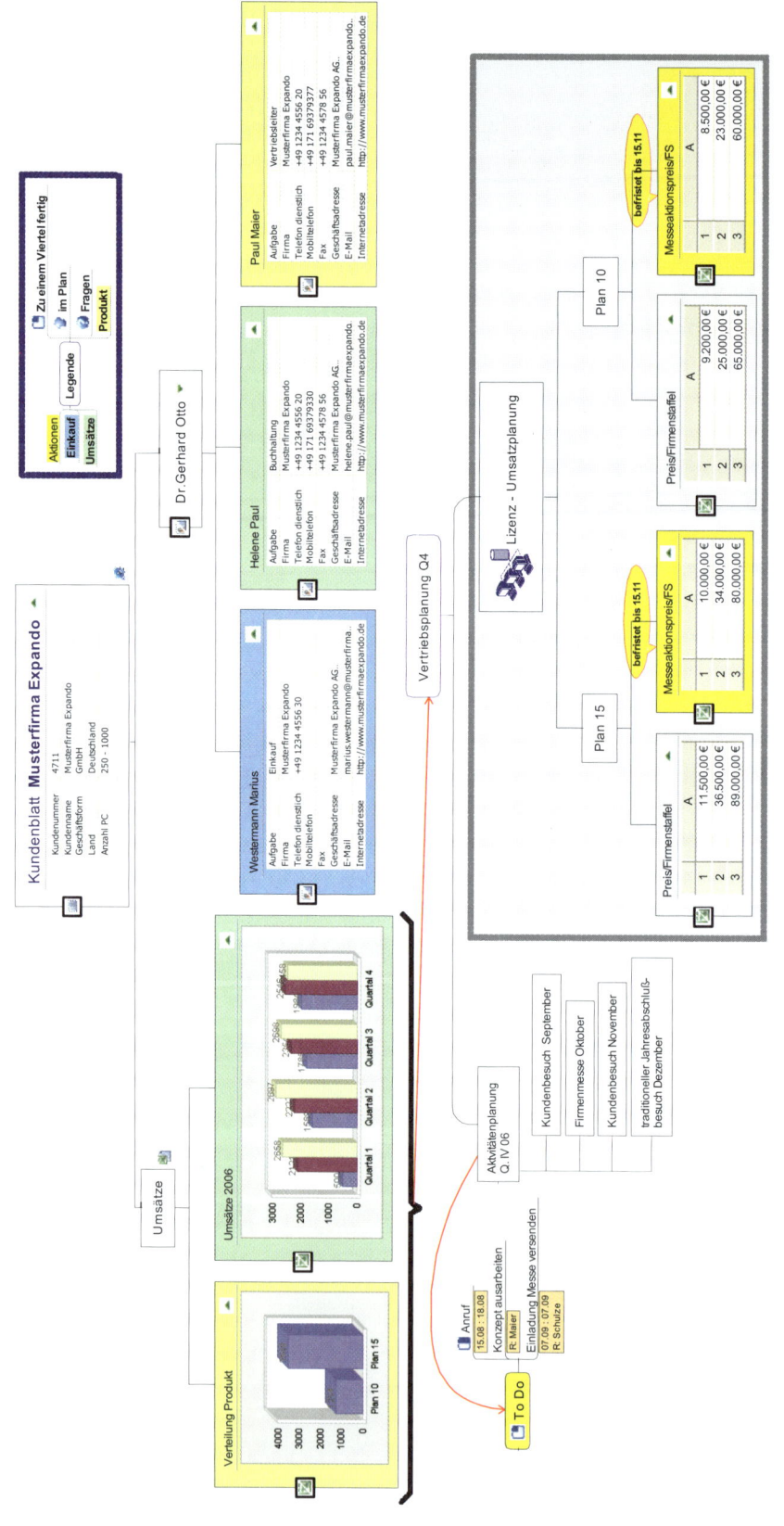

4.3 Es ist angerichtet – das Kundenblatt

- 2 kg MindManager
- 750 gr. Excel
- 2 Prisen Excel-Linker
- 1 Prise Outlook-Linker
- 2 kl. Fläschchen Farbe
- 1 Handvoll Geduld
- 2 Schöpfkellen Fantasie

Kundenansprachen und Kundenbindungen nehmen einen immer höheren Stellenwert ein. Die gute Kundenbeziehung ist die Grundlage, um den Erfolg jedes Unternehmens zu steigern.

Sämtliche Daten von Kunden und alle Transaktionen mit ihnen werden in Datenbanken gespeichert. Die Daten werden integriert, aufbereitet und an jeder Stelle in der passenden Zusammenstellung zur Verfügung gestellt. Doch was ist mit den eigenen Ideen, Strategiegedanken, Gesprächsaufzeichnungen?

Die gekonnte Mischung aus Datenbankinformationen und eigenen Gedanken sowie Aufzeichnungen macht eine optimale Kundenvorbereitung – nach dem Motto: Es ist, mit allem, was Sie möchten, angerichtet. Das vorliegende Gericht soll nur als Anregung dienen.

Sie bereiten sich auf einen Kundenbesuch vor. Welche Informationen brauchen Sie? ①
Was wollen Sie mit dem Kunden besprechen? Machen Sie ein Brainstorming, und strukturieren Sie Ihre ersten Gedanken.

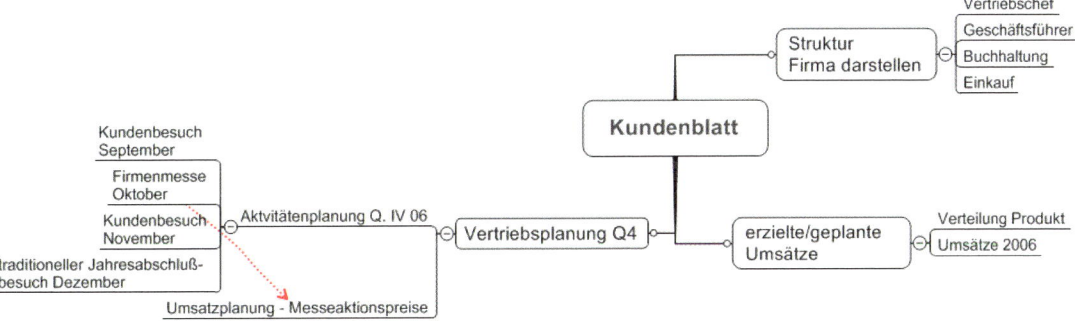

Abbildung 4.16 Welche Informationen will ich sehen? Erste Gedanken

Informationen wie Kundenname, Kundennummer, Anzahl der PCs etc. sind in einer ②
formularähnlichen Abbildung bestens aufgehoben. Setzen Sie dazu die benutzerdefinierten Eigenschaften ein.

Sie bekommen alle Informationen, die Sie brauchen, und haben eine ordentliche Darstellung, die bei weiteren Besuchen als Standard genutzt werden können.

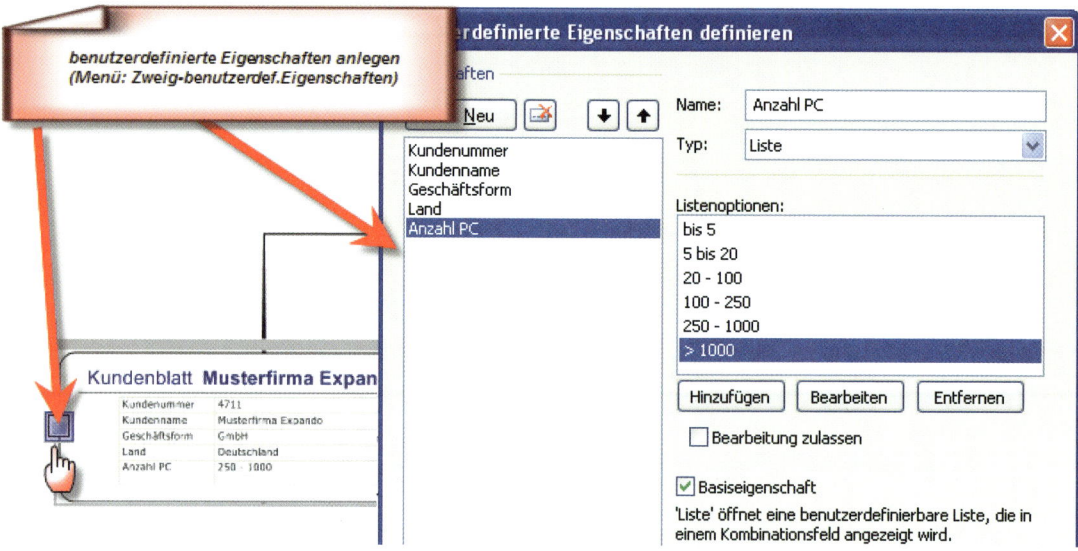

Abbildung 4.17 Benutzerdefinierte Eigenschaften anlegen

③ Detaillierte Informationen wie Kontaktdaten, Zahlen etc. haben Sie als Informationen in anderen Formaten vorliegen. Erfassen Sie nicht noch einmal alles neu, sondern binden Sie vorhandene Informationen mithilfe der MapParts und Hyperlinks ein.

Durch deren Dynamik werden bei Veränderungen von Angaben in der Ursprungsquelle automatisch die Daten in der Business Map abgeglichen. Bitte beachten Sie, dass zur größeren Informationstransparenz die Zweiganordnung verändert wurde.

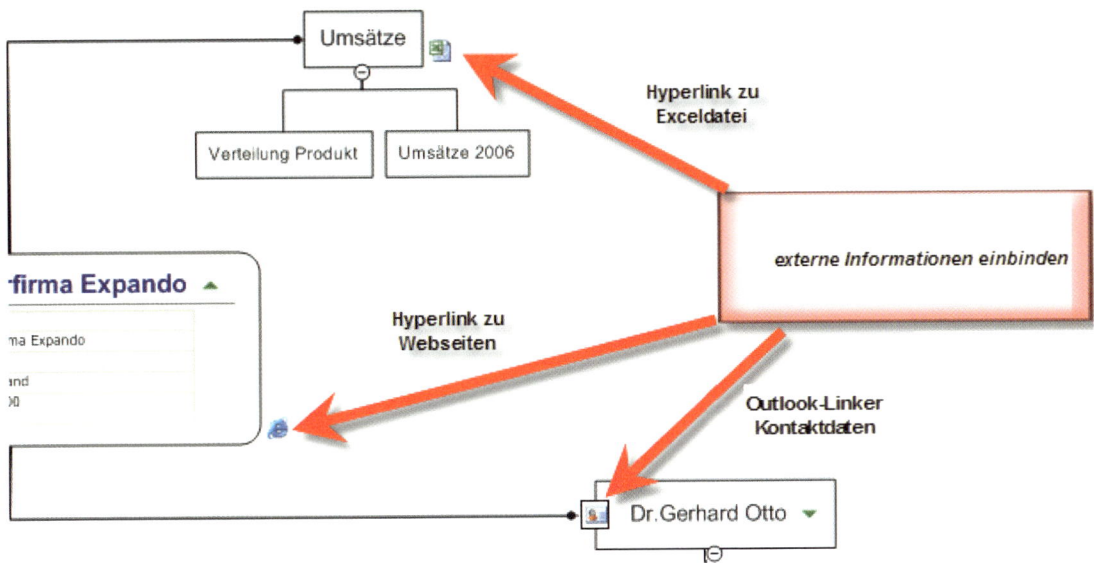

Abbildung 4.18 Externe Informationen einbinden: Outlook, Link zur Excel-Datei

Das Gericht besteht mittlerweile aus vielen Zutaten. Haben Sie noch den gezielten Überblick? Wer betreut welchen Bereich, wen betreffen welche Zahlenwerte? ④

Farben bringen Überblick und dienen als Informationsträger. Mithilfe der Map-Markierungen werden diese »Kodierungen« festgehalten.

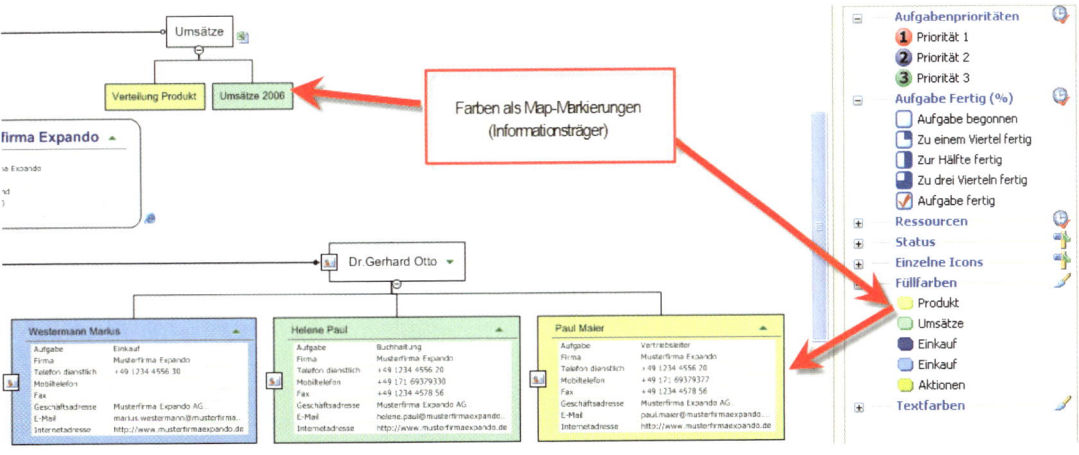

Abbildung 4.19 Farben werden Informationsträger – wer betreut welchen Bereich?

Der Zugriff auf Umsatzzahlen etc. im Detail ist sehr wichtig und mithilfe der Hyper-links hervorragend gelöst. Doch für das Gespräch brauchen Sie nur einen bestimm-ten Zellenbereich. ⑤

109

Warum alles zeigen, wenn der Fokus auf die wichtigen Details einen leichteren Überblick verschafft?

Nutzen Sie die Möglichkeit, Excel-Bereiche Ihrer Wahl dynamisch mit MindManager zu verknüpfen.

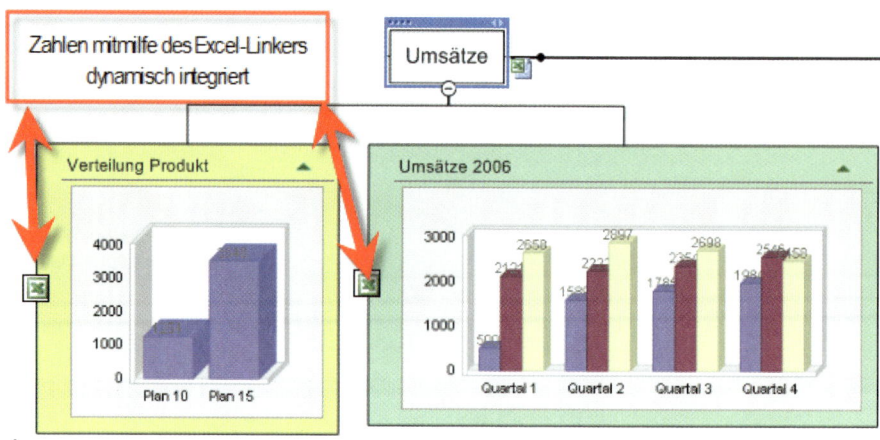

Abbildung 4.20 Zahlen direkt im Zugriff

⑥ Sie ergänzen das gesamte Thema »Lizenzplanung«. Zahlen werden integriert. Für die Transparenz werden wieder Farben als Informationsträger eingesetzt.

Zweiganordnungen und Umrandungen helfen, den Überblick und im Gespräch ausgewählte Themengebiete im Fokus zu behalten.

Kleine Funktionen, große visuelle Wirkung! Hier gilt: weniger ist mehr, genau wie beim Kochen – eine Prise Chili zu wenig oder zu viel verdirbt das gesamte Essen.

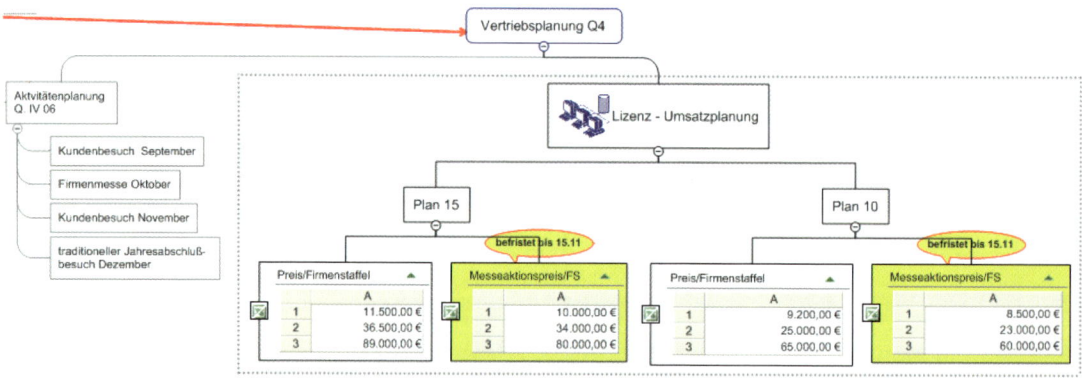

Abbildung 4.21 Die Lizenzplanung – die wichtigsten Informationen sind sichtbar.

Geben Sie dem Betrachter die Möglichkeit, den Grund für die farbliche Darstellung nachvollziehen zu können. Fügen Sie einfach eine Legende ein.

Abbildung 4.22 Die Legende – damit alle im Bilde sind.

Aufgabeninformationen können Sie jederzeit mithilfe der Aufgabenplanung einfügen, und voilà: Ihr Kundenblatt ist fertig – ganz einfach, wenn man weiß wie!

Viel Erfolg bei der Umsetzung in der eigenen Küche, mit eigenen Gewürzen und Kreationen.

Die richtige Wortwahl

In der Kürze liegt die Würze!	Beispiele • Beispiele • Beispiele		
• Verben statt Substantive	versenden	statt	Versand
• Kurz statt lang	oder	statt	beziehungsweise
• Allgemein verständlich statt Fachjargon	Preisaufschlag	statt	Agio
• Konkret statt allgemein	federleicht	statt	geringes Gewicht
• Aktiv statt passiv	wir liefern	statt	wird geliefert
• Indikativ statt Konjunktiv	ich freue mich	statt	ich würde mich freuen
• Synonyme statt Wiederholungen	Hosen, Röcke, T-Shirts	statt	Kleider, Kleider, Kleider

Positiv denken, denn... *"das Glas ist nicht halb leer, sondern halb voll!"*

Nicht
"Lassen Sie sich diese Chance nicht entgehen!"
sondern
"Nutzen Sie diese Chance!"

Nicht
"notwendig oder nötig"
sondern
"erforderlich, nützlich, hilfreich"

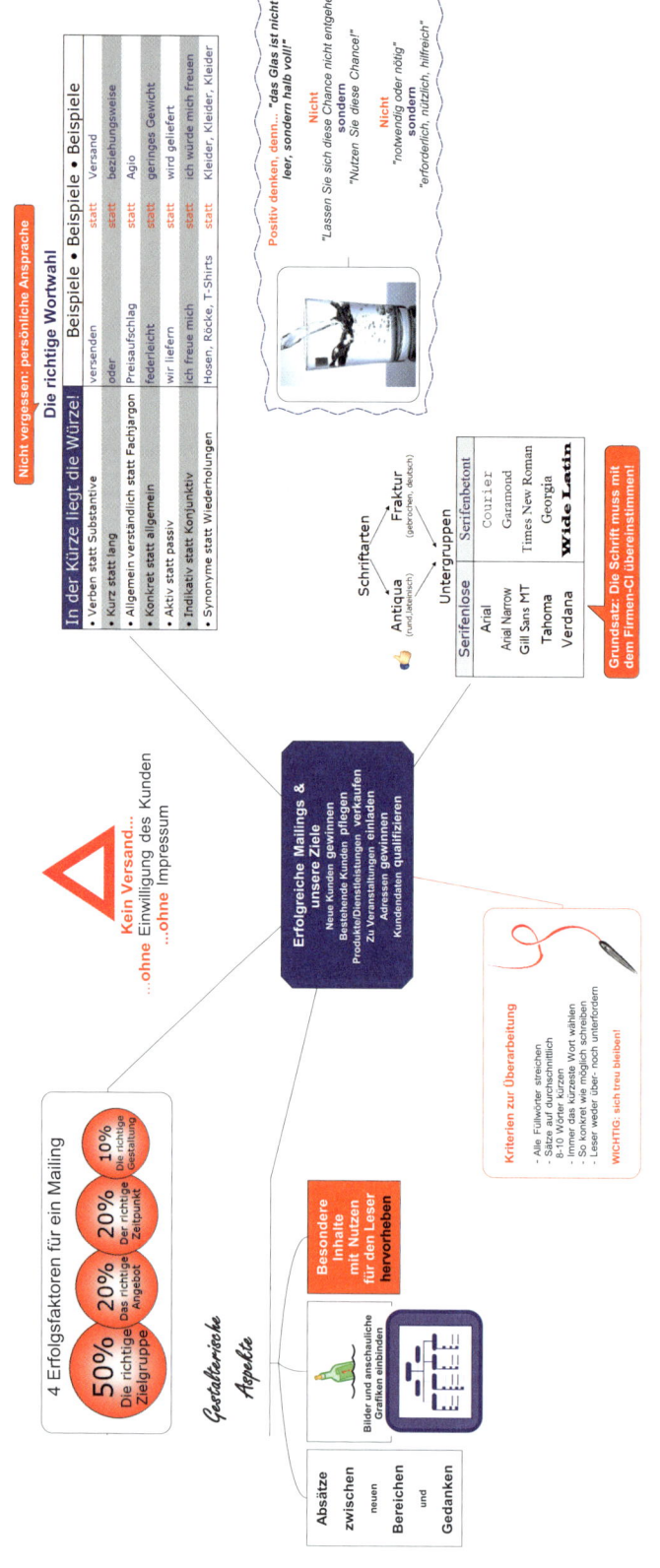

4 Erfolgsfaktoren für ein Mailing

- **50%** Die richtige Zielgruppe
- **20%** Das richtige Angebot
- **20%** Der richtige Zeitpunkt
- **10%** Die richtige Gestaltung

Gestalterische Aspekte

Besondere Inhalte mit Nutzen für den Leser hervorheben

Bilder und anschauliche Grafiken einbinden

Absätze zwischen neuen Bereichen und Gedanken

Erfolgreiche Mailings & unsere Ziele
Neue Kunden gewinnen
Bestehende Kunden pflegen
Produkte/Dienstleistungen verkaufen
Zu Veranstaltungen einladen
Adressen gewinnen
Kundendaten qualifizieren

Kein Versand...
...ohne Einwilligung des Kunden
...ohne Impressum

Kriterien zur Überarbeitung
- Alle Füllwörter streichen
- Sätze auf durchschnittlich 8-10 Wörter kürzen
- Immer das kürzeste Wort wählen
- So konkret wie möglich schreiben
- Leser weder über- noch unterfordern

WICHTIG: sich treu bleiben!

Schriftarten

Antiqua (rund, lateinisch) — Fraktur (gebrochen, deutsch)

Untergruppen

Serifenlose	Serifenbetont
Arial	Courier
Arial Narrow	Garamond
Gill Sans MT	Times New Roman
Tahoma	Georgia
Verdana	Wide Latin

Grundsatz: Die Schrift muss mit dem Firmen-CI übereinstimmen!

4.4 Auf die Mischung kommt es an – erfolgreiche Mailings

- 1 kg Kreativität, Farben und Formen
- 200 gr. PowerPoint
- 150 gr. Excel
- 2 Prisen Word
- 8 TL MindManager

In Zeiten wirtschaftlicher Krisen haben Unternehmen einerseits einen enormen Rationalisierungsdruck, und andererseits wird mit härteren Bandagen um die verbleibenden Kunden gekämpft. Das bedeutet, dass Unternehmen intensiver auf die verbleibenden Kunden zugehen – Customer Relationship Management ist eines der Schlagwörter. Ein beliebtes Mittel für die Kundenbearbeitung ist das Mailing. Massenbriefe mit Werbung und/oder Informationsmaterial an potenzielle Kunden zu versenden, wird inzwischen von fast jedem Unternehmen genutzt. Früher galten Aktionen als erfolgreich, wenn es einen Rücklauf von 1 bis 3% auf die versandten Briefe gab. Und wie sieht das heute aus? In der Regel sind Rückläufe von 1% ein Riesenerfolg. Normalerweise sind Rückläufe von 0,2% zu verbuchen. Tendenz fallend.

Was nun kann man tun, um die Response zu erhöhen? Um Mailings zu versenden, die nicht gleich im virtuellen Papierkorb landen und Ihre Kunden nicht nerven. Was kann man tun, um seine Kunden zu erreichen?

Frau Müller ist Leiterin der Marketingabteilung eines großen Unternehmens, das regelmäßig Mailings an Kunden sendet. Für ihre Mitarbeiter im Team möchte sie eine OnePage erstellen, in der alle für ein Mailing relevanten Faktoren übersichtlich dargestellt sind. Sie sammelt Ihre ersten Gedanken in einer Map.

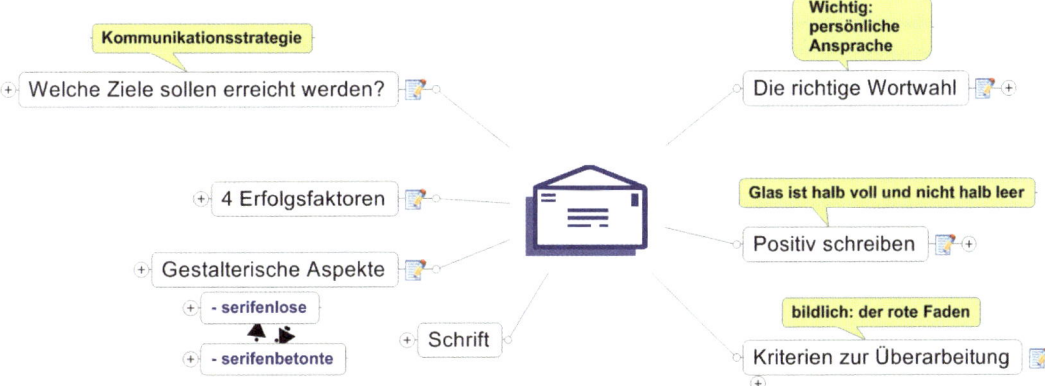

Abbildung 4.23 Die ersten Gedanken zum Thema Mailing in der Map

Sie können sich vorstellen, dass die in **Abbildung 4.23** dargestellte Map, mit allen Unterzweigen und Beispielen, wesentlich umfangreicher ist. Da Frau Müller allerdings plant, eine übersichtliche OnePage zu kochen, muss noch einiges getan werden.

(2) Sie widmet sich dem Thema »richtige Wortwahl«. Sie möchte die Inhalte in einer Tabelle darstellen. Auch wenn es keine Kalkulation werden soll, bedient sie sich des Werkzeugs Excel. Sind die Gitterlinien ausgeblendet, ist von Excel später auch nichts mehr zu erkennen.

Nicht vergessen: persönliche Ansprache

Die richtige Wortwahl

In der Kürze liegt die Würze!	Beispiele • Beispiele • Beispiele		
• Verben statt Substantive	versenden	statt	Versand
• Kurz statt lang	oder	statt	beziehungsweise
• Allgemein verständlich statt Fachjargon	Preisaufschlag	statt	Agio
• Konkret statt allgemein	federleicht	statt	geringes Gewicht
• Aktiv statt passiv	wir liefern	statt	wird geliefert
• Indikativ statt Konjunktiv	ich freue mich	statt	ich würde mich freuen
• Synonyme statt Wiederholungen	Hosen, Röcke, T-Shirts	statt	Kleider, Kleider, Kleider

Abbildung 4.24 Beispiele machen vieles verständlicher.

(3) Frau Müller kommt zum Zweig »Positives Denken«. Oft wird Positives ausgedrückt, indem das Negative verneint wird. Warum machen wir es den Lesern so schwer? Das Gehirn ignoriert Verneinungen! Das weiß auch Frau Müller. Mit Farben, einem aussagekräftigen Bild und Umrandungen hat sie diese Tatsache schnell dargestellt.

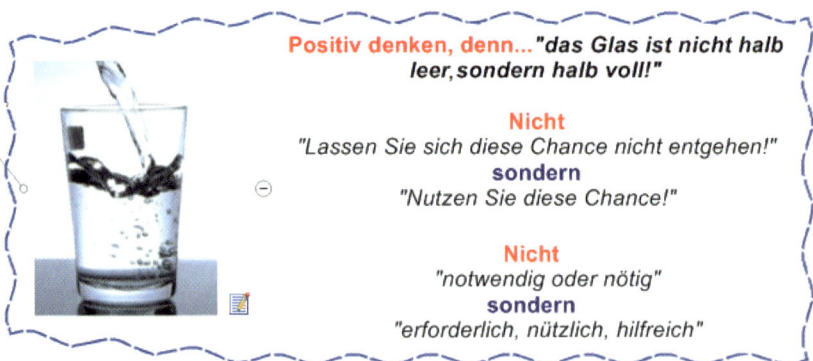

Abbildung 4.25 Positives am besten auch positiv ausdrücken

(4) Im nächsten Schritt widmet sich Frau Müller den Schriftarten. Auch die haben eine gewisse Aussagekraft und können sinnvoll genutzt werden. Um Schriften darzustellen´, bietet sich das Werkzeug Word an. Im Handumdrehen ist alles Wichtige visualisiert und wesentlich übersichtlicher als in MindManager dargestellt.

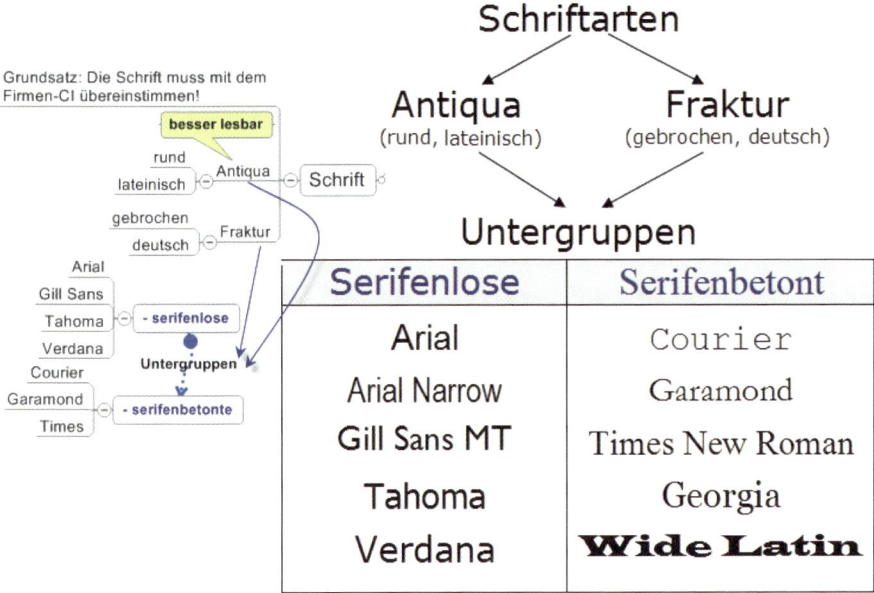

Abbildung 4.26 In Word lassen sich die verschiedenen Schriftarten optimal darstellen.

So langsam fängt das Mailing-Gericht an zu schmecken. Frau Müller bedient sich weiterer Zutaten. Sie überlegt sich, was die wichtigsten Kriterien für eine perfekte Überarbeitung der Mailing-Inhalte sind. Denn steht der Rohtext erst einmal, geht es ans Feilen und Redigieren – so lange, bis die Inhalte passen. Wichtig ist immer: Sie müssen sich mit dem Ergebnis wohl fühlen!

Doch wie kann Frau Müller diese Sachverhalte visualisieren? Diesmal bleibt sie in MindManager. Ein passendes Bild, etwas Farbe. Das ist alles, was sie benötigt für eine übersichtliche Darstellung.

Abbildung 4.27 Farben und Bilder sind oft schon selbsterklärend.

Frau Müller ist selber ganz begeistert, dass sie mit wenigen Mitteln eine solch tolle Wirkung erzielen kann.

⑥ Deshalb bleibt sie auch gleich beim Zweig »Gestalterische Element«. Schon vor über 20 Jahren wurde von Reizüberflutung gesprochen. Wen wundert es da, dass bei der immer größer werdenden Informationsflut von ca. 100 Informationen nur noch zwei wirklich wahrgenommen werden??? Machen Sie sich das menschliche Gehirn zunutze. Es hat eine Vorliebe für leicht auszuwertende Informationen – deshalb nehmen wir z.B. Bilder und Grafiken als Erstes wahr. Frau Müller kocht weiter … und aus dem ursprünglichen MindManager-Zweig …

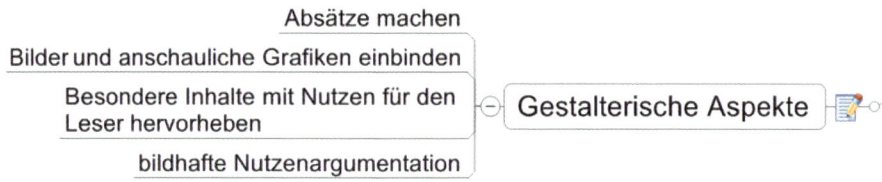

Abbildung 4.28 Der ursprüngliche Zweig in MindManager

… wird eine lebhafte Darstellung, die keiner weiteren Erläuterung bedarf.

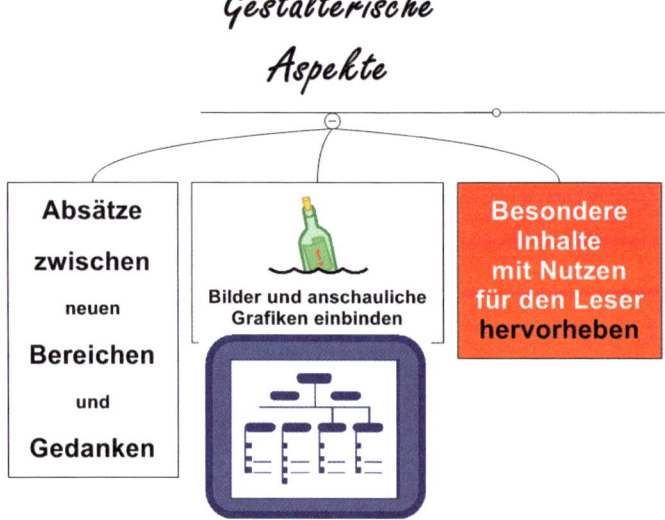

Abbildung 4.29 Mit ein bisschen Fantasie wird aus wenig viel.

Natürlich kann man nicht über *die* Erfolgsfaktoren für ein optimales Mailing sprechen. Dennoch gibt es **vier** Faktoren, die sich definitiv in der Praxis als erfolgsunterstützend herauskristallisiert haben.

⑦ Doch wie kann Frau Müller die Gewichtung der vier Erfolgsfaktoren zueinander präsentieren und gleichzeitig ausdrücken, um welche es sich überhaupt handelt? Die

Lösung steckt in der Frage – am einfachsten präsentiert man mit dem Werkzeug PowerPoint. Schnell hat sie vier Kreise »gemalt«, diesen mit Farben und Schattierungen Ausdruck verliehen und über die Textfunktion die Inhalte eingefügt.

Abbildung 4.30 Gewichtungen einfach und schnell präsentieren

Frau Müller kann den Erfolg der nächsten Mailing-Aktion schon schmecken. Noch schnell die letzte Würze dabei, und fertig ist das Gericht. Im Hauptthema der Map möchte sie die eigentlichen Ziele eines Mailings festhalten und gleich darüber die Punkte, die unter keinen Umständen bei einem ordnungsgemäßen Mailing fehlen dürfen. Auch hier bedient sie sich verschiedener Farben, Formen und Grafiken.

Abbildung 4.31 Auch das Hauptthema der Map wird zum Informationsträger.

Die OnePage ist fertig, und alle wichtigen Informationen sind auf einem Blatt visualisiert. Frau Müller druckt die OnePage nach MindBusiness auf A1 aus und hängt sie für jeden sichtbar im Büro auf. So kann das ganze Team von dieser Leckerei kosten.

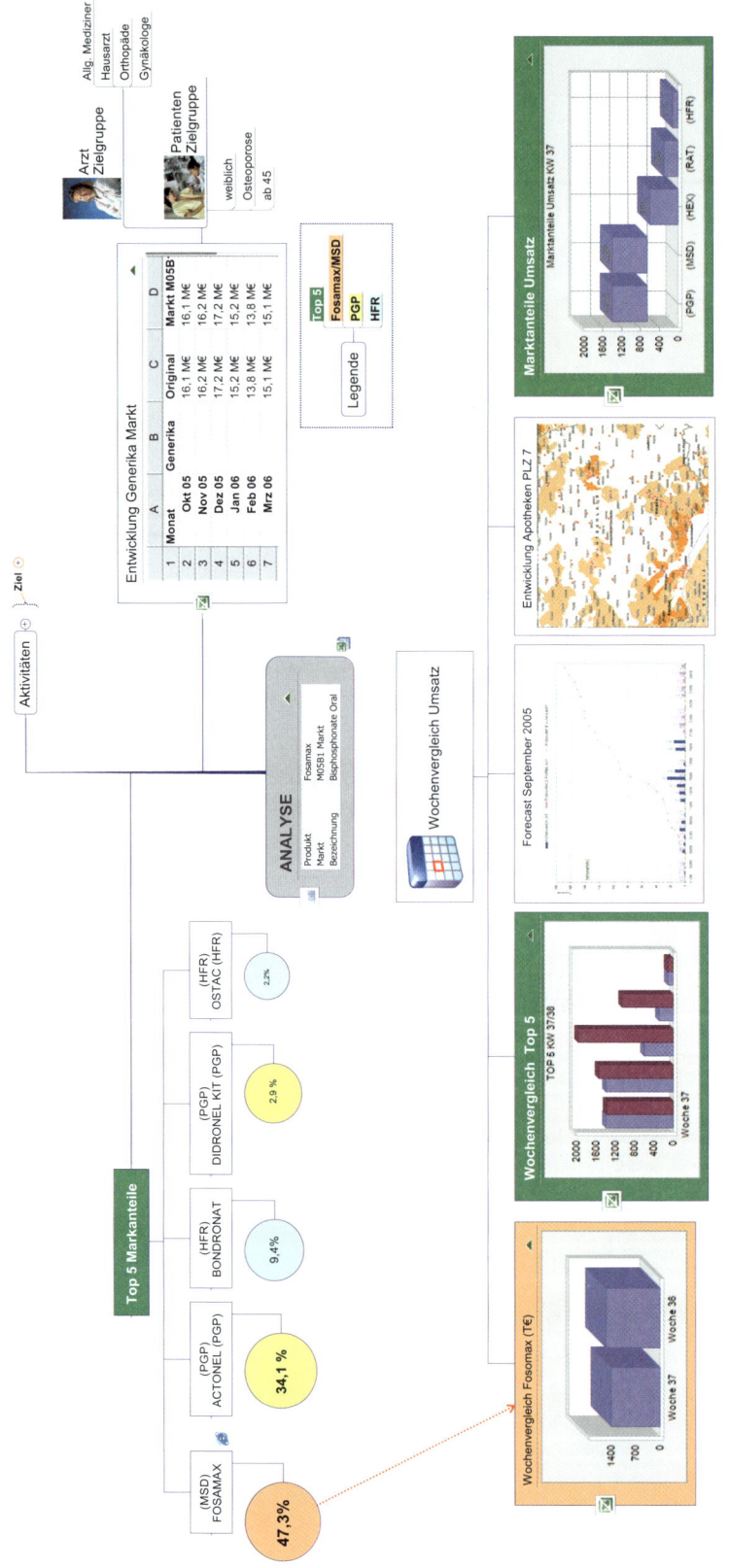

4.5 Eine gute Auswahl – Marktanalyse

- 750 gr. MindManager
- 1,5 kg Excel
- Eine Handvoll Bilder
- 2 kl. Fläschchen Farbe
- 2 Prisen Geduld
- 3 Gewürzstangen Diagramme

Die Marktforschung, die Analyse der Daten und die Beobachtung des Wettbewerbs wird in vielen Firmen vernachlässigt. Meist beginnt das große Nachdenken erst, wenn sich Produkte nur noch schlecht am Markt absetzen lassen. Die Marktforschung als Prozess entspricht im Wesentlichen einem Kommunikationsprozess und besteht aus folgenden Phasen:

1. Auswahl und Erhebung
2. Übermittlung
3. Verarbeitung und Speicherung
4. Auswertung der Daten

Im Arbeitsalltag stellt sich nun das Problem, die Auswahl aus der Gesamtmasse an Informationen zu treffen und für einen Überblick zu sorgen. Wie nutzen Abteilungen diese Daten? Wir haben Ihnen ein passendes Gericht zu folgendem Anlass gekocht: Ein Mitarbeiter soll seinem Vertriebsleiter Pharma die aktuelle Situation in seinem Gebiet erläutern. Ab in die Küche und die Zutaten zusammensuchen:

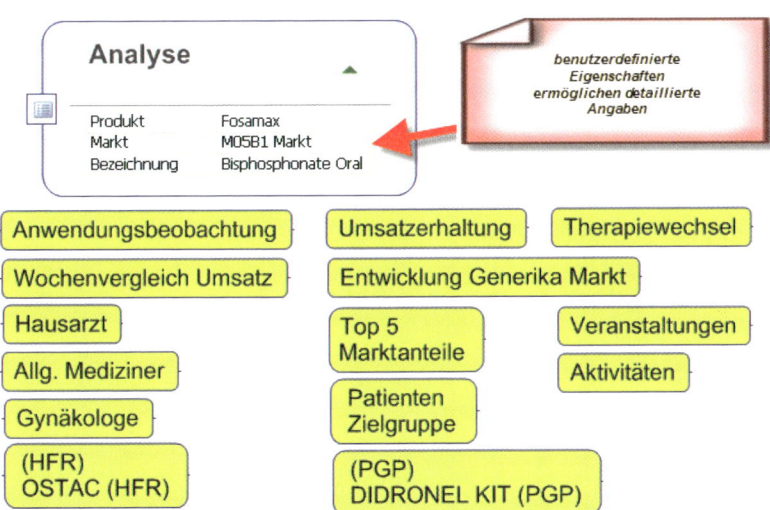

Abbildung 4.32 Anforderungen des Vertriebsleiters und eigene Gedanken zusammengepackt

(2) Im nächsten Schritt sortieren wir unsere Zutaten – sprich: Alle Gedanken und Anforderungspunkte werden in eine erste Struktur gebracht.

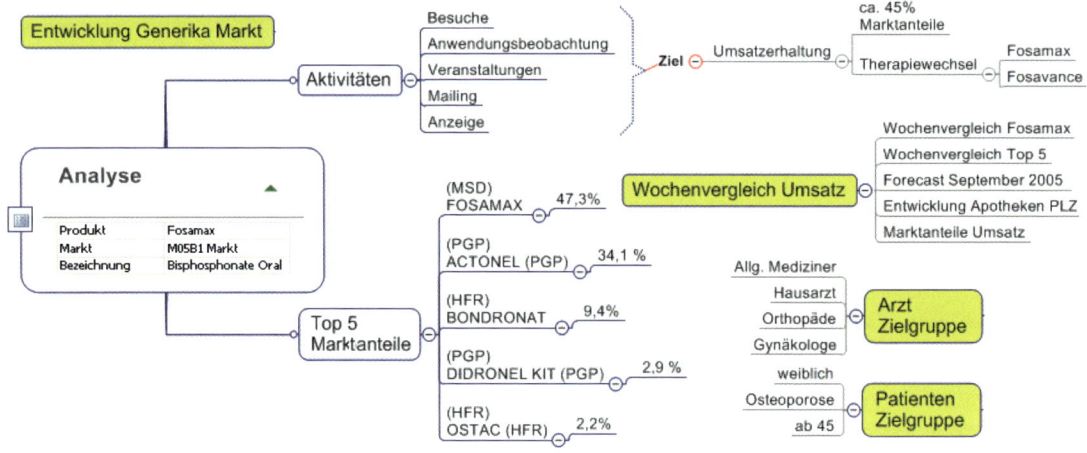

Abbildung 4.33 Gedanken und Anforderungen in eine erste Struktur gebracht

(3) Der Informationsgehalt der Top-5-Marktanteile geht in der Zweigdarstellung verloren. Durch die Änderung der Zweiganordnung in die Organigrammform ist der erste Schritt für eine Gewichtung des Inhaltes getan.

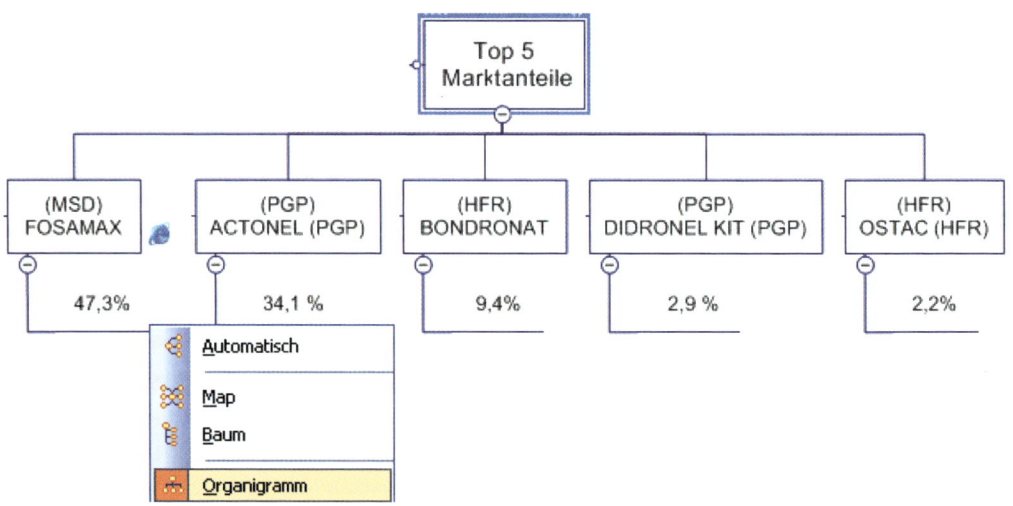

Abbildung 4.34 Informationen auf Zweigen gehaltvoll darstellen

(4) Der vierte Schritt ist nicht unbedingt notwendig, macht aber genau das Quäntchen Schärfe aus – wie das Salz in der Suppe. Mithilfe von Farben und der Zweigform (hier Kreis) wird ohne viel Aufwand eine besondere Informationsgewichtung erreicht.

In unserem Beispiel nutzen wir Farben als Firmenindikator. In der Praxis haben wir auch schon Verpackungsfarben oder Farben der Firmen-CI eingesetzt. Die Wirkung ist immer wieder begeisternd.

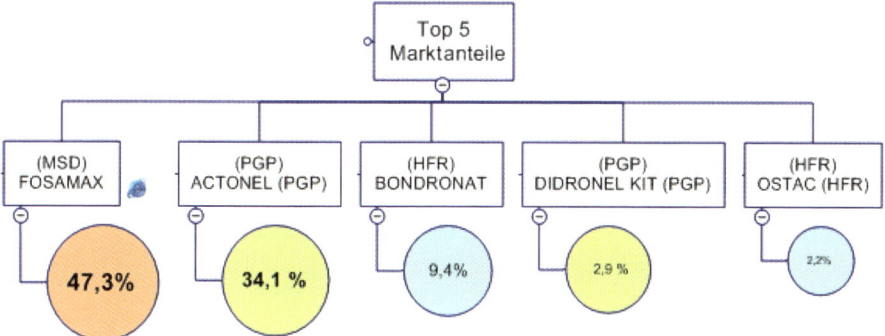

Abbildung 4.35 Informationen gewichten

Nun ist es aber an der Zeit, die Daten aus der Marktanalyse einzubinden. Diese sind mittlerweile in Excel gelandet. Excel wurde als Datei verknüpft (Hyperlink), um jederzeit die aktuellen Daten im Detail greifbar zu haben. ⑤

Für das Gespräch mit dem Vertriebsleiter sind jedoch nur bestimmte Zahlensequenzen von Bedeutung. Daher wurden diese aus Excel mithilfe des Excel-Linkers eingebunden.

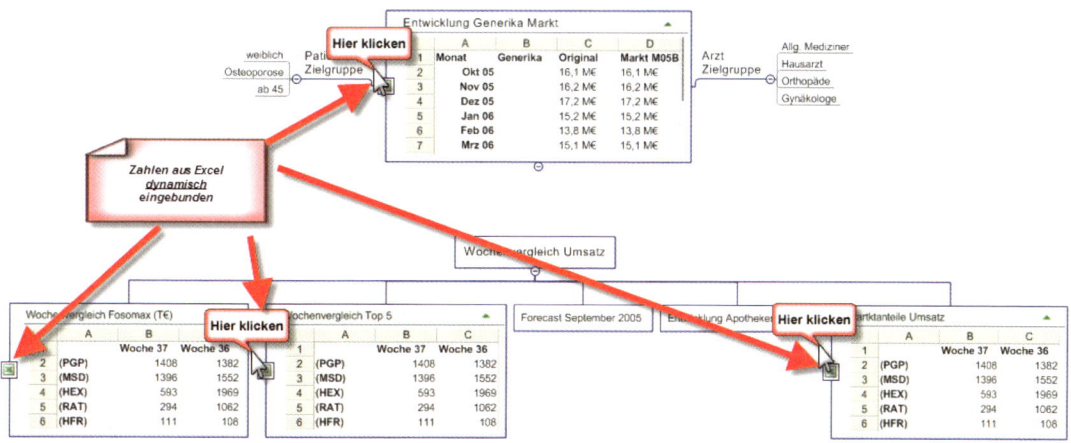

Abbildung 4.36 Nur die wichtigen Zahlen aus Excel sind integriert.

Mittlerweile hat sich das Aussehen der Map schon gewandelt – sie wird langsam zu einer OnePage.

Unser Tipp: Während des Kochens immer kräftig rühren, bis alles an seinem Platz ist. Verschieben Sie Zweige, Anmerkungen etc., und verändern Sie situativ das Gesamtbild. Hier ist Ausprobieren angesagt. Entwickeln Sie ein Gefühl für die Aufteilung des Gesamtbildes.

⑥ Zahlenmaterial ist schwer lesbar. Für den ersten Überblick, für die Gesprächsgrundlage oder um sich einen »ersten Eindruck« zu verschaffen, werden besser Diagramme eingesetzt. Mithilfe der Excel-Linker-Funktion können Zahlen sehr einfach in Diagramme umgewandelt werden.

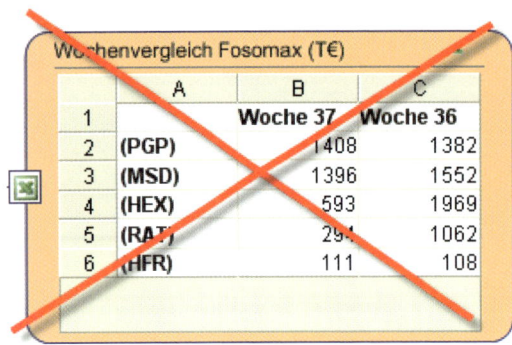
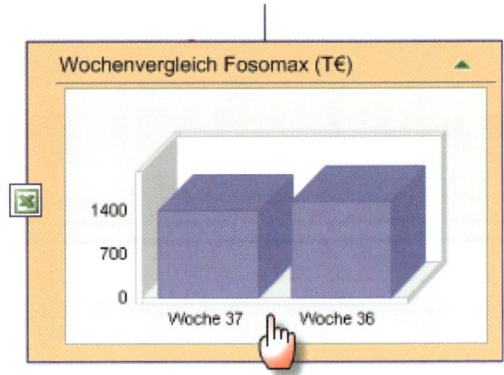

Abbildung 4.37 Der Wochenvergleich: Zahlen oder besser ein Diagramm?

⑦ In MindManager müssen Sie die Einstellungsmöglichkeiten ausprobieren. Hier ist Geduld gefragt. Doch um schnell ein erstes Ergebnis zu erzielen, ist die Funktion sehr gut nutzbar. Fragen Sie sich immer, für welchen Anlass Sie diese OnePage erstellen.

Unser Tipp: Für einen offizielleren Anlass nutzen wir die Möglichkeiten aus Excel.

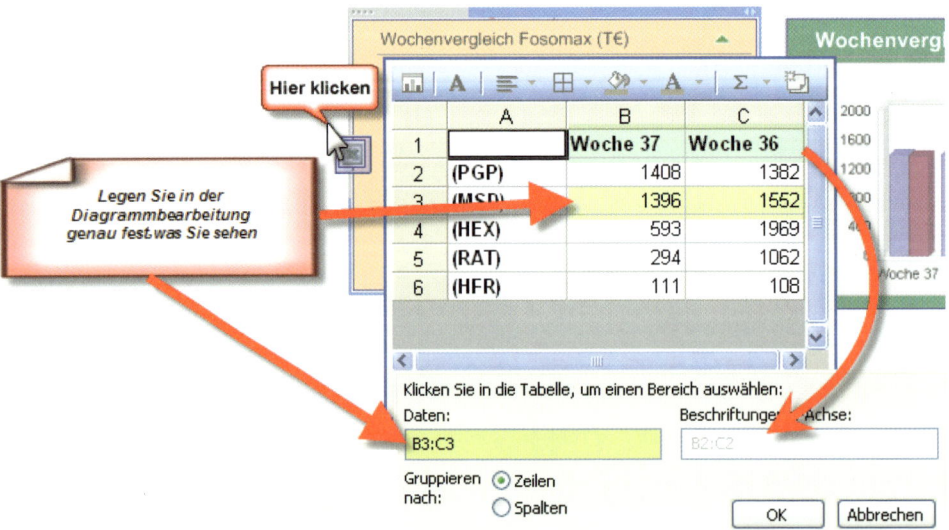

Abbildung 4.38 Hinter den Kulissen: die Einstellungsmöglichkeiten

Zu guter Letzt kommen die frischen Kräuter an das Gericht: Bilder und Grafiken.
Denken Sie daran: Das Auge isst mit.

Abbildung 4.39 »Ein Bild sagt mehr als 1000 Worte.«

Es ist angerichtet und duftet verführerisch.

Zur Untermalung des Ganzen verzieren wir den Teller auch noch ein wenig. Schauen Sie sich das Gericht mal genauer an: Sie finden gleiche Farben an unterschiedlichen Stellen! Ganz einfach: Alles Gleiche steht in direktem Zusammenhang.

Viel Spaß beim Nachkochen!

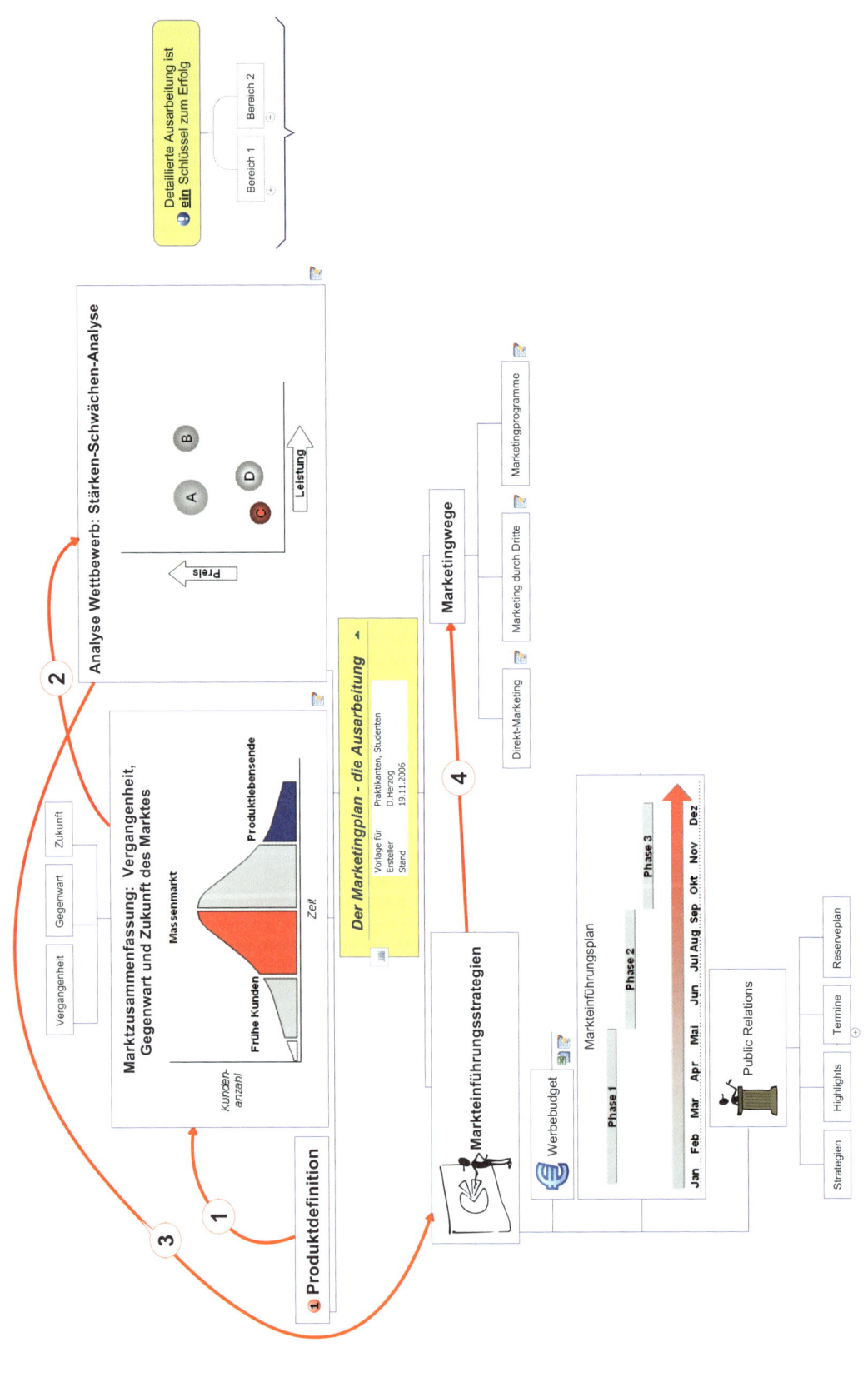

4.6 Im Team gekocht – Marketingaktionen

- 1 kg MindManager
- 1,5 kg Excel und PowerPoint
- 1 wenig Farbe
- Fingerspitzengefühl für Umrandungen
- 1 Messerspitze Bilder
- 2 Teelöffel Geduld für die grafische Gestaltung in MindManager
- 1 Prise benutzerdefinierte Eigenschaften

Der Marketingplan ist ein kreatives Gericht, das gerade deshalb sehr viel Struktur verlangt. Die Zubereitung dauert lange, denn Analysen und eine detaillierte Planung sind erforderlich. Das sind Schlüssel zum Erfolg.

Die Marketingabteilung ist ein beliebter Tummelplatz für Praktikanten und Studenten. Haben Sie sich schon einmal Gedanken gemacht, was alles zu einem guten Marketingplan gehört? Wir haben im Team zusammen gesessen und das Gericht gekocht. So haben neue Mitarbeiter, Praktikanten etc. eine gute Vorlage, die Herausforderung dieses Gerichtes anzunehmen.

Die Inhalte sind gesammelt, Details bereitgestellt (Hyperlinks) und alles übersichtlich angeordnet. Auch die Spickzettel (Textnotizen) sind verteilt. ①

Die benutzerdefinierten Eigenschaften ermöglichen es, Grundinformationen aufzunehmen, die in der Business Map nichts verloren haben. Die Basis ist vorhanden. Es kann losgehen.

Abbildung 4.40 Strukturen, Informationen – Details sind bereits eingebunden.

Welche Bereiche sind für die weitere Ausarbeitung wichtig? Wo werden wir grafische Auswertungen einbinden, die wir aus Analyseauswertungen erhalten? ②

Alles Überlegungen, die mithilfe der Formatierungen, Farben etc. gelöst werden können. Manchmal ist Einfachheit die Lösung.

Abbildung 4.41 Die Formatierung übernimmt die Aufgabe, wichtige Bereiche hervorzuheben.

③ Analysegrafiken werden als Bilder eingebunden. Unser Tipp aus der Küche: Verknüpfen Sie Details (Hyperlinks zu Dateien bzw. Datenbanken) – so gewinnen Sie an Transparenz für die erste Übersicht und haben die Datenquellen sofort im Zugriff.

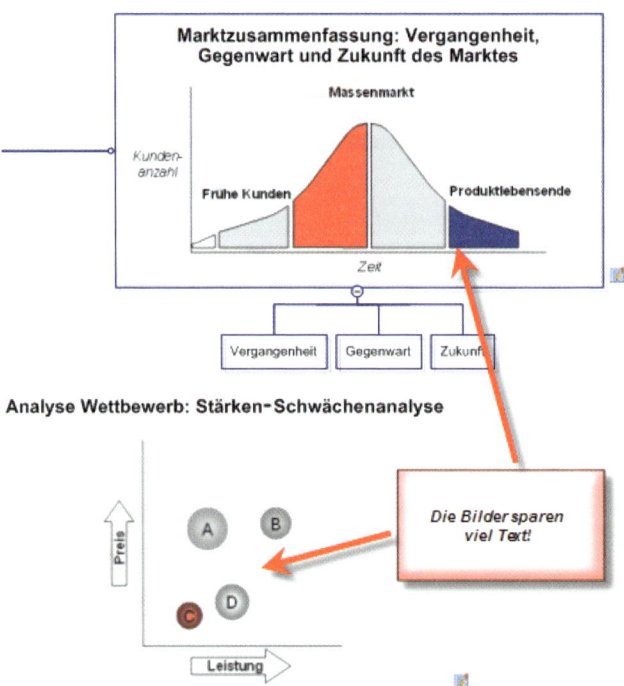

Abbildung 4.42 Bilder sagen mehr als 1000 Worte.

Sie legen sehr viel Wert auf die Ausarbeitung der Details? Unser Koch hat den passenden Platz gefunden: Der Zweig »Detail« wird aus dem allgemeinen Kontext geholt und als freie Anmerkung platziert.

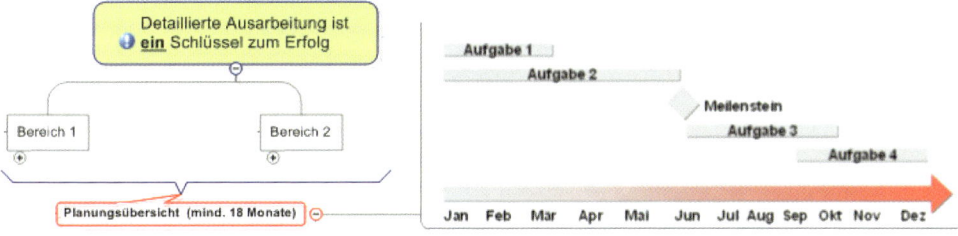

Abbildung 4.43 Aus dem allgemeinen Kontext geholt – die Gewichtung der Detailarbeit

Klarheit mit wenigen Klicks? Ändern Sie einfach die Darstellung der Zweige. ⑤

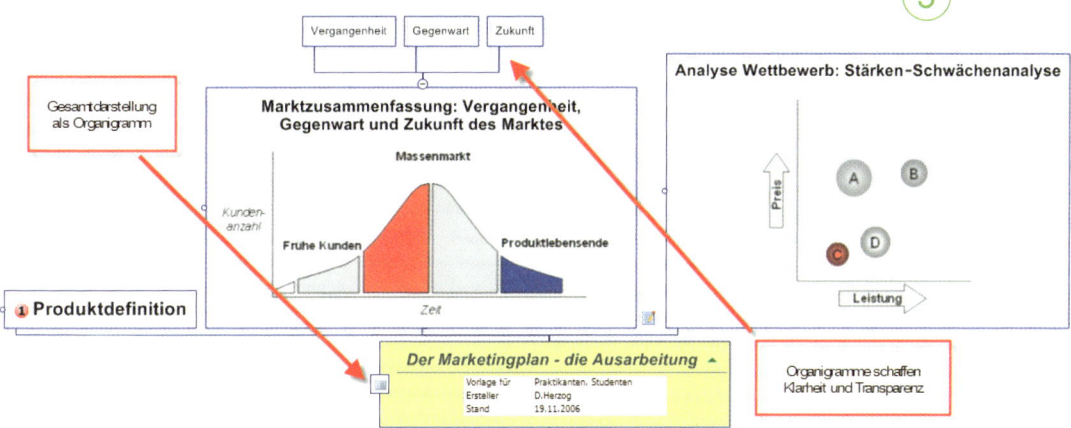

Abbildung 4.44 Die Zweiganordnung macht´s.

Step-by-Step-Anordnungen helfen, eine Reihenfolge einzuhalten. Mithilfe von Verbindungspfeilen und Nummern ist es leicht, die Übersicht zu behalten. ⑥

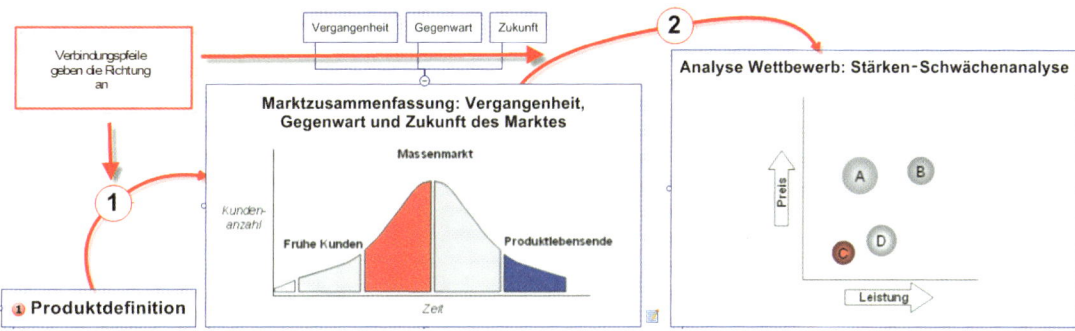

Abbildung 4.45 Die Verbindungspfeile geben die Richtung an.

Appetit bekommen? Kochen Sie das Ganze doch einmal nach.

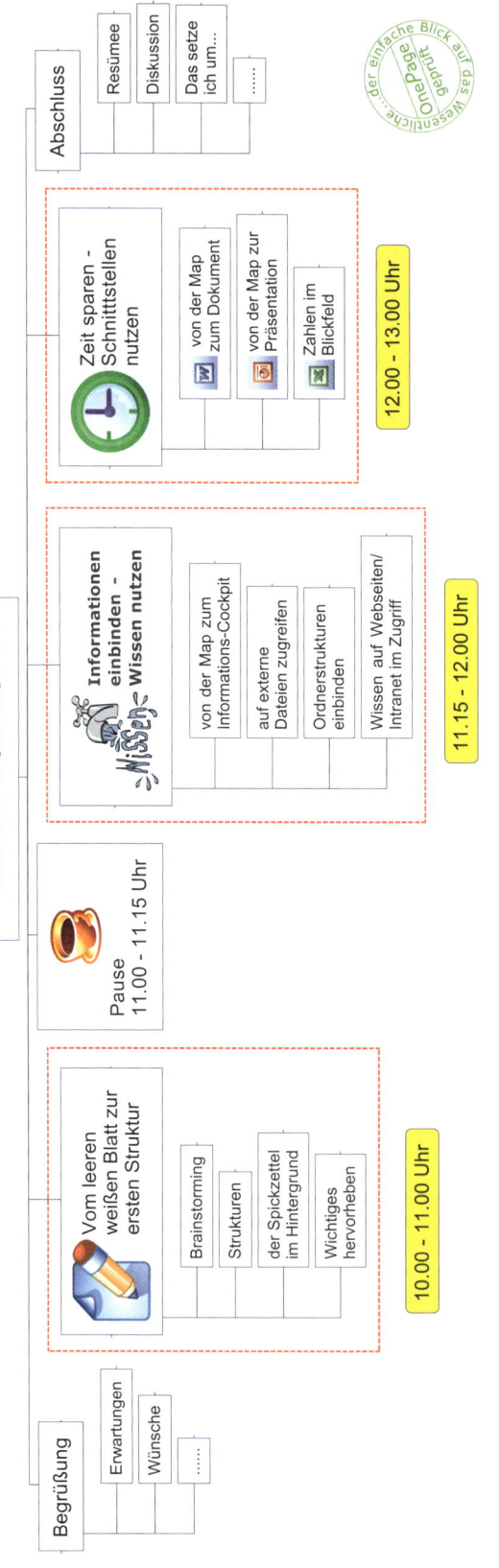

von ⌒ Mind*Business.*
Mensch und EDV mit Begeisterung verbinden.

MindManager in Ihrem Arbeitsumfeld ◄

Datum	9.November 2006
Start	10.00 Uhr
Ende	ca. 13.00 Uhr
Referent	Dagmar Herzog

konzeptioniert für
Fa.............

Begrüßung
- Erwartungen
- Wünsche
- .....

Vom leeren weißen Blatt zur ersten Struktur
- Brainstorming
- Strukturen
- der Spickzettel im Hintergrund
- Wichtiges hervorheben

10.00 - 11.00 Uhr

Pause
11.00 - 11.15 Uhr

Informationen einbinden - Wissen nutzen
Wissen
- von der Map zum Informations-Cockpit
- auf externe Dateien zugreifen
- Ordnerstrukturen einbinden
- Wissen auf Webseiten/ Intranet im Zugriff

11.15 - 12.00 Uhr

Zeit sparen - Schnittstellen nutzen
- von der Map zum Dokument
- von der Map zur Präsentation
- Zahlen im Blickfeld

12.00 - 13.00 Uhr

Abschluss
- Resümee
- Diskussion
- Das setze ich um...
- .....

der einfache Blick auf das Wesentliche: OnePage geprüft

4.7 Der Topfgucker – die Agenda

- 3 kg MindManager
- ein wenig Farbe
- Fingerspitzengefühl für Umrandungen
- 1 Messerspitze Bilder
- 2 Teelöffel grafische Gestaltung
- 1 Prise benutzerdefinierte Eigenschaften

Events, Veranstaltungen, Workshops ... – klassische Aufgaben, die im Marketing angesiedelt sind. Ein Workshop steht vor der Tür. Planungen erfolgen, Abläufe werden definiert. Auch eine Agenda muss erstellt werden. Teilnehmer sind klassische Topfgucker, die sehen wollen, was an dem Tag läuft. Warum nicht einmal als One-Page? Wir geben Ihnen einen Einblick in unsere Küche und haben ein Beispiel aus unserem Alltag für Sie aufbereitet. All denen, die diese Agenda kennen, einen herzlichen Gruß aus der Küche und nochmals Danke für den interessanten Austausch.

Wie ist unser Gericht nun entstanden, was sind die kleinen Tipps?

Ein Workshop wird konzipiert. Zunächst werden im Brainstorming die Themen gesammelt, Zeitfenster festgelegt, Abläufe aufgenommen: ein klassischer Fall für den MindManager. Brainstorming und Clustering können wunderbar kombiniert werden.

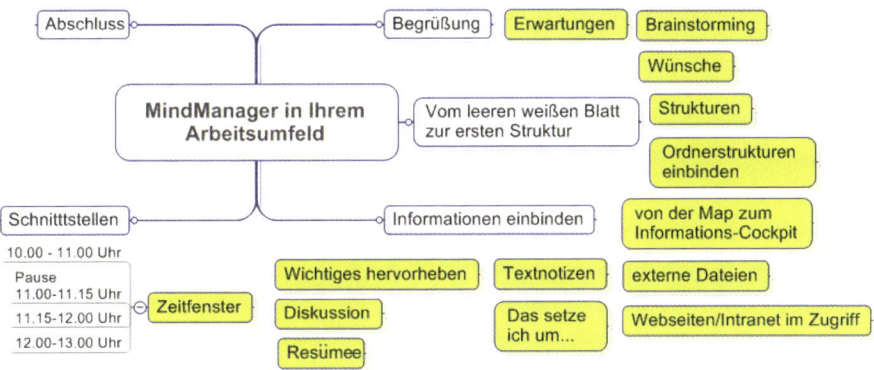

Abbildung 4.46 Brainstorming kombiniert mit Clustering

Im nächsten Schritt werden Strukturen gebildet. Zweige verschoben, neue hinzugefügt oder Gedanken umformuliert. Durch die Baumstruktur ist alles im Blick.

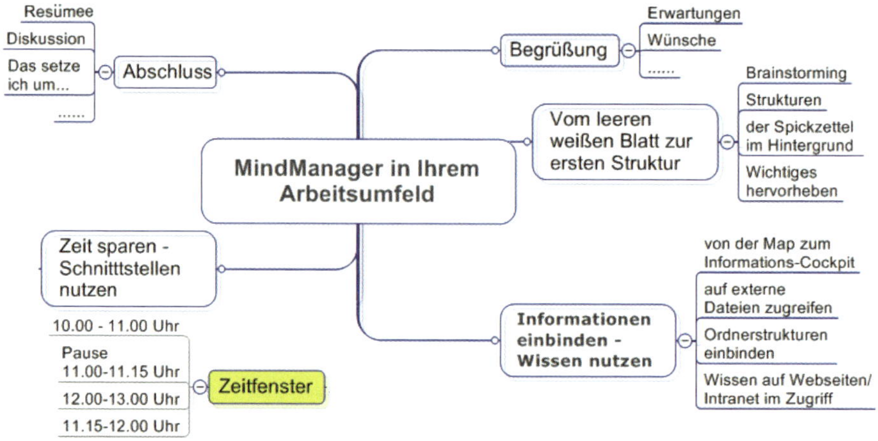

Abbildung 4.47 Der grobe Plan – erste Strukturen

(3) Wir sind bekannt dafür, Workshops zu konzipieren, die den Alltag in den einzelnen Firmen und Arbeitsprozesse aufnehmen. Informationen wie Start, Ende, Referent etc. sind Standards, die immer angegeben werden. Damit die Agenda nicht mit organisatorischen Informationen vermischt wird, sind dem Hauptthema Datenfelder hinzugefügt worden. Dies geschieht mithilfe der benutzerdefinierten Eigenschaften.

Abbildung 4.48 Standards schaffen – das Hauptthema wird mit Datenfeldern gefüllt.

Wenn Sie sich die Agenda downloaden, können Sie feststellen, dass hinter dem Datenfeld »Referent« ein Listenfeld eingefügt wurde. Die zur Verfügung stehenden Referenten sind einmal hinterlegt worden und können jederzeit ausgewählt werden. Diese Vorgehensweise schafft zusätzlich Standards und spart Zeit.

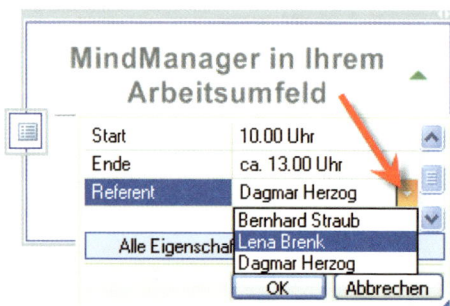

Abbildung 4.49 Listenfelder geschickt eingesetzt

Im nächsten Schritt legt der Koch viel Wert auf die Gestaltung. Das Auge isst schließlich mit. Die Zweiganordnung wird verändert. Durch die Organigrammform bekommt die Agenda eine für die meisten Betrachter bessere, bekanntere Übersicht.

④

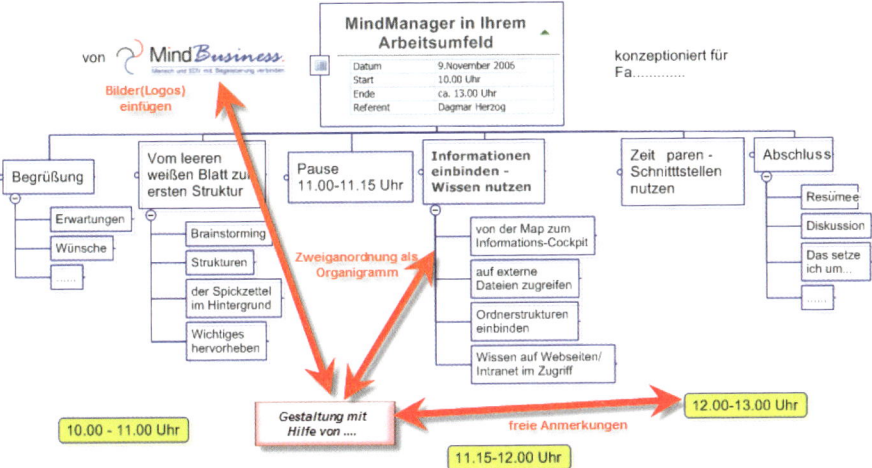

Abbildung 4.50 Die Gestaltung nimmt Form an.

Um die Informationen noch schneller für das Auge greifbar zu machen, werden Bilder eingefügt. Mit Umrandungen erkennt der Teilnehmer sofort die Aufteilung der Themen und wann diese Themenblöcke stattfinden.

⑤

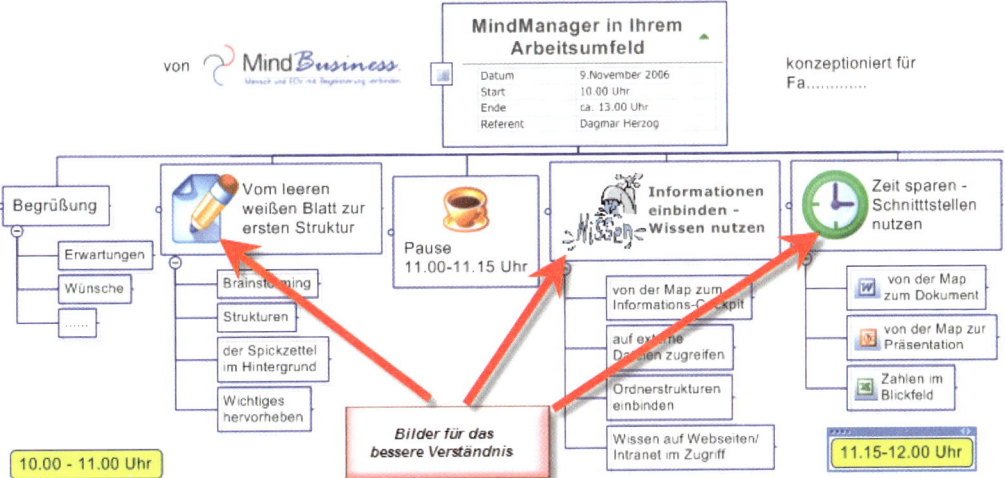

Abbildung 4.51 Bilder und Themenblöcke mithilfe der Umrandungen schaffen Übersicht.

Noch ein Hinweis aus der Küche: Unser Chefkoch bindet externe Informationen natürlich als Hyperlink ein. So bekommt unser Trainerteam das Cockpit für den Tag gleich mitgeliefert. Kein Teilnehmer muss lange warten, bis wieder eine Übung aus der Schublade gezaubert wird. Wir finden alles sofort.

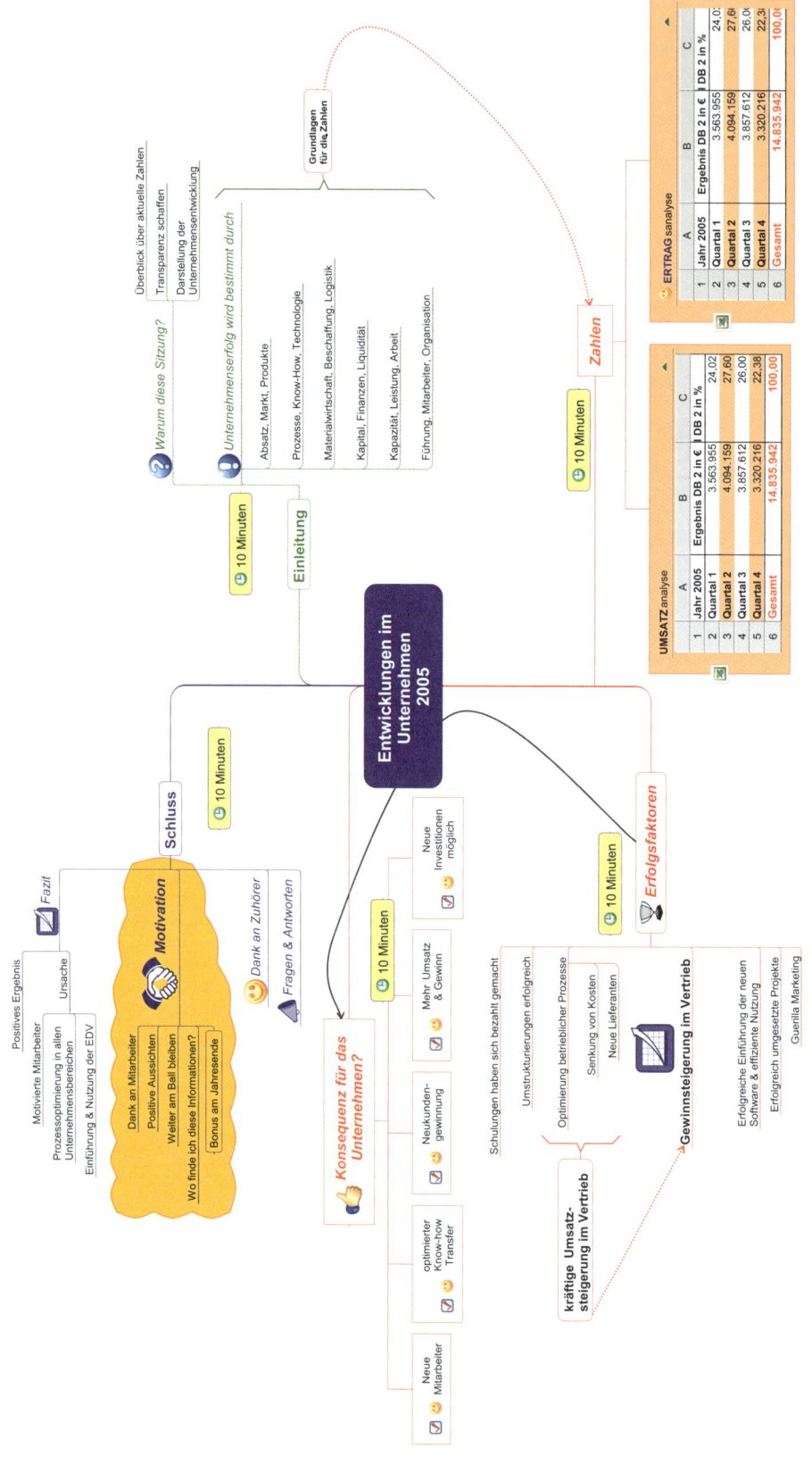

Entwicklungen im Unternehmen 2005

Einleitung ⏱ 10 Minuten

? *Warum diese Sitzung?*
- Überblick über aktuelle Zahlen
- Transparenz schaffen
- Darstellung der Unternehmensentwicklung

Unternehmenserfolg wird bestimmt durch
- Absatz, Markt, Produkte
- Prozesse, Know-How, Technologie
- Materialwirtschaft, Beschaffung, Logistik
- Kapital, Finanzen, Liquidität
- Kapazität, Leistung, Arbeit
- Führung, Mitarbeiter, Organisation

Grundlagen für die Zahlen

Zahlen ⏱ 10 Minuten

ERTRAGsanalyse

	A	B	C
1	Jahr 2005	Ergebnis DB 2 in €	DB 2 in %
2	Quartal 1	3.563.955	24,0
3	Quartal 2	4.094.159	27,6
4	Quartal 3	3.857.612	26,0
5	Quartal 4	3.320.216	22,3
6	Gesamt	14.835.942	100,0

UMSATZanalyse

	A	B	C
1	Jahr 2005	Ergebnis DB 2 in €	DB 2 in %
2	Quartal 1	3.563.955	24,02
3	Quartal 2	4.094.159	27,60
4	Quartal 3	3.857.612	26,00
5	Quartal 4	3.320.216	22,38
6	Gesamt	14.835.942	100,00

Schluss ⏱ 10 Minuten

Fazit
- Positives Ergebnis
  - Motivierte Mitarbeiter
  - Prozessoptimierung in allen Unternehmensbereichen — Ursache
  - Einführung & Nutzung der EDV

Motivation
- Dank an Mitarbeiter
- Positive Aussichten
- Weiter am Ball bleiben
- Wo finde ich diese Informationen?
- Bonus am Jahresende

Dank an Zuhörer
Fragen & Antworten

Konsequenz für das Unternehmen?

⏱ 10 Minuten
- Mehr Umsatz & Gewinn
- Neukundengewinnung
- optimierter Know-how Transfer
- Neue Mitarbeiter
- Neue Investitionen möglich

Erfolgsfaktoren ⏱ 10 Minuten

Gewinnsteigerung im Vertrieb
- Schulungen haben sich bezahlt gemacht
- Umstrukturierungen erfolgreich
- Optimierung betrieblicher Prozesse
- Senkung von Kosten
- Neue Lieferanten
- Erfolgreiche Einführung der neuen Software & effiziente Nutzung
- Erfolgreich umgesetzte Projekte
- Guerilla Marketing

kräftige Umsatzsteigerung im Vertrieb

4.8 Der Hingucker – Aufbau einer Rede

- 500 gr. MindManager
- Farben, Formen und Bilder nach Belieben
- 1 Pfund Microsoft Excel
- 1 kg Redelaune

Die reibungslose Kommunikation innerhalb von Unternehmen stellt heutzutage eines der wichtigsten Steuerungsmittel intern und auch extern dar. So müssen Sie als Führungskraft jeden Tag überzeugen, argumentieren und motivieren – vor Kunden, Mitarbeitern, Kollegen und Geschäftsfreunden. Entsprechend oft werden Reden gehalten. Eine professionelle Vorbereitung zahlt sich aus: Wenn Sie die Redezeit mit der Zuhörerzahl multiplizieren, brauchen Sie bei einer Rede von 15 Minuten vor 20 Zuhörern fünf Stunden, um dasselbe in Einzelgesprächen zu transportieren.

Sie sind Geschäftsführer eines kleinen Unternehmens und planen eine Rede über die Entwicklungen im Unternehmen und den daraus resultierenden Konsequenzen. Ihr Ziel ist es, für den Tag der Rede die wichtigsten Inhalte in einer OnePage zusammenzufassen, sodass Sie den roten Faden nicht verlieren und sehen, wo Betonungen, Pausen und andere rhetorische Elemente zum Tragen kommen.

Nach den wichtigsten Regeln für eine Rede haben Sie bereits recherchiert. Nun fassen Sie die geplanten Inhalte in der Map zusammen. Eine erste Struktur ist entstanden, als »Spickzettel« für den Tag der Rede jedoch noch unbrauchbar.

Abbildung 4.52 Auszug aus der Sammlung Ihrer Gedanken für die Rede

② Um die Bereiche Einleitung, Hauptteil und Schluss auf einen Blick erkennen zu können, wählen Sie für jeden Bereich eine andere Farbe. Die Einleitung wird grün. Durch das Einfügen kleiner Bilder, die Vergrößerung des Zeilenabstandes zwischen den Zweigen – zur Darstellung von Pausen – und eine unterschiedliche Zweigformatierung haben Sie im Handumdrehen eine Übersicht geschaffen. Außerdem notieren Sie, wie viel Zeit Sie für die Einleitung einplanen.

Abbildung 4.53 Mit wenigen Mitteln wurde eine sehr gute Übersicht geschaffen.

③ Sie kommen nun zum Hauptteil, der durch die Farbe Rot definiert wird. Die zuvor als Unterzweige angelegten Bereiche »Zahlen«, »Erfolgsfaktoren« und »Konsequenzen« werden zu Hauptzweigen. Die wichtigsten Ergebnisse der Umsatz- und Ertragsanalyse, die Sie bereits in Excel erstellt haben, binden Sie geschickt über den Excel-Linker in die OnePage ein.

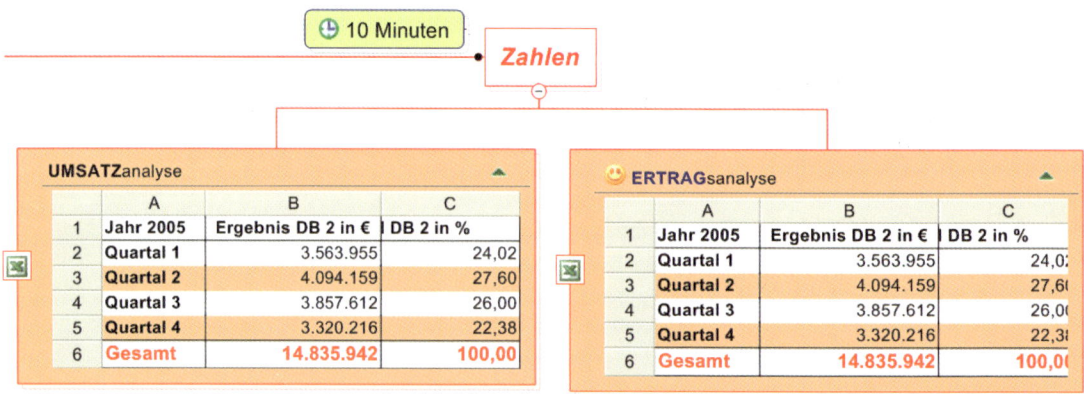

Abbildung 4.54 Bei Bedarf können Sie die Excel-Tabellen mit einem Klick öffnen und auf weitere Details eingehen.

Die Formatierung und die übersichtliche Darstellung der anderen beiden Bereiche des Hauptteils haben Sie schnell vorgenommen. Sie nutzen die Zutaten Zweigformatierungen und -ausrichtungen, Farben, kleine Bilder und Verbindungslinien.

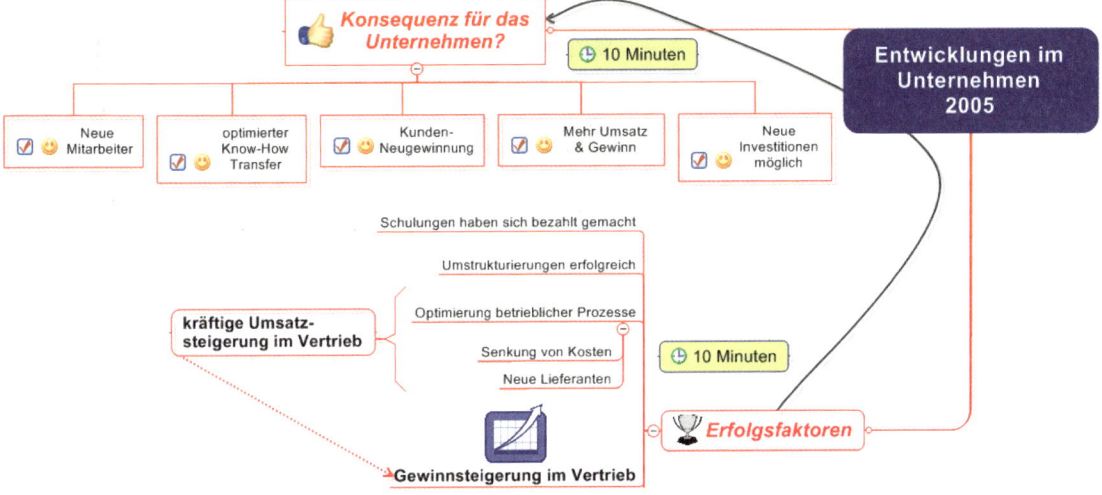

Abbildung 4.55 Wenige Zutaten – viel Geschmack

Ihr Menü ist fast fertig. Für den Schluss wählen Sie die Farbe Blau und arbeiten wieder mit Farben, Umrandungen, Schriften, Icons und Formatierungen. ⑤

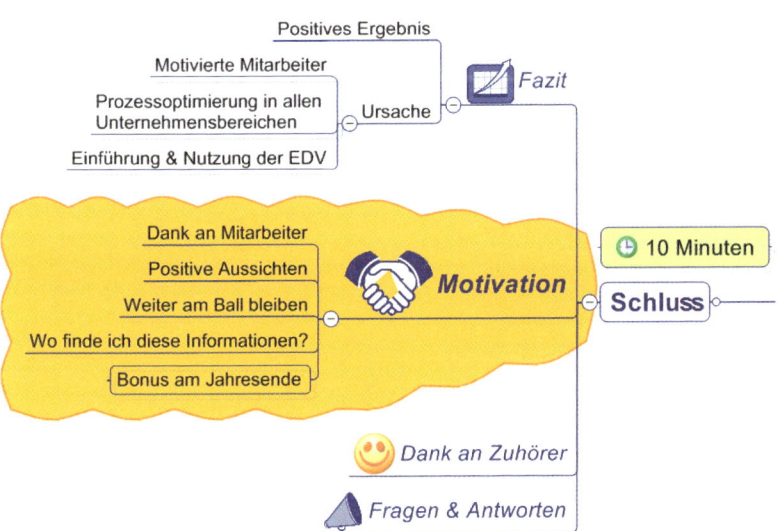

Abbildung 4.56 Der Punkt »Motivation« ist Ihnen ein wichtiges Anliegen.

Auf einfachste Art haben Sie nun eine OnePage erstellt, die Ihnen als Redemanuskript und Wegweiser dient. Schneller geht's nicht: Geschmackstest bestanden!

135

Die Vorarbeit für erfolgreiche Präsentationen

Zielgruppe festlegen	Botschaft der Präsentation	Inhalte definieren	Was will ich erreichen?
•Intern •Extern •Wissensstand/ Vorkenntnisse •Erwartungen •Teilnehmerzahl	•Kernaussage •Slogan •Konkrete Formulierungen	•Grafisches Material •Schriftliches Material → Handouts	•Informieren •Vorstellen •Interesse wecken •Kontakte pflegen •Begeistern •Handlungen provozieren

Roter Faden vorhanden? Dann kann's losgehen!

Gestaltung der Folien

- Nicht zu viele (2-3 Min. pro Folie)
- Nicht zu voll
- 1 Botschaft pro Folie
- 1 Bild/Diagramm pro Folie
- Aussagekräftige Überschriften
- Stichpunkte anstatt Fließtext
- Animationen/Anschauungsmaterial
- Große Achsen- und Bildüber-/Unterschriften
- Einheitlich in...
  - ...Formatierung
  - ...Position und Größe der Grafiken
  - ...Folienübergänge
- Hintergrund in Charts

Regeln der Präsentation "Weniger ist mehr!"

Aufbau und Vortragsstil

- ⏱ **Zeiten definieren**
- ① Vortrag klar gliedern
- ❶ Mit Inhaltsverzeichnis bzw. Überblick beginnen
- ❷ Mit Inhaltsverzeichnis bzw. Überblick beginnen
- ❸ Mit Zusammenfassung abschließen
- Blickkontakt zum Publikum halten
- "Vorlesen" von der Projektionsfläche vermeiden

Wichtige Bausteine der Präsentation

KISS Keep it short and simple	Gute Vorbereitung gegen Lampenfieber	Angemessene Schriftgröße für gute Lesbarkeit
Laut, deutlich und lebhaft sprechen	Sicheres Auftreten, aufrechte Körperhaltung	
	Kontrastreiche Farben und optimales Licht	Keine Rechtschreibfehler

So bleiben 50% des Gehörten verankert!

4.9 Crème de la Crème – Regeln der Präsentation

- 3 l Begeisterung und Zielstrebigkeit
- 500 gr. MindManager
- 2 kg PowerPoint
- 3 gr. Prisen Körperbeherrschung

Unter einer Präsentation verstehen wir die Darbietung themenspezifischer Informationen vor einem Publikum mit der Verfolgung einer bestimmten Absicht. Die Kunst eines erfolgreichen Vortrags liegt darin, die Informationsmenge dosiert anzubieten sowie überzeugend und sinnvoll zu gestalten und zu kommunizieren. Möchten Sie, dass über 50 % des Gehörten und Gesehenen im Gehirn Ihres Publikums verankert wird, müssen Sie bei der Vorbereitung Ihrer Präsentation einiges bedenken.

Ein Meeting naht, und Sie wissen schon jetzt – die Langeweile wird Einzug halten. Zu oft saßen Sie schon im Besprechungszimmer und haben wilde »PowerPoint-Präsentationsschlachten« über sich ergehen lassen. Deshalb haben Sie beschlossen, eine OnePage zu »kochen«, die übersichtlich und für jeden verständlich die wichtigsten Präsentationsregeln wiedergibt.

Sie beginnen, alle das Thema betreffenden Informationen und Gedanken in einer Mind Map zu sammeln und eine grobe Struktur zu erstellen. ①

Abbildung 4.57 ACHTUNG: Das sind nur vier Zweige … die Map ist umfangreich, und der richtige Überblick fehlt.

Da das Thema »Regeln der Präsentation« heißt, beschließen Sie, die Visualisierung der Inhalte vor allem mit dem Werkzeug PowerPoint vorzunehmen. Auch wenn Sie viele Ideen gesammelt haben – alle Informationen sollen auf ein Blatt! Sie beginnen zu kochen … und rühren kräftig am Zweig »Vorarbeit«.

Abbildung 4.58 Ein bisschen Würze macht eine aussagekräftige Visualisierung möglich.

Weiter geht's. Den Zweig »Aufbau und Vortragsstil« bearbeiten Sie einfach und schnell in MindManager, Farben, Umrandungen und Icons geben den Inhalten Aussagekraft, und die Botschaft ist auf einen Blick erkennbar.

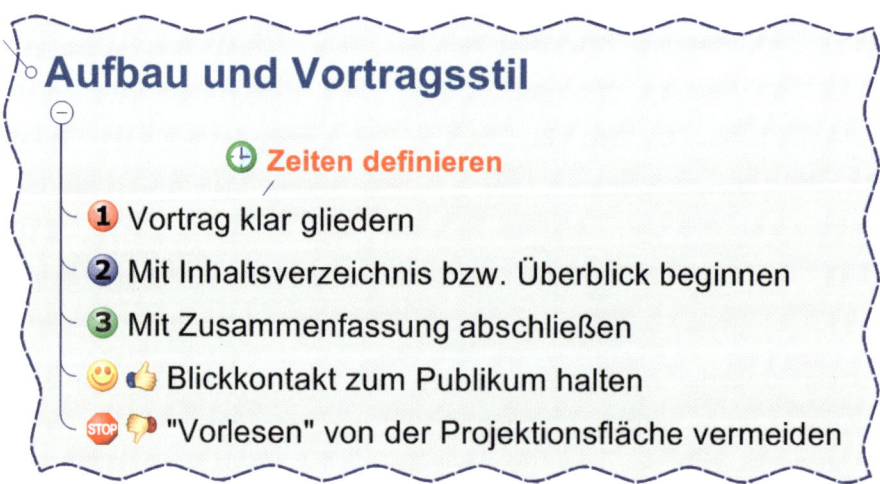

Abbildung 4.59 Alles, was einfach ist, ist gut – der einfache Blick auf das Wesentliche.

In Ihrer Küche brodelt es. Das Gericht fängt an zu schmecken. Für die Visualisierung des Zweiges »Gestaltung der Folien« greifen Sie wieder auf PowerPoint zurück. Eine Grafik, individuelle Aufzählungszeichen und kurze Stichpunkte – das ist alles, was Sie für die Darstellung benötigen.

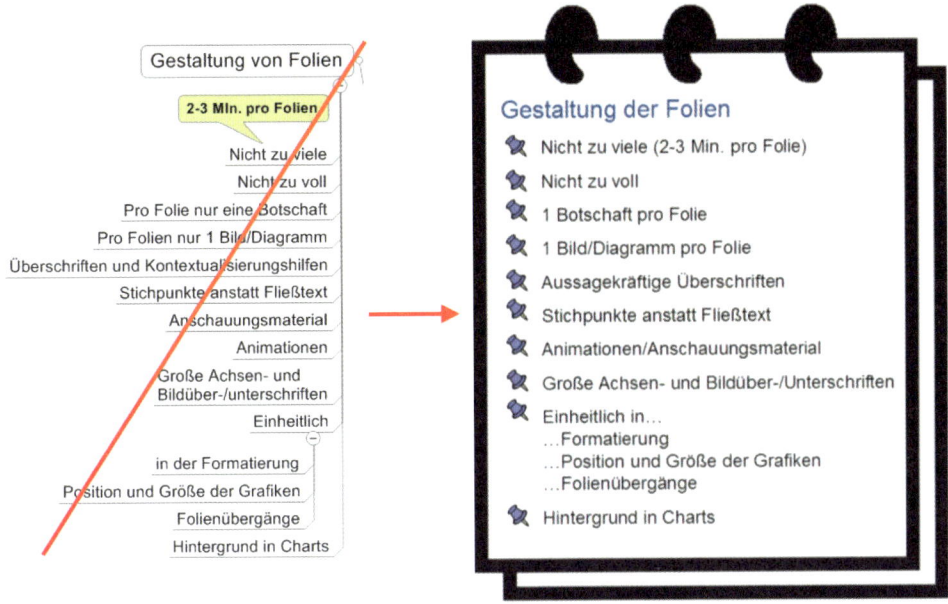

Abbildung 4.60 Lassen Sie Ihrer Kreativität freien Lauf.

Nun wollen Sie noch alle Grundregeln für eine Präsentation im Überblick darstellen. Sie bleiben in PowerPoint. Ihnen fallen Schlagwörter wie »Baukasten« und »Stein auf Stein« ein. Auf diesen Gedanken basierend fangen Sie an zu visualisieren.

Abbildung 4.61 Viele kleine Teile ergeben ein Ganzes: Erfolg.

Ihre OnePage ist fertig, und Sie riechen den Erfolg Ihres Gerichtes. Wir wünschen Ihnen viel Spaß beim Nachkochen.

5 Controlling

Controlling-Kultur in kleinen Stückchen – eine Kochregion der Superlative.

Kaum unter Druck gesetzt, ist sie auch schon fertig, bedeckt mit einem cremigen Häubchen, und verströmt einen betörenden Duft – die Sammlung von qualitativen und vor allem quantitativen Steuerungsinstrumenten, die zur Koordination von Informationsflüssen und zur Unterstützung von Entscheidungsprozessen – insbesondere für das Management – eingesetzt werden.

Controlling sollte nicht mit einer vergangenheitsbezogenen Kontrolle verwechselt werden, sondern ist vielmehr gegenwarts- und zukunftbezogen.

Folgende Aufgaben werden dieser Küche zugeordnet:

- Planungsaufgaben
- Informations- und Serviceaufgaben
- Steuerungsaufgaben
- Koordinationsaufgaben

Durch die enge Zusammenarbeit mit der obersten Führungsebene führt der Controller die Teilziele der Bereiche zu einem ganzheitlichen und abgestimmten Zielsystem zusammen.

Das Zielsystem bildet den Ausgangspunkt für die eigentliche Planung, in der Maßnahmen und Ressourcen zur Zielerreichung festgelegt werden.

Er hat eine Transparenzverantwortung, d.h., er hat die Aufgabe, über die reine Darlegung dieser Kennzahlen hinaus eine Darstellung zu wählen, die möglichst direkt und übersichtlich erkennen lässt, in welchem Umfang die Unternehmensziele aktuell erreicht werden. Die Darstellung kann mit der Anzeige der verschiedenen Bordinstrumente im Cockpit eines Flugzeuges verglichen werden.

Sie finden in diesem Kapitel interessante Rezepte für eine transparente Darstellung – weg von der Kompliziertheit hin zur Einfachheit.

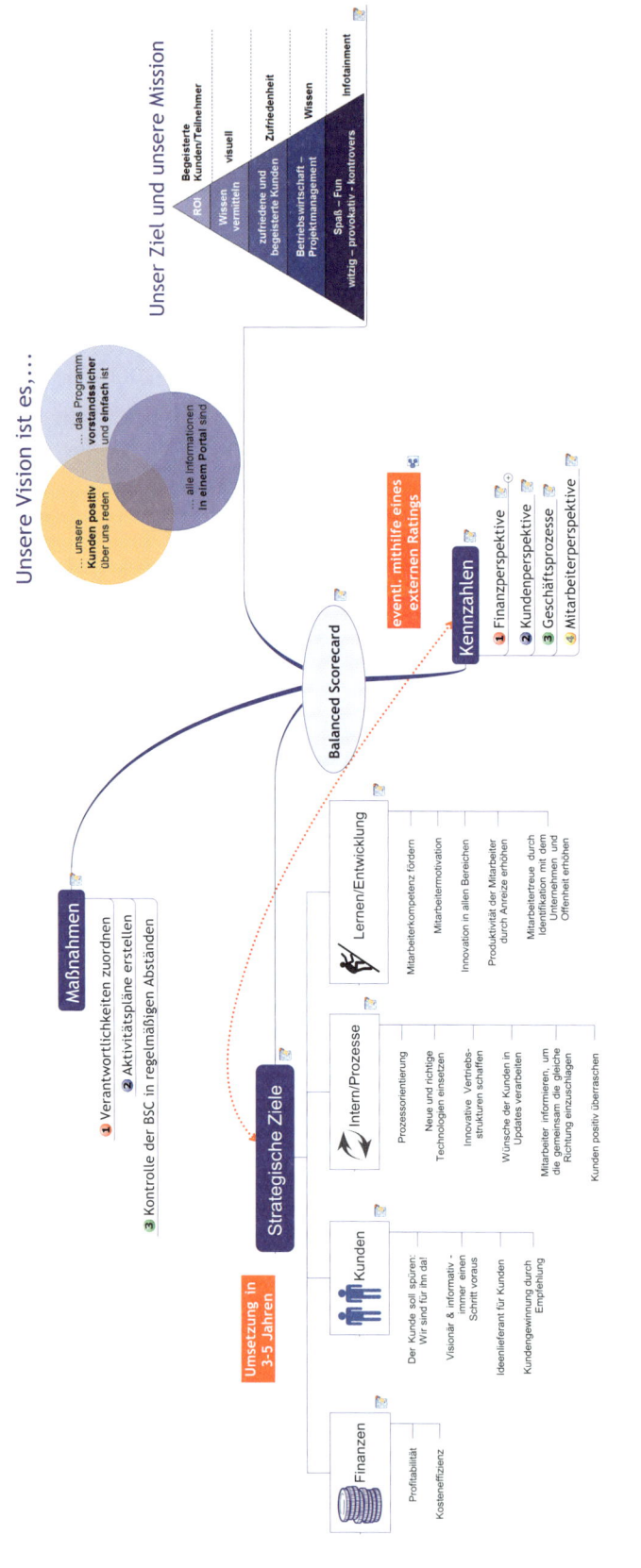

Unser Ziel und unsere Mission

ROI — Begeisterte Kunden/Teilnehmer
visuell

Wissen vermitteln — Zufriedenheit

zufriedene und begeisterte Kunden

Betriebswirtschaft – Projektmanagement — Wissen

Spaß – Fun witzig – provokativ - kontrovers — Infotainment

Unsere Vision ist es,...

... das Programm **vorstandssicher** und **einfach** ist

... alle Informationen in **einem Portal** sind

... unsere **Kunden positiv** über uns reden

Balanced Scorecard

Maßnahmen
1. Verantwortlichkeiten zuordnen
2. Aktivitätspläne erstellen
3. Kontrolle der BSC in regelmäßigen Abständen

Kennzahlen
eventl. mithilfe eines externen Ratings
1. Finanzperspektive
2. Kundenperspektive
3. Geschäftsprozesse
4. Mitarbeiterperspektive

Strategische Ziele
Umsetzung in 3-5 Jahren

Finanzen
- Profitabilität
- Kosteneffizienz

Kunden
- Der Kunde soll spüren: Wir sind für ihn da!
- Visionär & informativ – immer einen Schritt voraus
- Ideenlieferant für Kunden
- Kundengewinnung durch Empfehlung

Intern/Prozesse
- Prozessorientierung
- Neue und richtige Technologien einsetzen
- Innovative Vertriebsstrukturen schaffen
- Wünsche der Kunden in Updates verarbeiten
- Mitarbeiter informieren, um die gemeinsam die gleiche Richtung einzuschlagen
- Kunden positiv überraschen

Lernen/Entwicklung
- Mitarbeiterkompetenz fördern
- Mitarbeitermotivation
- Innovation in allen Bereichen
- Produktivität der Mitarbeiter durch Anreize erhöhen
- Mitarbeitertreue durch Identifikation mit dem Unternehmen und Offenheit erhöhen

5.1 Auf die Zutaten kommt es an – die Balanced Scorecard

- 2 kg MindManager
- 300 gr. Textnotizen und Hyperlinks
- 4 EL Sinn für Übersicht
- 2 Einheiten PowerPoint
- 4 Prisen Gestaltungselemente

Sie ist in aller Munde – die Balanced Scorecard. Sie ist ein Instrument des strategischen Controllings. Sie ist eine ausgewogene Zielkennzahlentafel, in die strategische Unternehmensziele so integriert werden, dass mit ihrer Hilfe Prozesse effizienter gesteuert und an der Unternehmensstrategie ausgerichtet werden können. Es handelt sich also um eine Überführung der Unternehmensstrategie in ein Kennzahlen- und Maßnahmensystem, das kommuniziert und umgesetzt wird.

Ein mittelständisches Unternehmen wurde von seiner Bank nach seinen Kennzahlen gefragt. Der Leiter der Controllingabteilung schaut seine Bilanzen an und entwickelt daraus finanzwirtschaftliche Kennzahlen sowie dazugehörige Soft Facts. Für diese Art von Informationssammlung eignet sich MindManager hervorragend. Denn durch das Zusammenführen der verschiedenen Informationen in einer Business Map schafft man ein allumfassendes Portal, in dem die Inhalte nicht nur visualisiert, sondern gleichzeitig auch strukturiert dargestellt werden. Der Controllingleiter begibt sich in die Küche und sammelt, um einen Überblick darüber zu bekommen, was er für die Bank braucht, seine Zutaten.

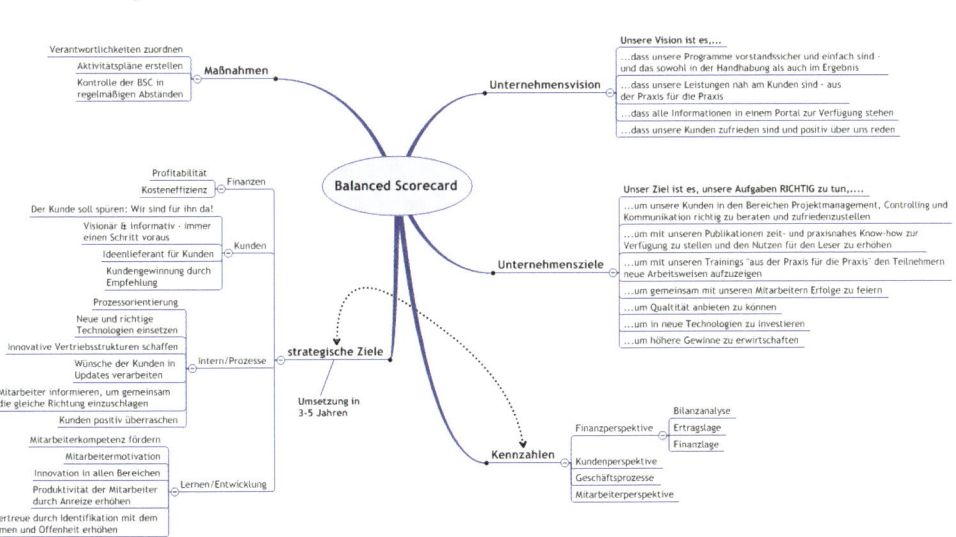

Abbildung 5.1 Alle Zutaten werden in der Business Map gesammelt.

② Im zweiten Schritt heißt es für den Controlling-Koch, alle gesammelten Zutaten des »Balanced-Scorecard-Gerichts« leicht verdaulich zuzubereiten. Da er im Zusammenhang bereits eine kleine PowerPoint-Präsentation gestaltet hatte, erstellt er von den Zweigen »Vision« und »Mission« zwei Screenshots mit dem Tool Map4Screen und fügt diese als Bilddatei in die Business Map ein.

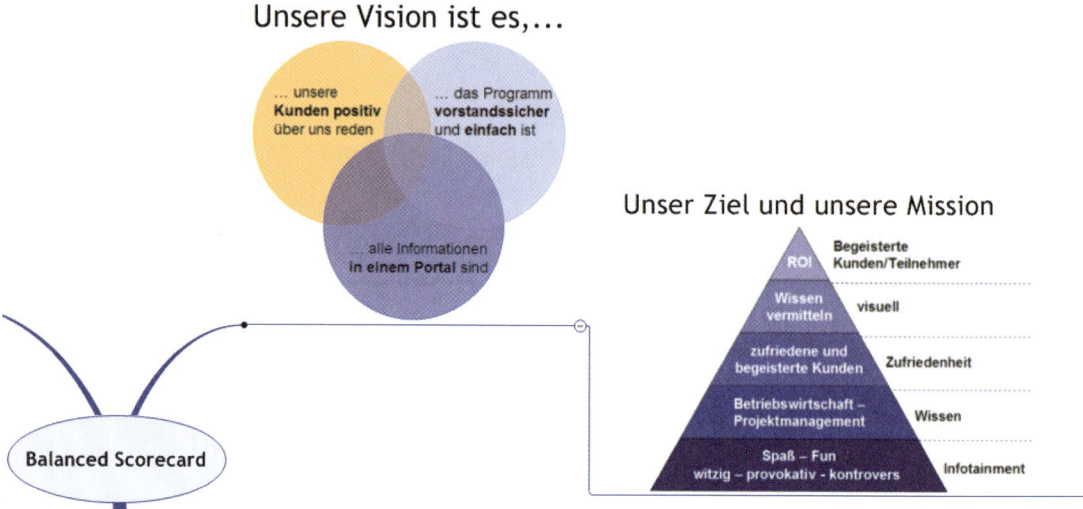

Abbildung 5.2 Übersicht schaffen durch einfache Grafiken

③ Während der Controllingleiter in der Küche steht, fallen ihm immer mehr Zutaten ein, die für sein Gericht von Bedeutung sind. Sie geben der Business Map den gewissen Beigeschmack. Diese Zusatzinformationen fügt er innerhalb von Textnotizen bzw. Anmerkungen dem jeweiligen Zweig hinzu.

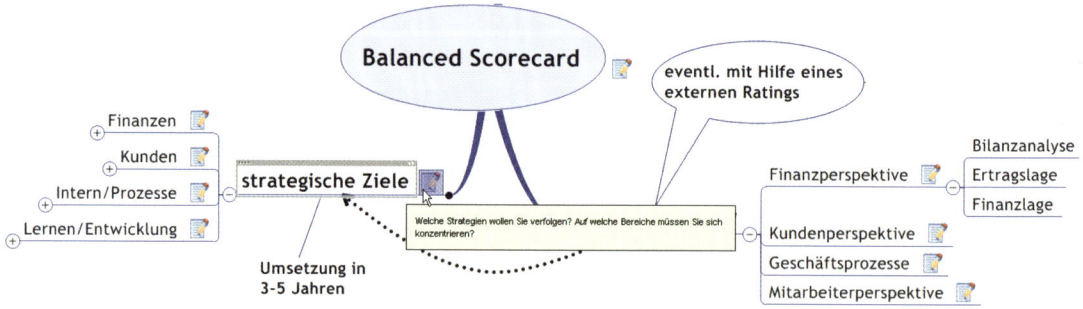

Abbildung 5.3 Damit es übersichtlich bleibt, werden Details in Textnotizen untergebracht.

④ Der Koch bemerkt, dass die Business Map viel zu groß werden würde, wenn er alle Informationen bzgl. der Balanced Scorecard in einer Business Map zusammen würfeln würde. Es wird klar – das Gericht wird ein »Mehr-Gänge-Menü«.

Deshalb arbeitet er mit Hyperlinks – Zutaten, die in weiteren Gerichten zum Tragen kommen.

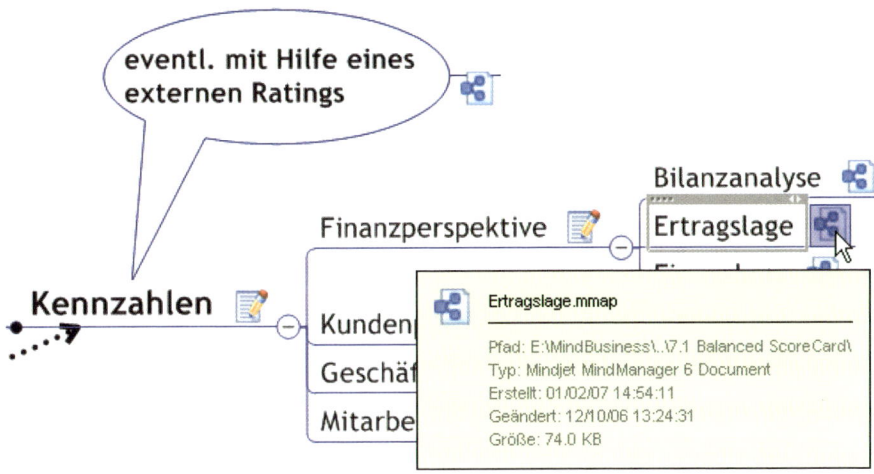

Abbildung 5.4 Verlagern Sie weitere, komplexe Informationen in andere Dokumente.

Durch die Funktion der unterschiedlichen Zweiganordnungen gibt der Controllingleiter seiner Map nun noch das gewisse Etwas mit. Farben, Icons und kleine Bilder unterstreichen die Übersichtlichkeit der Business Map.

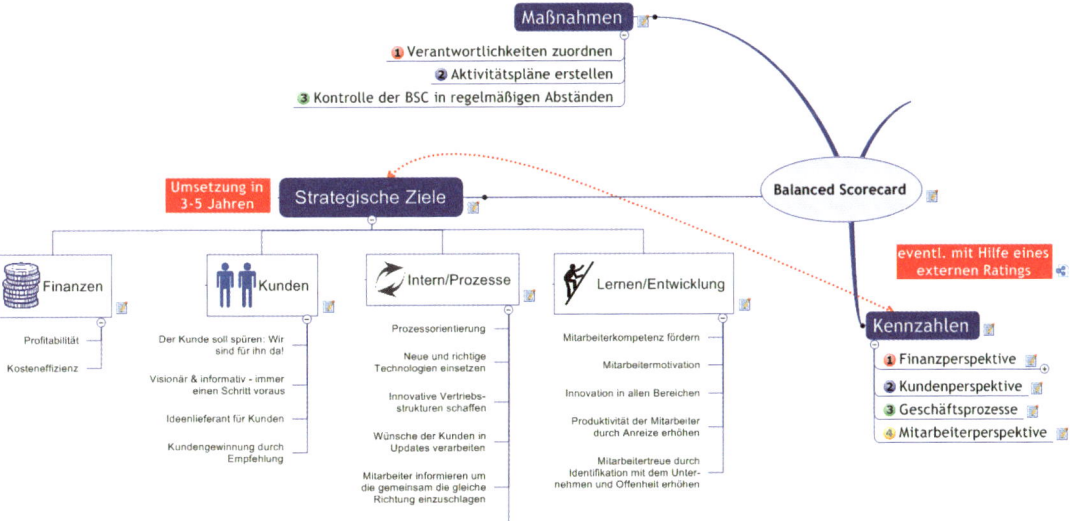

Abbildung 5.5 Mit wenigen Mitteln ein übersichtliches Portal gestalten

Auch bei komplexen Sachverhalten können Sie einfach und schnell eine übersichtliche Business Map kochen. Weiterführende Informationen lagern Sie einfach aus, sodass Sie dennoch bei Bedarf Zugriff auf alle Details haben. Probieren Sie es selbst! Wir wünschen gutes Gelingen.

Internationales Controlling

Wie verteilt sich unser Konzern?

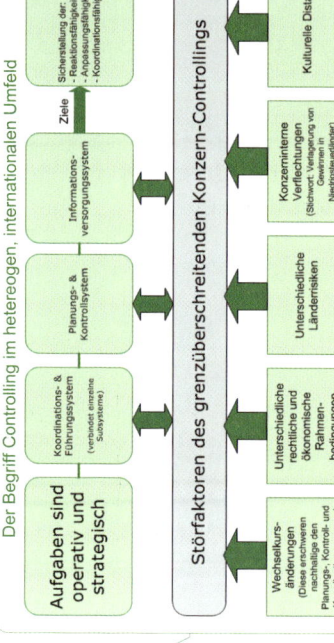

Was bedeutet "internationaler Konzern"?

- wirtschaftliche Aktivitäten über Landesgrenzen hinweg
- Direktinvestitionen im Ausland
- rechtliche selbständige Vertriebs- und Produktionsgesellschaften in anderen Ländern
- Die Tochtergesellschaften sitzen in anderen Ländern als die Mutter
- Konzerndefinition laut HGB:
- Konzern wird aus aus zwei oder mehreren rechtlich selbständigen Unternehmen gebildet
- Unterliegt jedoch einheitlicher Leitung

Der Begriff Controlling im heterogen, internationalen Umfeld

Aufgaben sind operativ und strategisch

| Koordinations- & Führungssystem (verbindet einzelne Subsysteme) | → | Planungs- & Kontrollsystem | → | Informations-versorgungssystem | → | Ziele |

- Sicherstellung der:
  - Reaktionsfähigkeit
  - Anpassungsfähigkeit
  - Koordinationsfähigkeit

Störfaktoren des grenzüberschreitenden Konzern-Controllings

- Wechselkurs-änderungen (Diese erschweren nachhaltige den Planungs-, Kontroll- und Koordinations-prozess)
- Unterschiedliche rechtliche und ökonomische Rahmenbedingungen
- Unterschiedliche Länderrisiken
- Konzerninterne Verflechtungen (Stichwort: Verlagerung von Gewinnen in Niedrigsteuerländer)
- Kulturelle Distanz

Die Störfaktoren dürfen nicht isoliert voneinander betrachtet werden

---

Rechnungslegungs-standards

Hintergrund:
1) Kapital wird nicht nur national, sondern international aufgenommen
2) dies bedingt eine Anpassung der dt. Rechnungslegung an die intern. Bestimmungen
3) HGB-orientierte Rechnungslegung wird dem Shareholder Value Gedanken nicht gerecht

Modelle nach...

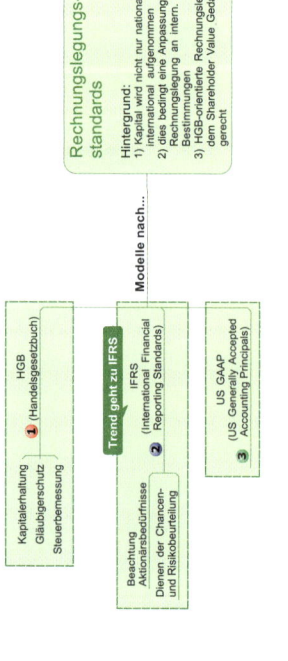

HGB (Handelsgesetzbuch)
- Kapitalerhaltung
- Gläubigerschutz
- Steuerbemessung

Trend geht zu IFRS

IFRS (International Financial Reporting Standards)
- Beachtung
- Aktionärsbedürfnisse
- Dienen der Chancen- und Risikobeurteilung

US GAAP (US Generally Accepted Accounting Principals)

Instrumente des internationalen Controllings

	A Inflationsbereinigung	B Währungsum-rechnungsverfahren	C Länderanalyse
1	Leistungsfähige Budgetierung auf Basis nomineller Maßstäbe in Hochinflationsländern nicht möglich	Währungsumrechnung innerhalb von Soll-/Ist-Verfahren	2 Komponenten: - Wettbewerbsanalyse - Länderrisikoanalyse
2		Wechselkurs bei der Budgetierung werden mit Wechselkursen bei der Leistungsbeurteilung abgestimmt	Welche Wettbewerbssituation herrscht in welchem Land? - Marktanteils-/Gewinn-prognosen
3	Ausweis von Schein-gewinnen, führen zu Aushöhlung der Unternehmens-substanz		- Stärken-/Schwächen-analysen

---

Die Funktionssäulen des intern. Controllings

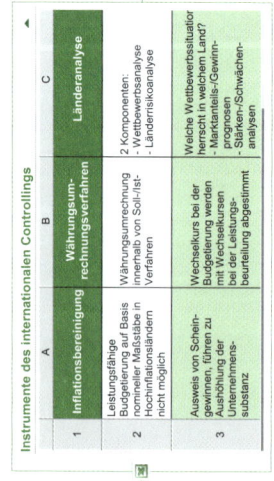

Koordinationsfunktion
- Steigerung der Handlungseffizienz muss je nach Land an äußere Umwelt angepasst werden

Zielausrichtungsfunktion
- Handlungen von Stammhaus und Auslandstochter werden zielsetzungsgerecht aufeinander abgestimmt
- Zielausrichtung bedingt Transparenz für alle
- Sicherstellung lokal zu treffender Maßnahmen

Anpassungsfunktion
- Funktion ergibt sich aus Änderungen der Umwelt
- Entwicklungen, Gefahren & Risiken erkennen
- Maßnahmen zur Gegensteuerung durch Frühwarnsysteme
- Einheiten werden zur selbst-ständigen Wahrnehmung befähigt

Servicefunktion
- Es werden Methoden zur Koordination einzelner Aufgaben bereitgestellt
- umfassen auch das Bewusstsein interkultureller Unterschiede
- Informationsversorgung und -zusammenführung
- Filterung von Global- und Detailinformationen

5.2 Küche anderer Länder – internationales Controlling

- 500 gr. MindManager
- 3 Prisen PowerPoint
- 5 TL Visio
- 125 gr. Excel
- 300 ml Strategie und Analyse

Seit vielen Jahren ist die Globalisierung von Waren-, Dienstleistungs- und Kapitalmärkten in aller Munde. Für das Finanz- und Rechnungswesen führt diese Entwicklung zu neuen Herausforderungen. Beteiligungscontrolling im internationalen Konzern, Konzernsteuerung auf Basis der IFRS, Erfolgsbeurteilung ausländischer Tochtergesellschaften, internationale Konzernkostenrechnung oder Risikomanagement im internationalen Konzern – es gibt eine Vielzahl an Einflussgrößen des internationalen Controllings.

In einem international agierenden Konzern tätig, arbeiten Sie in der Muttergesellschaft als Leiter der Controllingabteilung. Sie haben einen neuen Auszubildenden »an die Hand« bekommen. Um ihm den Einstieg etwas zu erleichtern, möchten Sie eine OnePage mit den wichtigsten Informationen und Instrumenten des internationalen Controllings erstellen. Die Basis-Map ist schnell erstellt. Sie ist enorm groß geworden und somit für den Neuling schwer zu erfassen. Sie beginnen zu kochen …

Den allgemeinen Teil Ihrer OnePage zur Darstellung »Wo sitzen wir überall, und was bedeutet es, ein international tätiger Konzern zu sein?« haben Sie schnell in MindManager visualisiert. Eine Grafik, verschiedene Formatierungen – fertig. ①

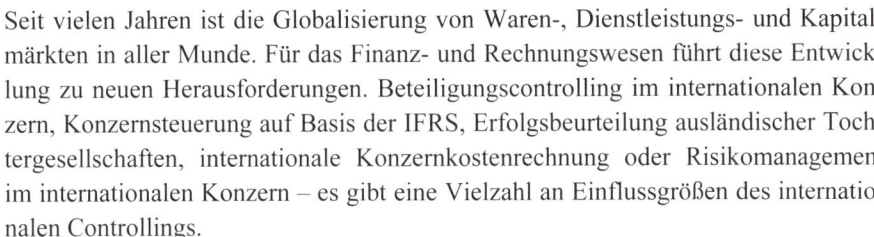

Wie verteilt sich unser Konzern?

Planung-, Entscheidungs-, Steuerungs- und Kontrolleinheit

Was bedeutet "internationaler Konzern"?

- wirtschaftliche Aktivitäten über Landesgrenzen hinweg
- Direktinvestitionen im Ausland
- rechtlich selbstständige Vertriebs- und Produktionsgesellschaften in anderen Ländern
- Die Tochtergesellschaften sitzen in andere Ländern als die Mutter
- Konzerndefinition laut HGB:
- Konzern wird aus aus zwei oder mehreren rechtlich selbständigen Unternehmen gebildet
- Unterliegt jedoch einheitlicher Leitung

Abbildung 5.6 Wichtige Informationen in aller Kürze dargestellt

② In Schritt zwei widmen Sie sich den Aufgaben und Störfaktoren im internationalen Controlling. Machen diese beiden Punkte in Ihrer Map noch zwei Hauptzweige aus, wollen Sie die Visualisierung als Gesamtpaket »Two in one« in Visio vornehmen, da die Störfaktoren die Aufgaben beeinflussen.

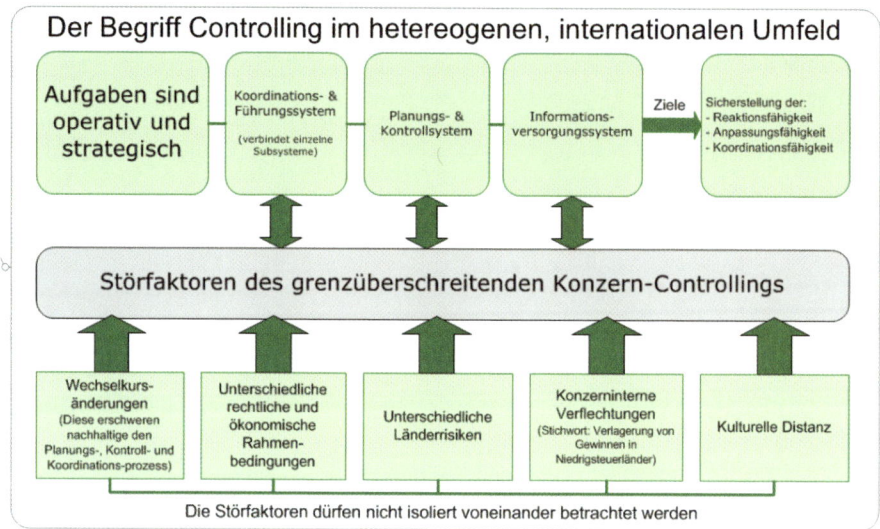

Abbildung 5.7 In Visio kann man voneinander abhängige Prozesse übersichtlich darstellen.

③ Als Nächstes widmen Sie sich den vier Hauptfunktionen des internationalen Controllings. Hierzu nutzen Sie die MindManager-Zweigdarstellung »Organigramm«. Arbeiten Sie zusätzlich noch mit Farben und Formen, können Sie die vier Punkte einfach und schnell in Form von Säulen visualisieren.

Abbildung 5.8 Die Aufgaben des internationalen Controllings – dargestellt durch vier Säulen

④ Im vierten Schritt kommen Sie zu den zur Verfügung stehenden Instrumenten des internationalen Controllings. Da die Liste sehr lang ist, werden Sie eine Excel-Tabelle anlegen. Über den Map Part Excel-Linker können Sie dann die gesamte Liste oder aber nur einen Ausschnitt anzeigen.

Abbildung 5.9 Mit den Excel-Linker bleiben Sie flexibel – Inhalte können ein- oder ausgeblendet werden.

Im letzten Schritt kommen Sie zu den allgemeinen Rechnungslegungsstandards. Welche gibt es überhaupt? Auch diese visualisieren Sie mithilfe der Formatierungsmöglichkeiten in MindManager.

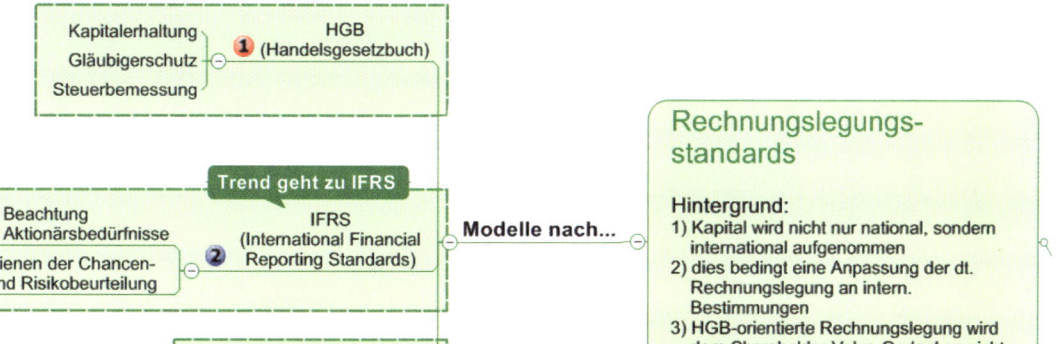

Abbildung 5.10 Mit Formen und Farben viel erreicht – die Rechnungslegungsstandards

Sie sind mit dem Ergebnis zufrieden – und Ihrem neuen Auszubildenden wird das Gericht schmecken. Denn auf A2 ausgedruckt, ist die OnePage übersichtlich visualisiert, und die darin enthaltenen Informationen sind auf einen Blick zu erfassen.

Für einen ersten Überblick genau das Richtige. Der Rest erfolgt in der Praxis.

Wir wünschen guten Appetit und erfolgreiches Nachkochen.

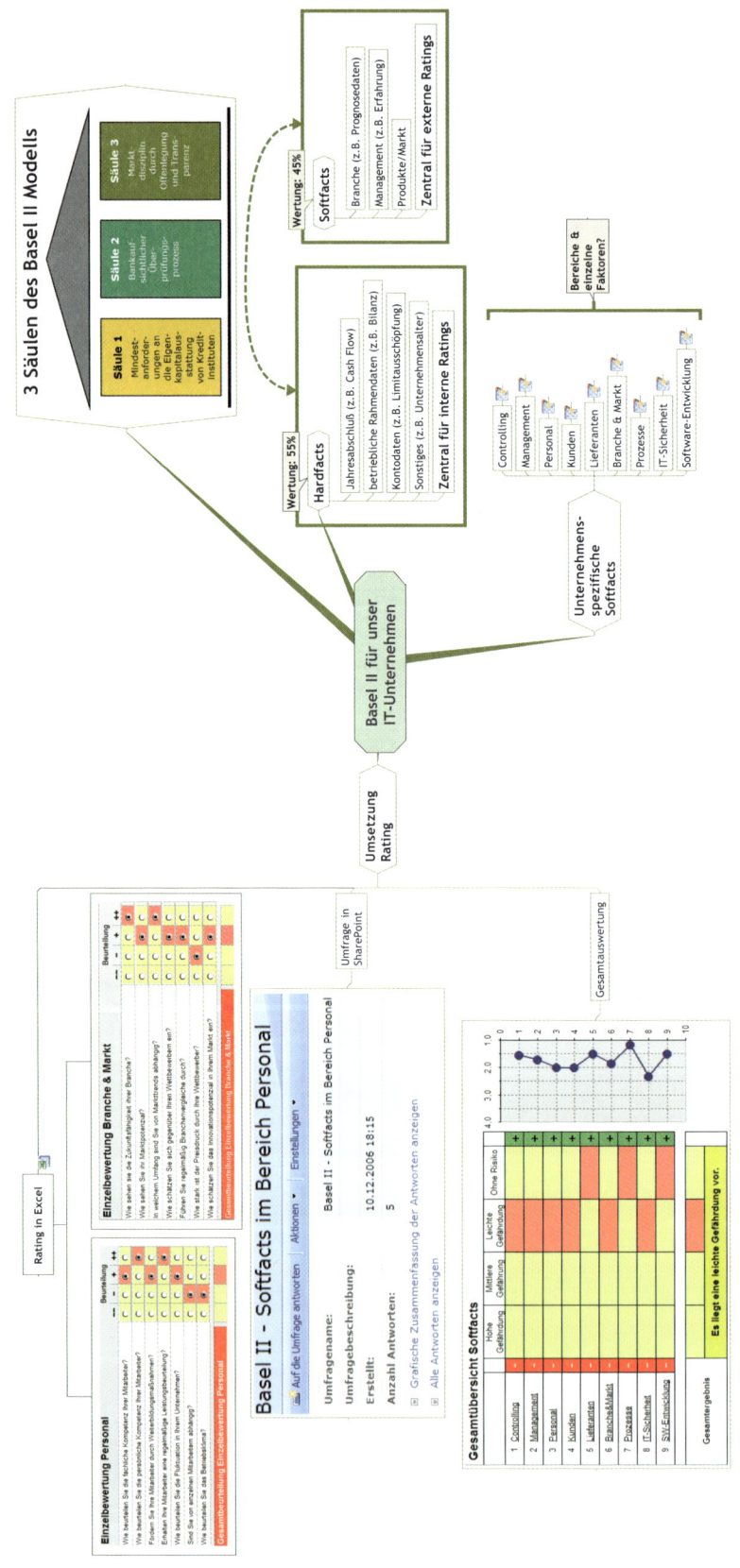

5.3 Gekonnt angerichtet – Basel II

- 500 gr. MindManager
- 5 kg Excel
- 3 Liter SharePoint
- 2 Pfund Interesse für weiche Faktoren
- 1 TL MindManager-Formatierung

»Basel II« – dieser Begriff begleitet uns nun schon seit langer Zeit und gewinnt zunehmend an Aktualität. Der Grundgedanke von Basel II ist darin begründet, dass Banken, die ihre Kreditausfallrisiken nicht ordentlich bewirtschaften, ein Risikofaktor für das vernetzte Finanzsystem und letztlich für die ganze Weltwirtschaft sind. Basel II soll allgemein verbindliche Spielregeln einführen, die es den Banken erlauben bzw. sie zwingen, dem individuellen Kreditrisiko und der Summe aller in ihren Bilanzen schlummernden Risiken mehr Beachtung zu schenken. Es geht um die Verbesserung des Risikomanagements. Die Banken haben damit begonnen, ihre Kreditvergabe schon vorab an die strengeren Auflagen des in Basel tagenden Ausschusses für Bankenaufsicht anzupassen.

Basel II stellt Sie, als kleines IT-Unternehmen, vor ganz neue Herausforderungen. Als Leiter der Controllingabteilung wurden Sie dazu angehalten, sich ausführlich Gedanken über Basel II zu machen, Hard und Soft Facts darzustellen und erste Ergebnisse einer möglichen Präsentation gegenüber der Bank zu liefern. Sie schmeißen alle Zutaten in einen Topf. ①

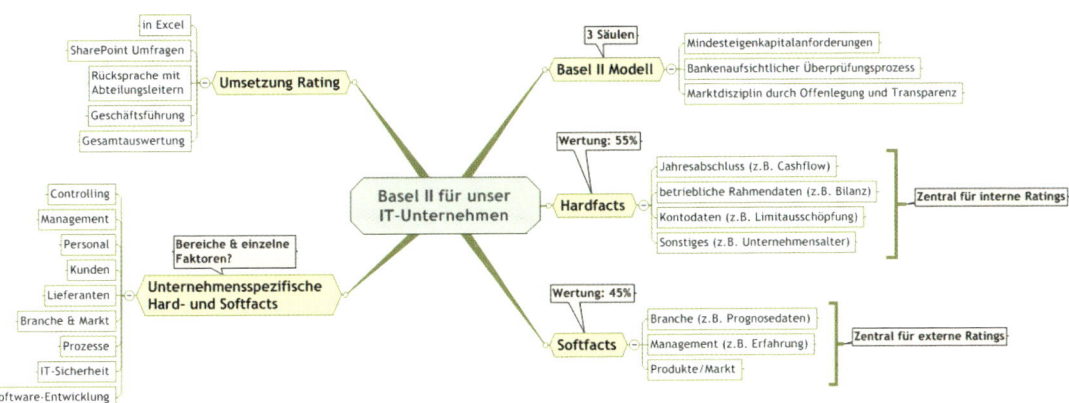

Abbildung 5.11 Die Grundgewürze sind im Topf.

Um klarzustellen, worum es für das Unternehmen überhaupt geht, haben Sie in aller Kürze die wichtigsten Faktoren zusammengestellt. Diese visualisieren Sie mithilfe von PowerPoint und den MindManager-Formatierungsmöglichkeiten. ②

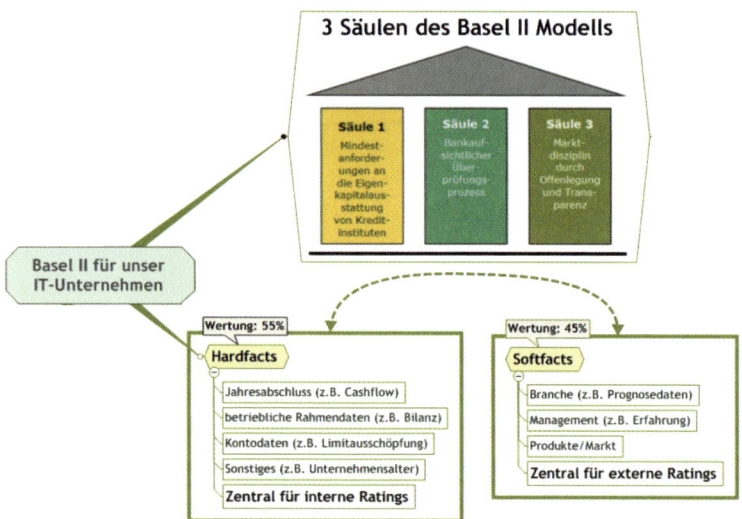

Abbildung 5.12 Schnell und einfach die wichtigsten Fakten übersichtlich visualisieren

(3) Da die Hard Facts im Unternehmen bereits vorliegen, beschäftigen Sie hauptsächlich die Soft Facts, die gerade in kleinen Unternehmen mit einem höheren Prozentsatz zu Buche schlagen. Auch hier sammeln Sie weitere Zutaten für ein gelungenes Gericht.

Da Sie bereits wissen, dass Sie das Rating der Soft Facts vornehmlich mithilfe anderer Software-Werkzeuge umsetzen wollen, setzen Sie alle relevanten Daten bzw. Fragestellungen in Textnotizen. Für die Umsetzung in Excel, SharePoint und anderen Programmen haben Sie dann schnellen Zugriff auf alle Informationen innerhalb der Business Map und behalten trotzdem den Überblick.

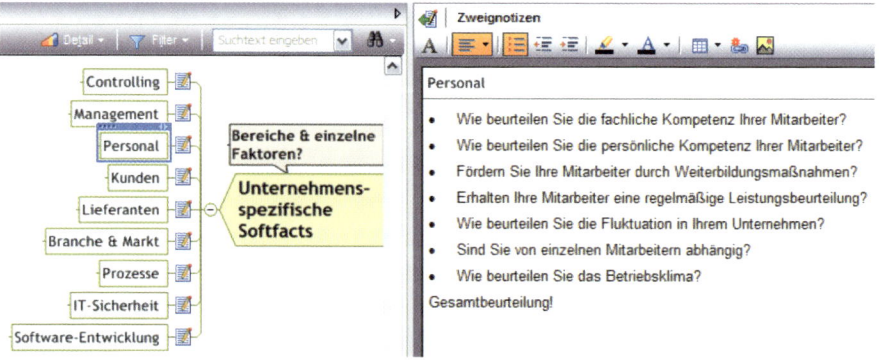

Abbildung 5.13 Setzen Sie Informationen – für die Weiterverarbeitung – in Textnotizen.

(4) Sie haben bereits eine genaue Vorstellung für das Rating in Excel. Sie beginnen mit dessen Umsetzung. Um später bei der Geschäftsführung mit Beispielen glänzen zu können, fügen Sie erste beispielhafte Rating-Screenshots in die Business Map ein. Um die Funktionalität der Bewertung innerhalb der Excel-Datei jederzeit »live« vorführen zu können, binden Sie die Datei per Hyperlink ein.

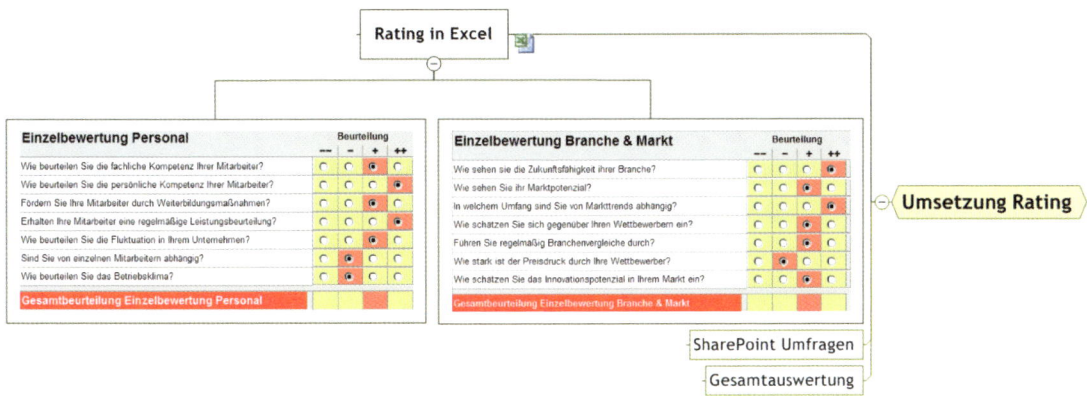

Abbildung 5.14 Bilder sagen mehr als 1000 Worte.

Um die Soft Facts im Bereich »Personal« besser analysieren zu können, legen Sie eine SharePoint-Umfrage an, an der später alle Abteilungsleiter teilnehmen sollen. Die Ergebnisse und Einschätzungen bezüglich aller Teammitglieder können Sie entsprechend in Excel übernehmen. Eine Gesamtauswertung aller Komponenten in Excel wiederum ergibt eine realistische Einschätzung Ihres Unternehmens.

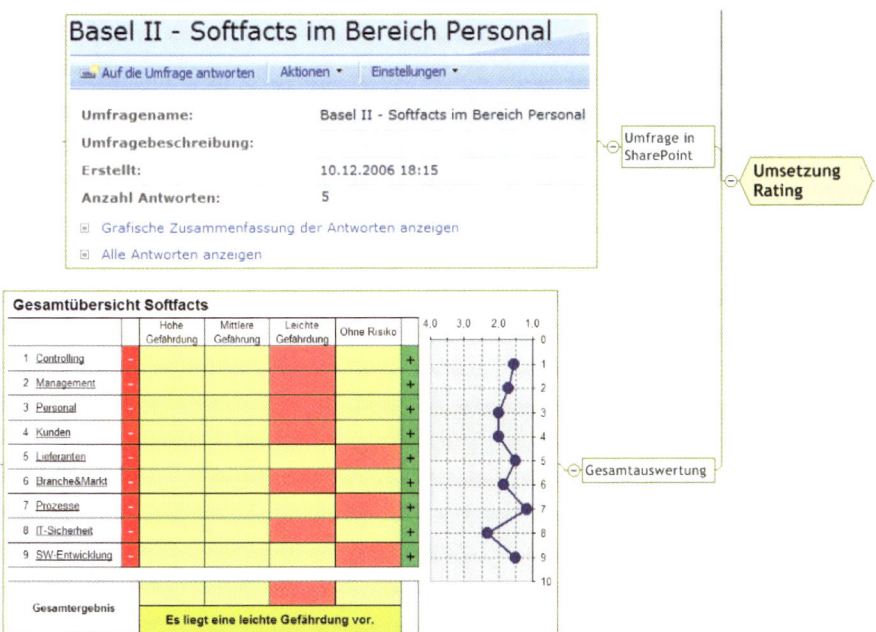

Abbildung 5.15 Das Wichtigste im Blick – Zugriff auf Details erfolgt über Hyperlinks.

Fazit: Basel II, bekömmlich zubereitet, schafft nicht nur »Mehr-Arbeit«, sondern schafft vor allem auch Chancen, sich selber realistisch am Markt zu beurteilen und gegebenenfalls Änderungen vorzunehmen. Dieses Gericht ist ein Muss für jedes Unternehmen! Probieren Sie es aus.

Amortisationsrechnung für die Anschaffung einer Wireless Lan Anlage

Hintergrundinformationen

- Was heißt Amortisationsrechnung?
- Berechnung Amortisationsdauer

Wichtige Faktoren zur Berechnung der Amortisationszeit

1. Anschaffungskosten
2. Wartungskosten
3. Rücklaufkosten
4. Verkaufswert am Ende der Amortisationszeit
5. Herstellervergleich

Wo und wie fließen diese Faktoren ein?

Ansätze der Amortisationsrechnung?

- Kumulationsmethode
  - Singulär
  - Dual
- Durchschnittsmethode
  - Einfach
  - Erweitert
  - Alternativ

Komponenten für die Investition

- Installation Konfiguration
- Welche Art von Wlan?
- Kommunikation der Clients über Adhoc-Verbindungen
- Einzelne Komponenten: Analyse des Marktes
- Anzahl der Nutzer
- Wartung des Netzes
- Access Point & WLan Standard
- Maßnahmen zur Sicherheit des Netzwerks
- Anbindung Infrastruktur an Netzwerk

Berechnung für WLan Anlage

Auszahlung

	A	B	C	D	E	F
1		Auszahlung				
2		Auszahlung Kosten	Miete	Rückkauf	Gesamt	kumuliert
3	Jahr 2005	60.000,00 €			60.000,00 €	60.000,00 €
4	Jahr 2006		18.000,00 €		18.000,00 €	78.000,00 €
5	Jahr 2007		18.000,00 €		18.000,00 €	96.000,00 €
6	Jahr 2008		18.000,00 €		18.000,00 €	114.000,00 €
7	Jahr 2009		18.000,00 €		18.000,00 €	132.000,00 €
8	Jahr 2010		18.000,00 €		18.000,00 €	150.000,00 €
9	Jahr 2011		18.000,00 €		18.000,00 €	168.000,00 €
10	Jahr 2012		18.000,00 €		18.000,00 €	186.000,00 €
11	Jahr 2013		18.000,00 €		18.000,00 €	204.000,00 €
12	Jahr 2014		18.000,00 €		18.000,00 €	222.000,00 €
13	Jahr 2015		18.000,00 €		18.000,00 €	240.000,00 €
14	Jahr 2016		18.000,00 €		18.000,00 €	258.000,00 €
15	Jahr 2017		18.000,00 €		18.000,00 €	276.000,00 €
16		60.000,00 €	216.000,00 €	- €	276.000,00 €	

Einzahlung

Berechnete Rücklaufzeit

	A	B	C	D
1	Rücklaufzeit nach:			4 Jahre

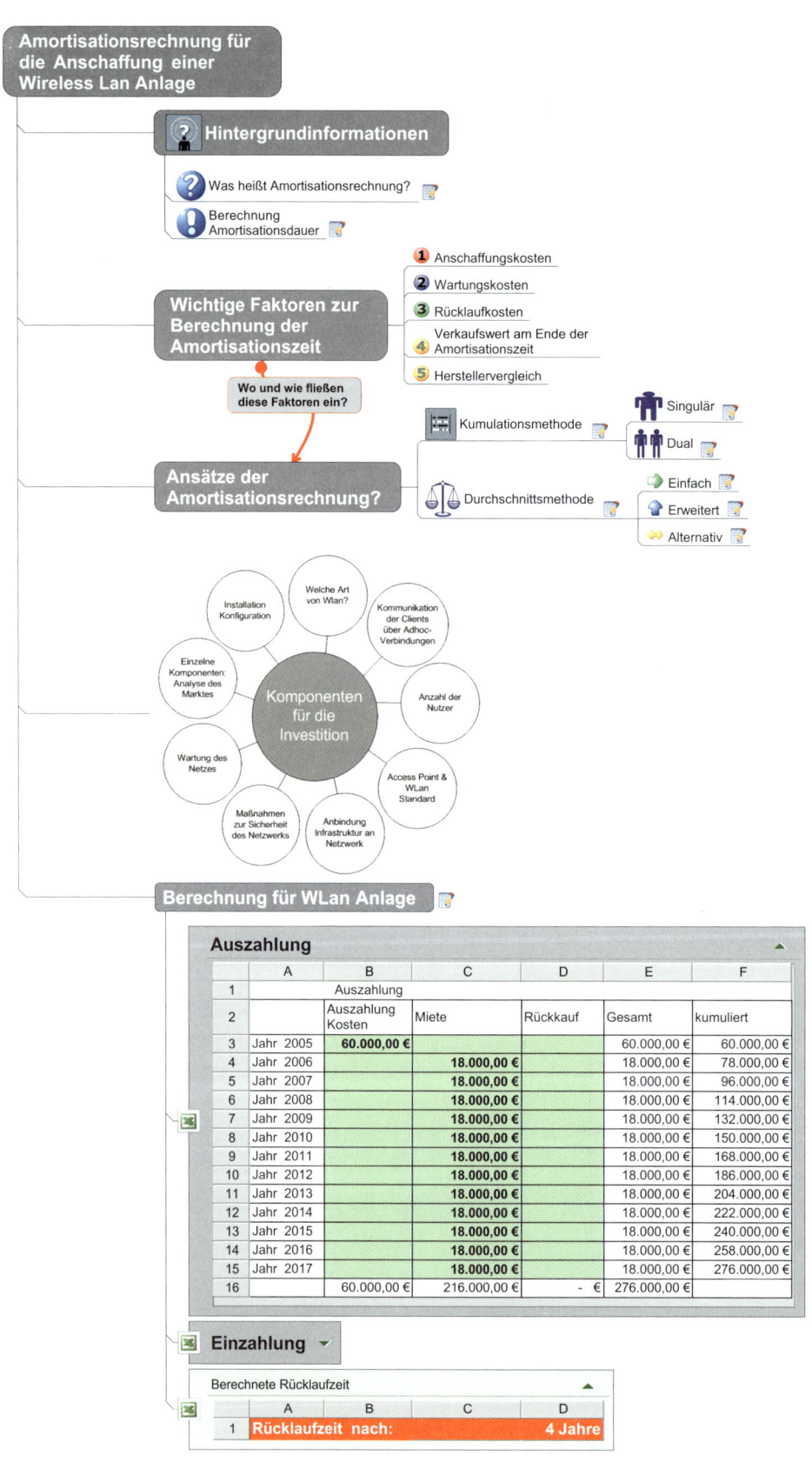

5.4 Spezialitäten aus dem »Ländle« – Amortisationsrechnung

- 4 Liter MindManager
- 300 gr. Textnotizen
- Farben, Formen und Bilder nach Geschmack
- 5 Prisen Microsoft Visio
- 3 kg Microsoft Excel

Haben Sie sich schon einmal mit »Alternativenvergleichen« oder der »Ersatzproblemfrage« beschäftigt? Dann sind Sie sicherlich nicht drum herum gekommen, sich mit der Amortisationsrechnung auseinanderzusetzen. Ein komplexes Thema, das viele Fragen aufwirft. Welche Methode ist die beste? Wie werden Ergebnisse bewertet?

Ein Kleinunternehmen denkt über den Kauf einer Wireless-LAN-Anlage nach, um zukünftig drahtlos und schneller auf Informationen aus dem Internet zugreifen zu können. Bevor die Investition jedoch getätigt wird, sollen Sie als »frischgebackener« Controller die Anschaffung genauestens analysieren und nach Abschluss vorstellen.

Sie beginnen erneut, ein Gericht zu kochen, um sich zunächst einen Überblick über die wichtigsten Faktoren und Methoden zu schaffen und um sich später auf diesem Wege »häppchenweise« über die für Sie perfekte Alternative klar zu werden.

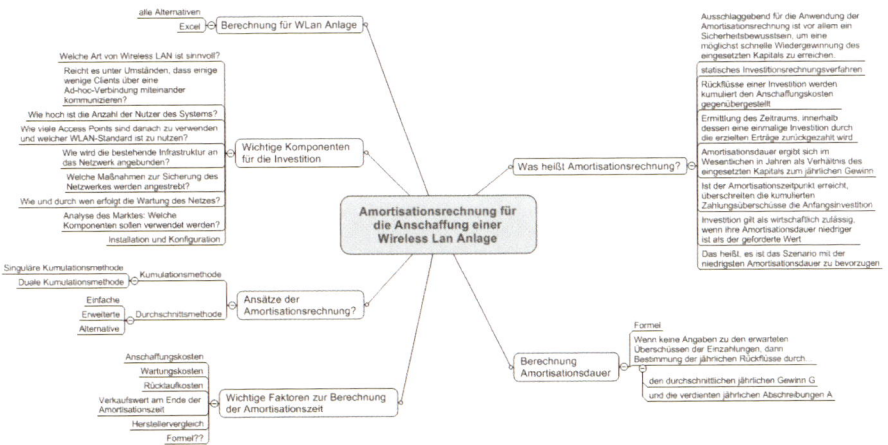

Abbildung 5.16 Die Zutaten sind gesammelt – wie Sie sehen können, sind es viele …

Während der Präsentation Ihrer Ergebnisse vor der Geschäftsleitung wollen Sie kein allgemeines Basiswissen vorstellen. Es geht nur darum, für die Anschaffung der WLAN-Anlage relevante Punkte und Alternativen-Berechnungen darzustellen.

Formeln und grundlegende Informationen zur Amortisationsrechnung »verkochen« Sie daher in den Textnotizen. Tipp: Am schnellsten öffnen Sie Textnotizen einzelner Zweige mithilfe der Tastenkombination *STRG + T*. Zusätzlich legen Sie einen Zweig »Hintergrundinformationen« an, dem Sie alle in diesen Bereich fallenden Unterzweige zuordnen. »Unwichtiges« verschwindet.

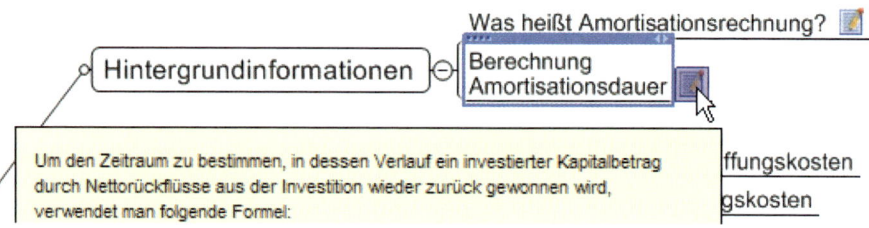

Abbildung 5.17 Lagern Sie für Ihre Zuhörer Unwichtiges aus.

Die »wichtigen Faktoren« und die »Ansätze« der Amortisationsrechnung sind wichtig, müssen jedoch nicht in aller Ausführlichkeit präsentiert werden. Es reicht, Stichpunkte zu nennen – Ihre Zuhörer interessieren keine Formeln, sondern Ergebnisse.

Um selber den Überblick zu behalten, nutzen Sie die MindManager-Zutaten Map-Markierungen, Verbindungen, Farben und Bilder. Durch Anmerkungen an den Verbindungslinien geben Sie sich selbst die Überleitung zum nächsten Punkt.

Abbildung 5.18 Mit wenigen Mitteln schaffen Sie Struktur in Ihrer Business Map.

Der Zweig »Wichtige Komponenten für die Investition« ist noch sehr unübersichtlich. Zu viele Informationen übertünchen den tatsächlichen »Geschmack« – die Hauptaussagen – dieses Zweiges. Ihnen schwebt ein Diagramm vor – die Umsetzung realisieren Sie in Microsoft Visio. Mit den vielfältigen Formen haben Sie in Kürze ein übersichtliches Diagramm erstellt und als Grafik in die Map eingefügt.

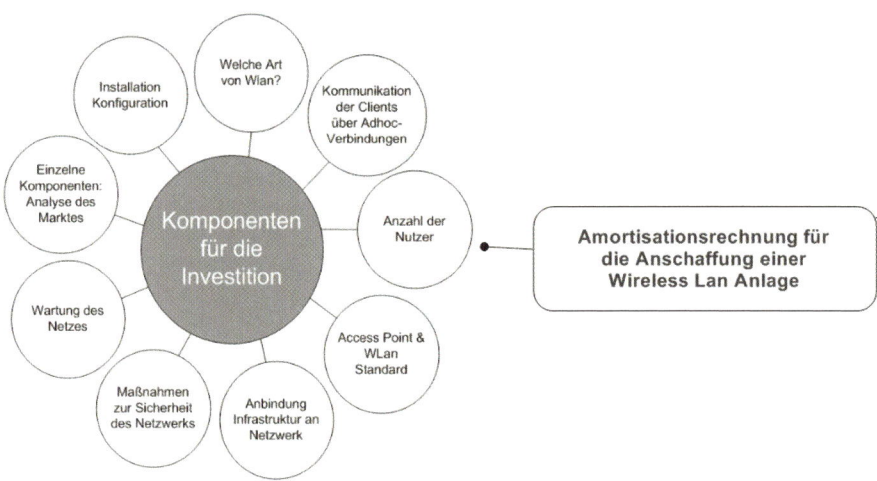

Abbildung 5.19 Ein Bild oder Diagramm bringt Aussagen auf den Punkt.

Zu jeder Alternative legen Sie gleich entsprechende Rechenbeispiele in Excel an. Ihre Berechnungen haben ergeben, dass mit der von Ihnen favorisierten WLAN-Anlage XY die duale Kumulationsmethode für Sie die beste Alternative darstellt. Deshalb binden Sie die Ergebnisse über das Microsoft Excel-Linker Map Part ein.

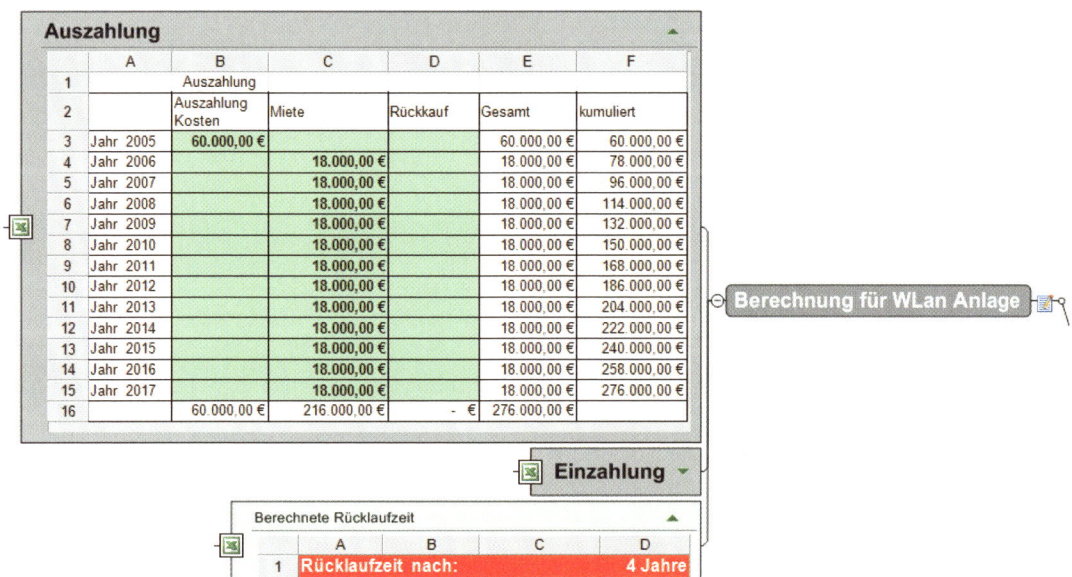

Abbildung 5.20 Halten Sie Ihre Business Map auf dem aktuellen Stand durch dynamische Map Parts.

Werden Zahlen und Fakten in die Business Map eingebunden, spielt es eine wichtige Rolle, die passenden Zutaten an Gestaltungselementen zu wählen. So kann beispielsweise auch die Zweiganordnung entschieden zur besseren Übersicht beitragen. Probieren Sie es aus – wir wünschen gutes Gelingen.

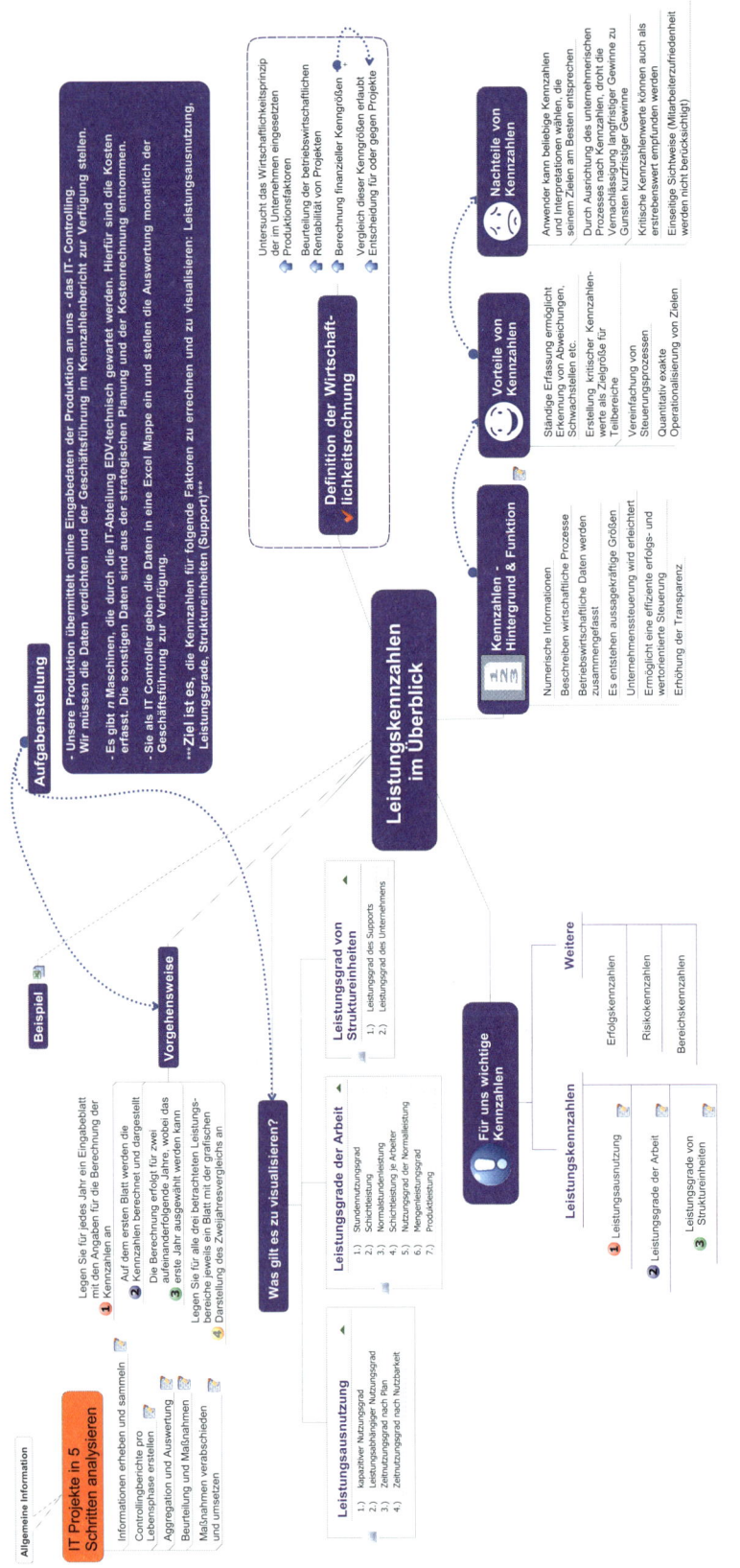

IT Projekte in 5 Schritten analysieren
- Informationen erheben und sammeln
- Controllingberichte pro Lebensphase erstellen
- Aggregation und Auswertung
- Beurteilung und Maßnahmen
- Maßnahmen verabschieden und umsetzen

Aufgabenstellung
- Unsere Produktion übermittelt online Eingabedaten der Produktion an uns - das IT- Controlling. Wir müssen die Daten verdichten und der Geschäftsführung im Kennzahlenbericht zur Verfügung stellen.
- Es gibt n Maschinen, die durch die IT-Abteilung EDV-technisch gewartet werden. Hierfür sind die Kosten erfasst. Die sonstigen Daten sind aus der strategischen Planung und der Kostenrechnung entnommen.
- Sie als IT Controller geben die Daten in eine Excel Mappe ein und stellen die Auswertung monatlich der Geschäftsführung zur Verfügung.***

Ziel ist es, die Kennzahlen für folgende Faktoren zu errechnen und zu visualisieren: Leistungsausnutzung, Leistungsgrade, Struktureinheiten (Support)

Beispiel

Definition der Wirtschaftlichkeitsrechnung
- Untersucht das Wirtschaftlichkeitsprinzip der im Unternehmen eingesetzten Produktionsfaktoren
- Beurteilung der betriebswirtschaftlichen Rentabilität von Projekten
- Berechnung finanzieller Kenngrößen
- Vergleich dieser Kenngrößen erlaubt Entscheidung für oder gegen Projekte

Leistungskennzahlen im Überblick

Kennzahlen - Hintergrund & Funktion
- Numerische Informationen
- Beschreiben wirtschaftliche Prozesse
- Betriebswirtschaftliche Daten werden zusammengefasst
- Es entstehen aussagekräftige Größen
- Unternehmenssteuerung wird erleichtert
- Ermöglicht eine effiziente erfolgs- und wertorientierte Steuerung
- Erhöhung der Transparenz

Vorteile von Kennzahlen
- Ständige Erfassung ermöglicht Erkennung von Abweichungen, Schwachstellen etc.
- Erstellung kritischer Kennzahlenwerte als Zielgröße für Teilbereiche
- Vereinfachung von Steuerungsprozessen
- Quantitativ exakte Operationalisierung von Zielen

Nachteile von Kennzahlen
- Anwender kann beliebige Kennzahlen und Interpretationen wählen, die seinem Unternehmen am Besten entsprechen
- Durch Ausrichtung des unternehmerischen Prozesses nach Kennzahlen, droht die Vernachlässigung langfristiger Gewinne zu Gunsten kurzfristiger Gewinne
- Kritische Kennzahlenwerte können auch als erstrebenswert empfunden werden
- Einseitige Sichtweise (Mitarbeiterzufriedenheit werden nicht berücksichtigt)

Vorgehensweise
1. Legen Sie für jedes Jahr ein Eingabeblatt mit den Angaben für die Berechnung der Kennzahlen an
2. Auf dem ersten Blatt werden die Kennzahlen berechnet und dargestellt
3. Die Berechnung erfolgt für zwei aufeinanderfolgende Jahre, wobei das erste Jahr ausgewählt werden kann
4. Legen Sie für alle drei betrachteten Leistungsbereiche jeweils ein Blatt mit der grafischen Darstellung des Zweijahresvergleichs an

Was gilt es zu visualisieren?

Leistungsgrade der Arbeit
1.) Stundennutzungsgrad
2.) Schichtleistung
3.) Normalstundenleistung
4.) Schichtleistung je Arbeiter
5.) Nutzungsgrad der Normalleistung
6.) Mengenleistungsgrad
7.) Produktleistung

Leistungsgrad von Struktureinheiten
1.) Leistungsgrad des Supports
2.) Leistungsgrad des Unternehmens

Für uns wichtige Kennzahlen

Leistungskennzahlen
1 Leistungsausnutzung
2 Leistungsgrade der Arbeit
3 Leistungsgrad von Struktureinheiten

Leistungsausnutzung
1.) kapazitiver Nutzungsgrad
2.) Leistungsabhängiger Nutzungsgrad
3.) Zeitnutzungsgrad nach Plan
4.) Zeitnutzungsgrad nach Nutzbarkeit

Weitere
- Erfolgskennzahlen
- Risikokennzahlen
- Bereichskennzahlen

5.5 Aus allem das Beste – Leistungskennzahlen

- 5 kg MindManager
- 250 ml benutzerdefinierte Eigenschaften & Hyperlinks
- 10 TL Ideen und Kreativität
- Nach Geschmack: Farben und Bilder

Ohne Kennzahlen gibt es kein Controlling. Kennzahlen sind hoch verdichtete Maßgrößen, die als Verhältniszahlen oder absolute Zahlen in einer konzentrierten Form über einen zahlenmäßig erfassbaren Sachverhalt berichten. Jeden Tag ereignen sich schon in kleinen Unternehmen viele tausend solcher erfassbaren Sachverhalte oder Geschäftsvorfälle: Ein Kunde bezahlt seine Rechnung, ein Mitarbeiter meldet sich krank, ein Server stürzt ab, ein Besucher klickt auf die Webseite des Unternehmens. Um Licht in dieses Geflecht von Geschäftsvorfällen zu bekommen, bedient man sich der Kennzahlen. Sie bilden Geschäftsvorfälle ab und machen sie sichtbar.

Als IT-Controller haben Sie diese Kennzahlen schon mehrmals berechnet. Die notwendigen Formeln haben Sie erarbeitet und in Ihr Excel-Arbeitsblatt integriert. Da Sie einen Nachfolger haben und ihm Ihre Aufgaben übertragen möchten, erstellen Sie eine Business Map, die Ihrem Kollegen alles Wichtige auf einem Blick zeigt. Hintergründe, Vorgehensweisen, Beispiele – Sie beginnen zu kochen und die vielen Zutaten zu einem schmackhaften, bekömmlichen Gericht zu verarbeiten. ①

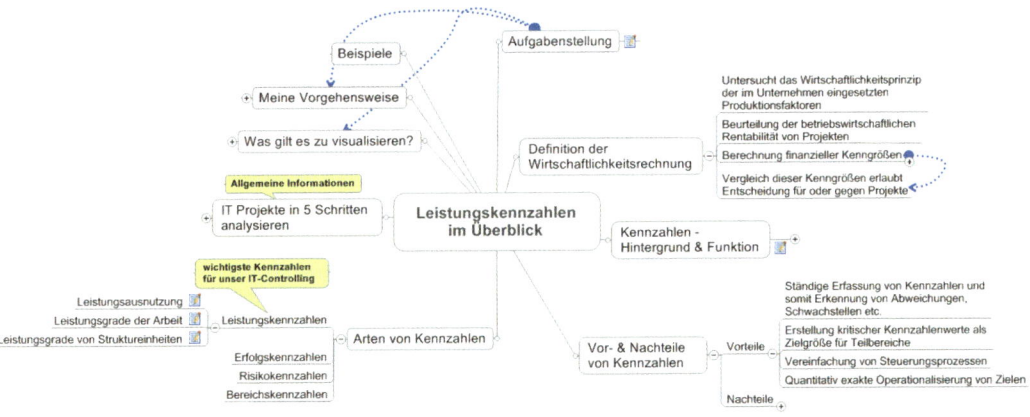

Abbildung 5.21 Detaillierte Informationen sind bereits in die Textnotizen eingelagert.

Obwohl in dieser Abbildung nicht alle Zweige dargestellt sind, ist die Komplexität des Themas »Leitungskennzahlen« deutlich zu erkennen. Sie beginnen, die Inhalte zu visualisieren und zu strukturieren. Was muss dargestellt sein? Was kann anderweitig eingebunden werden? Sie kochen mithilfe der MindManager-Funktionalitäten. ②

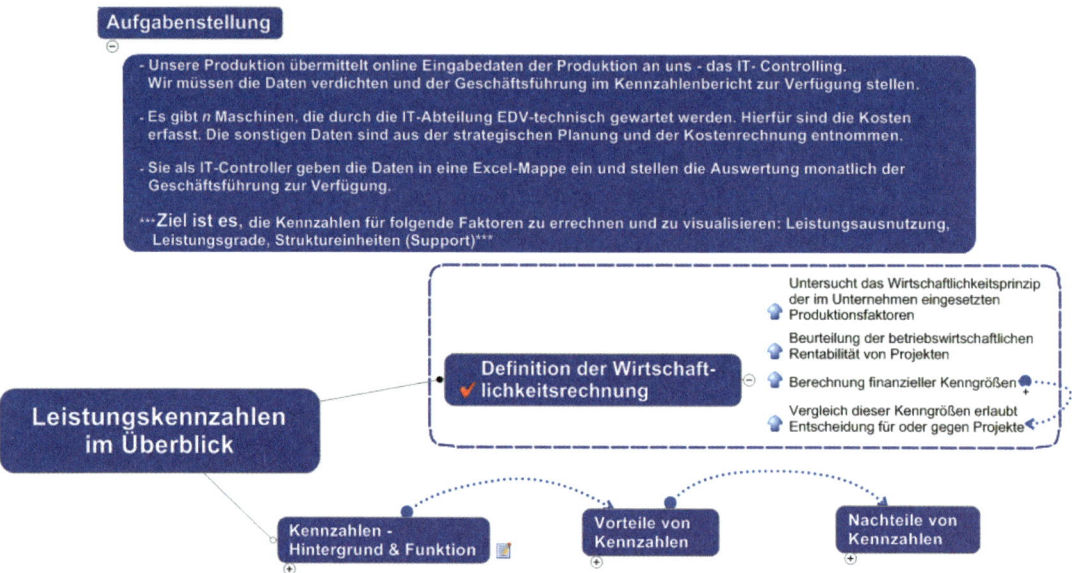

Abbildung 5.22 Farben, Formen, Icons und Umrandungen schaffen Übersicht.

③ Durch das Anlegen der Informationen auf Unterzweigen hat der Kollege die Möglichkeit, Informationen ein- oder auszublenden. Dem Zweig »Arten von Kennzahlen« weisen Sie die Zweiganordnung »Organigramm« zu.

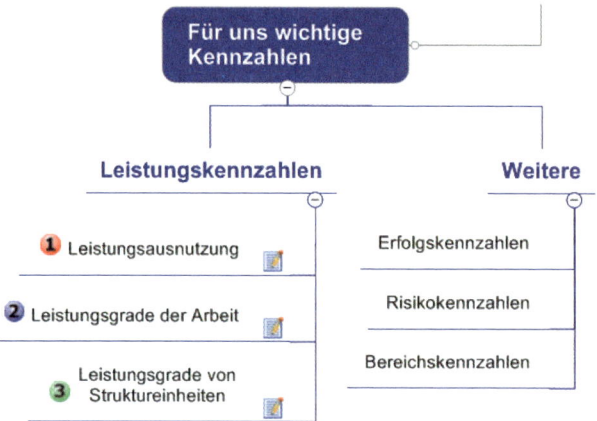

Abbildung 5.23 Da für Sie nur die Leistungskennzahlen relevant sind, ordnen Sie alle anderen einer weiteren Kategorie zu.

④ Sie beschließen, den Zweig »IT-Projekte in 5 Schritten analysieren« als Zweig zu entfernen und später als freie Anmerkung zu platzieren. Er bezieht sich nicht direkt auf die eigentliche Aufgabe, kann jedoch zum besseren Verständnis beitragen.

Die für Ihren Kollegen wichtigen und zu visualisierenden Elemente erfassen Sie in benutzerdefinierten Eigenschaften.

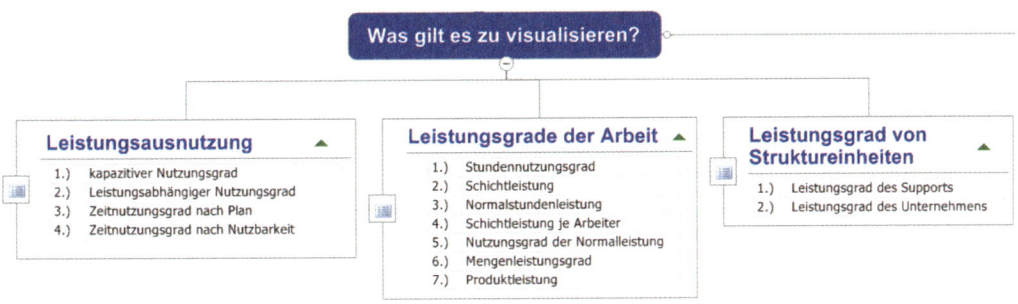

Abbildung 5.24 Passen Sie benutzerdefinierte Eigenschaften individuell an.

Der nächste Zweig ist schnell visualisiert. Da es sich um eine Anleitung handelt, funktionieren Sie die Prioritäts-Icons einfach zu Aufzählungs-Icons um. ⑤

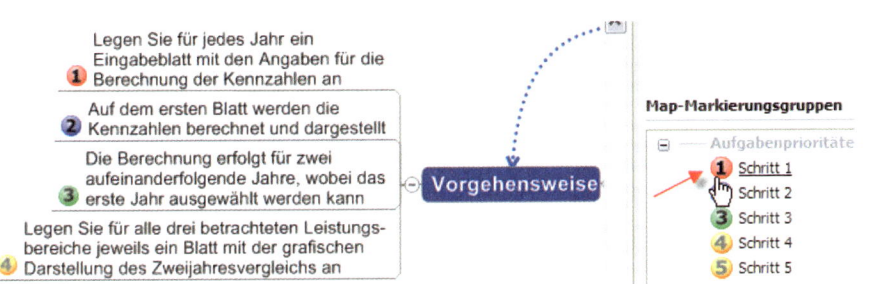

Abbildung 5.25 Die Map-Markierungsgruppen lassen sich anpassen.

Auch der letzte Zweig ist schnell bearbeitet. Per Hyperlink-Funktion hängen Sie das Beispiel Ihrer letztjährigen Berechnung an. Den zuvor als Anmerkung »ausgelagerten« Zweig »IT-Projekte in 5 Schritten analysieren« legen Sie direkt neben die »Vorgehensweise«. Inhaltlich passen die beiden Zweige zueinander. ⑥

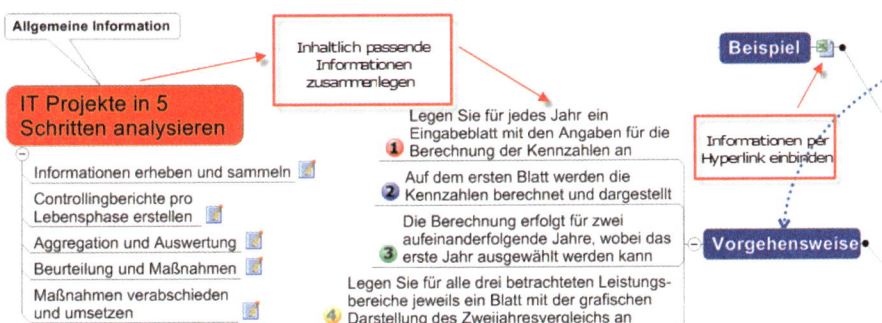

Abbildung 5.26 Ordnen Sie die Inhalte logisch und übersichtlich an.

Fazit: Dies war ein sehr leichtes Gericht, bei dem es hauptsächlich darauf ankommt, die von MindManager gegebenen Funktionen ausgiebig zu nutzen. Seien Sie kreativ, und kochen Sie dieses Gericht einmal nach. Übung macht den Meister!

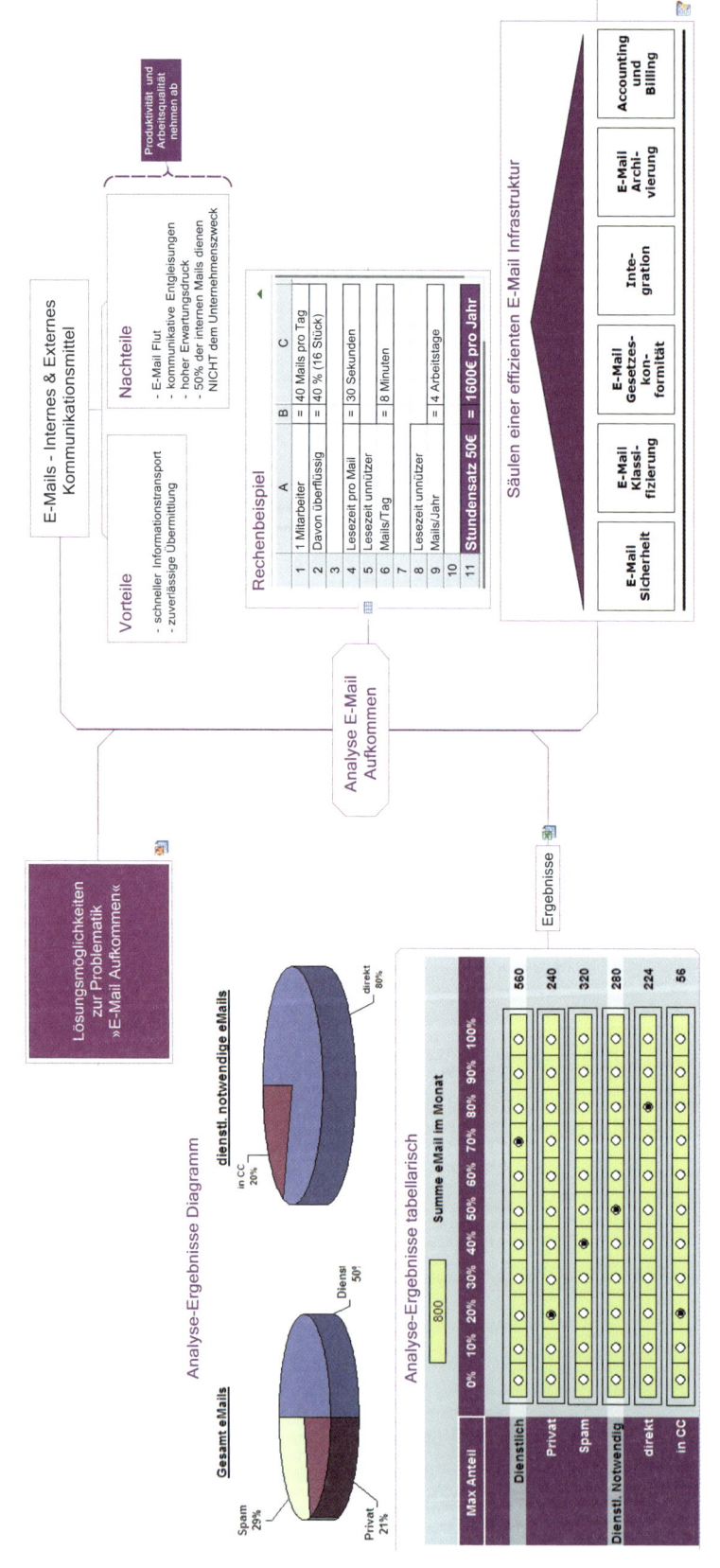

5.6 Es wird nicht alles so heiß gegessen ... – die Analyse des E-Mail-Aufkommens

- 275 gr. MindManager
- 3 kg Excel
- 4 EL Gestaltungsmittel wie Farben und Bilder
- 300 ml analytisches Denken
- 20 Tropfen PowerPoint

Der E-Mail-Verkehr zählt in Unternehmen heute als wichtigstes Kommunikationsmittel und ist aus dem alltäglichen Leben nicht mehr wegzudenken. Ein dementsprechend großes E-Mail-Aufkommen muss täglich bewältigt werden. Dabei zählen Erreichbarkeit, Kompetenz und zeitnahe Kommunikation zu den wesentlichen Erfolgsfaktoren. Wurden im Jahr 2000 täglich noch ca. 9,7 Milliarden E-Mails versandt, waren es im Jahr 2005 laut des Marktforschungsinstitutes IDC bereits 35 Milliarden.

Sie sind Leiter einer IT-Abteilung und haben mit der enormen Belastung der IT-Systeme im Zusammenhang mit dem wachsenden E-Mail-Aufkommen zu kämpfen. Und ein Ende des rapide ansteigenden Datenwachstums ist nicht in Sicht.

Sie haben es sich zur Aufgabe gemacht, das E-Mail-Aufkommen in Ihrem Unternehmen zu analysieren und eine Lösung für dieses Problem zu finden. Mit einer Business Map unter dem Arm wollen Sie bei der Geschäftsleitung vorsprechen.

Sie sammeln Ihre Zutaten. Was brauchen Sie für die Analyse? Was ist wichtig?

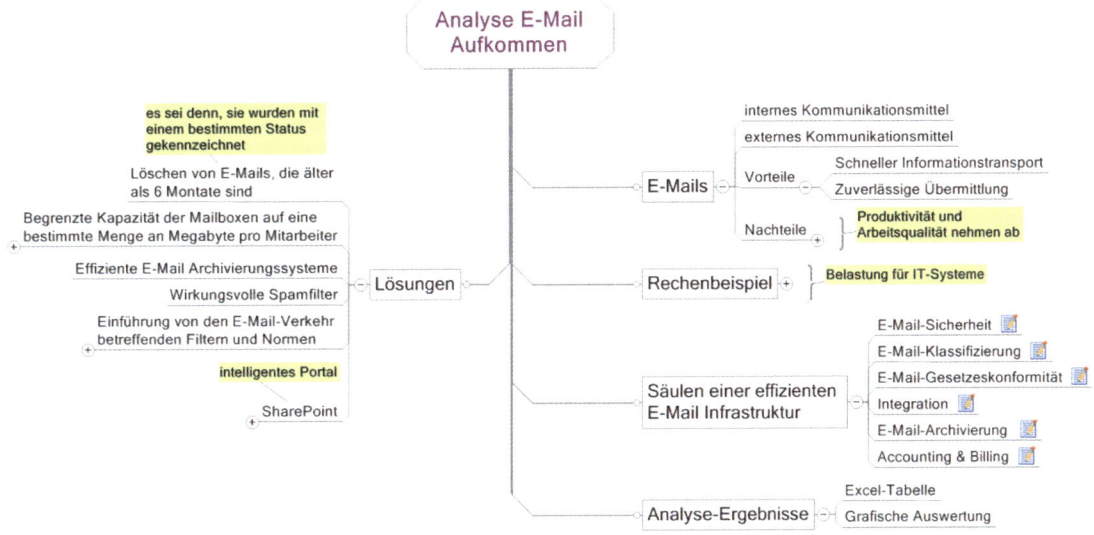

Abbildung 5.27 Die Grundstruktur steht – Ideen können umgesetzt werden.

② Die allgemeinen Informationen zum Thema E-Mails visualisieren Sie in MindManager. Mit Umrandungen und Farben schaffen Sie schnell Übersicht.

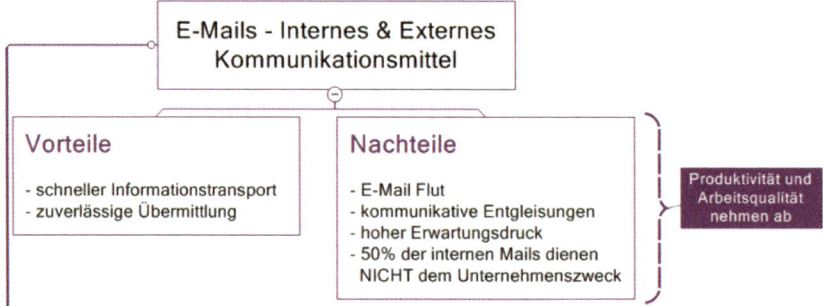

Abbildung 5.28 Vor- und Nachteile im Überblick – mit der Zweiganordnung Organigramm

③ Das Rechenbeispiel – um aufzuzeigen, wie viele Mails unnütz sind und was diese kosten – stellen Sie in einer MindManager-Tabelle dar.

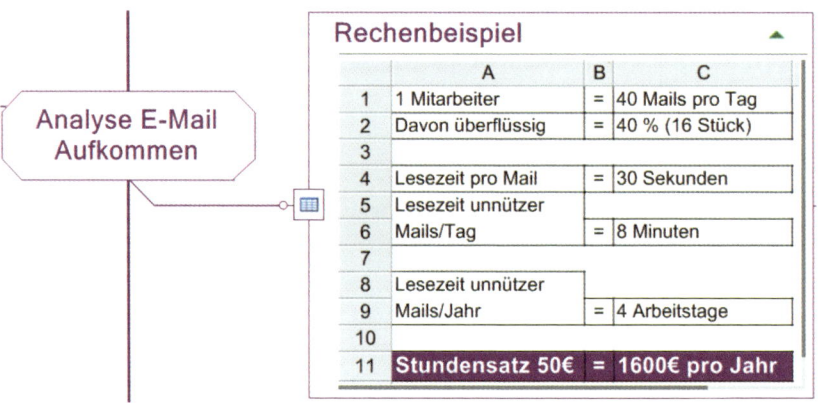

Abbildung 5.29 Die Tabelle sagt mehr aus als die langwierige Erklärung in Worten.

④ Auch für die Visualisierung des Zweiges »Säulen einer effizienten E-Mail-Infrastruktur« haben Sie schon eine Idee. Sie öffnen PowerPoint. Detaillierte Informationen hinterlegen Sie in einer Textnotiz.

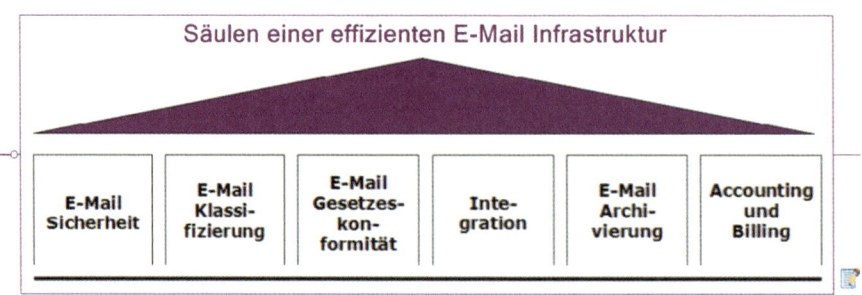

Abbildung 5.30 Mit PowerPoint Sachverhalte schnell und kreativ visualisieren

Mithilfe einer Umfrage haben Sie bei allen Mitarbeitern im Unternehmen Aussagen zur internen und externen Nutzung und zum allgemeinen E-Mail-Verhalten gesammelt. Diese haben Sie in Excel übersichtlich ausgewertet und visualisiert. Die Ergebnisse binden Sie tabellarisch und in grafischer Form in Ihre Business Map ein.

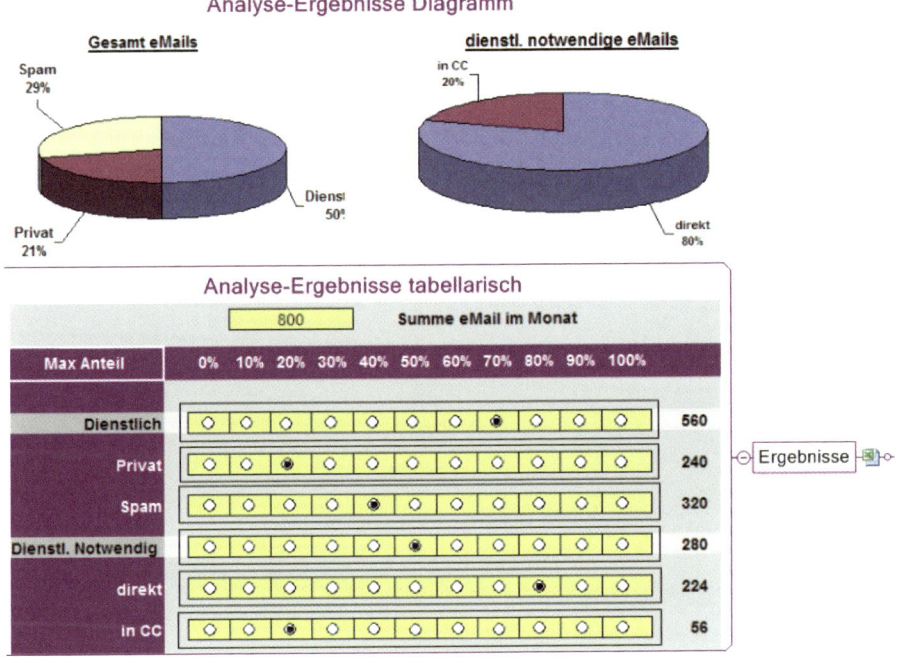

Analyse-Ergebnisse tabellarisch

	800	**Summe eMail im Monat**								
Max Anteil	0% 10% 20% 30% 40% 50% 60% 70% 80% 90% 100%									

	0%	10%	20%	30%	40%	50%	60%	70%	80%	90%	100%	
Dienstlich	○	○	○	○	○	○	○	◉	○	○	○	560
Privat	○	○	◉	○	○	○	○	○	○	○	○	240
Spam	○	○	○	○	◉	○	○	○	○	○	○	320
Dienstl. Notwendig	○	○	○	○	○	◉	○	○	○	○	○	280
direkt	○	○	○	○	○	○	○	○	◉	○	○	224
in CC	○	○	◉	○	○	○	○	○	○	○	○	56

Abbildung 5.31 Die Auswertung aus Excel als Grafik in der Business Map

Zum Schluss binden Sie noch die PowerPoint-Datei ein, die Sie zur Präsentation Ihrer Lösungsmöglichkeiten erstellt haben. Vom Deckblatt der Präsentation fertigen Sie einen Screenshot an, den Sie als visuelles Element in die Map integrieren.

Die zahlreichen Unterpunkte bzw. Lösungsmöglichkeiten des ursprünglichen Zweiges verschwinden und werden übersichtlich in PowerPoint vorgestellt.

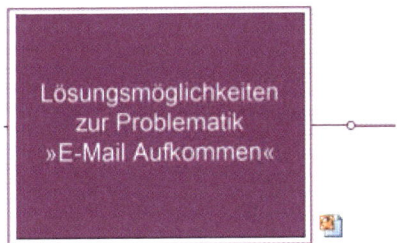

Abbildung 5.32 Der einfache Screenshot des PPT-Deckblatts hilft bei der Visualisierung.

Mit ein wenig Kreativität wurde hier ein Gericht gezaubert, das Sie unbedingt nachkochen sollten. Wir wünschen gutes Gelingen!

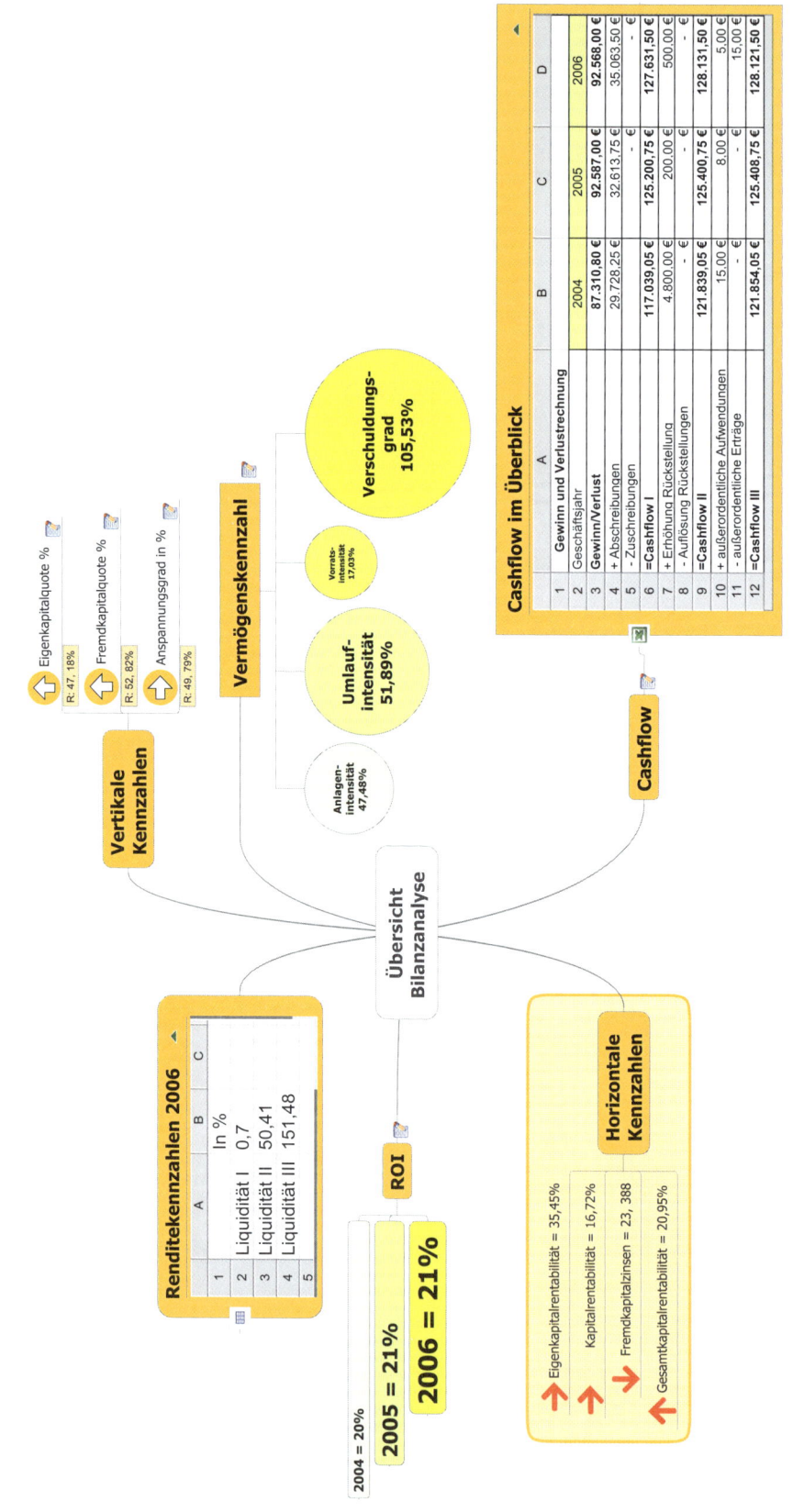

5.7   Bewertung des Gerichts – Bilanzkennzahlen

- 2,5 kg MindManager
- 4 Einheiten Kreativität
- 200 ml Überblick im Zahlendschungel
- 300 gr. Excel
- Farben und andere Gestaltungselemente

Die Bilanz ist eine Zusammenfassung aller wirtschaftlichen Aktionen und geschäftsrelevanten Ereignisse eines Jahres oder eines bestimmten Zeitraumes. Sie ermöglicht es Ihnen, die Stärken und Schwächen zu erkennen und Maßnahmen für einen dauerhaften Geschäftserfolg einzuleiten. Anhand der Analyseergebnisse lässt sich feststellen, welche finanziellen, wirtschaftlichen und organisatorischen Maßnahmen eingeleitet werden sollten, um die Finanz- und Ertragskraft des Unternehmens zu sichern und zu erhöhen.

Es ist mal wieder so weit: Ihr Chef muss bis zum Stichtag die Zusammenfassung aller wirtschaftlichen Aktionen und geschäftsrelevanten Ereignisse des Unternehmens erstellen, also eine Bilanzanalyse vorlegen. Als rechte Hand vom Chef haben Sie die Bilanzanalyse in Excel bereits erstellt. Jedoch wissen Sie, dass Ihr Chef damit bei der Präsentation wenig anfangen kann. Er braucht eine Business Map, die ihm übersichtlich die Fakten aufzeigt. Als Spitzenköchin wissen Sie, was Sie zu tun haben. Die wichtigsten Zutaten und Fakten für die Map haben Sie gesammelt. ①

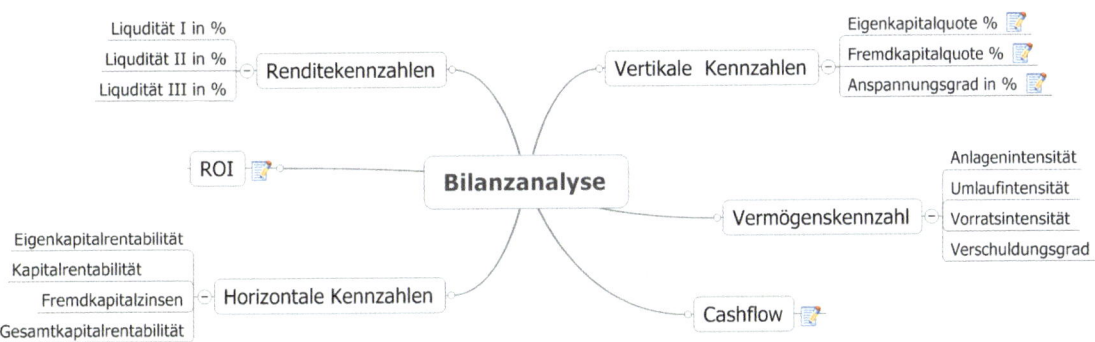

Abbildung 5.33 Ideen sammeln in MindManager

Da Sie hier eine Bilanzierung der besonderen Art erstellen, brauchen Sie für Ihr Gericht gute Visualisierungsideen. In Ihrem Kopf und in Ihrem Topf brodelt es – Sie beginnen mit der Darstellung des Zweiges »Vertikale Kennzahlen«. ②

Sowohl für die operative als auch für die strategische Planung wird die Grundlage aus mindestens drei Jahresabschlüssen und der betriebswirtschaftlichen Auswertung dieser Ergebnisse gebildet. Das heißt, Sie müssen auch Vergleiche darstellen.

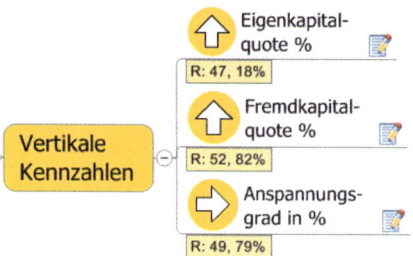

Abbildung 5.34 Pfeile mit Aussagekraft, die aktuellen Werte fügen Sie als »Ressource« ein.

Im nächsten Schritt widmen Sie sich den Vermögenskennzahlen. Mithilfe der Zweiganordnung Organigramm und der Zweigform Kreis haben Sie hier in kürzester Zeit Größenverhältnisse dargestellt. Die vollständige Tabelle mit den Informationen zu Vermögen und Kapitelstruktur legen Sie als Grafik in der Textnotiz ab.

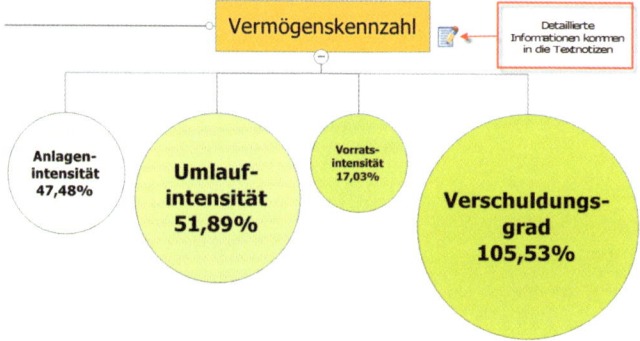

Abbildung 5.35 Gewichtungen durch unterschiedliche Zweiggrößen einfach dargestellt

Für die Abbildung des Cashflows greifen Sie auf das Excel-Linker Map Part zurück. Es hat sich bewährt, sofort Zugriff auf die Zahlen der letzten drei Jahre zu haben – ohne erst die Ursprungsdatei zu öffnen. Außerdem ist durch die Dynamik des Map Parts garantiert, dass die Werte auf dem aktuellsten Stand sind. Gesagt, getan – die nächste Zutat in den Topf.

Cashflow im Überblick

	A	B	C	D
1	**Gewinn und Verlustrechnung**			
2	Geschäftsjahr	2004	2005	2006
3	**Gewinn/Verlust**	87.310,80 €	92.587,00 €	92.568,00 €
4	+ Abschreibungen	29.728,25 €	32.613,75 €	35.063,50 €
5	- Zuschreibungen	- €	- €	- €
6	**=Cashflow I**	117.039,05 €	125.200,75 €	127.631,50 €
7	+ Erhöhung Rückstellung	4.800,00 €	200,00 €	500,00 €
8	- Auflösung Rückstellungen	- €	- €	- €
9	**=Cashflow II**	121.839,05 €	125.400,75 €	128.131,50 €
10	+ außerordentliche Aufwendungen	15,00 €	8,00 €	5,00 €
11	- außerordentliche Erträge	- €	- €	15,00 €
12	**=Cashflow III**	121.854,05 €	125.408,75 €	128.121,50 €

Abbildung 5.36 Informationen können bei Map Parts ein- oder ausgeblendet werden

Für die »Horizontalen Kennzahlen« bedienen Sie sich wieder der Pfeilbilder. Um-randungen und Farben unterstützen die Aussagekraft des Zweiges.

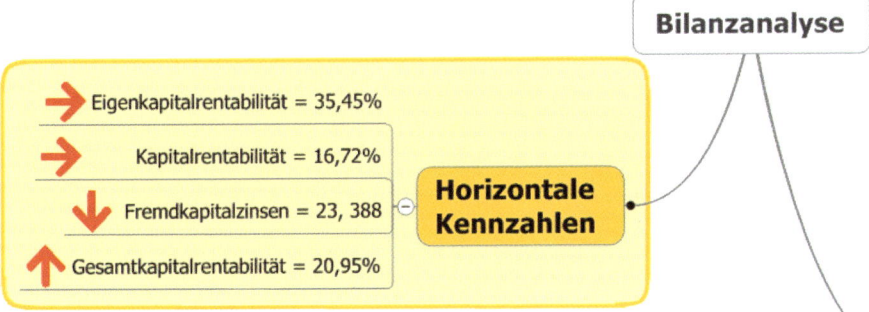

Abbildung 5.37 Einfach übersichtlich – Bilder und Farben helfen.

Sie wissen, dieses Gericht wird Ihrem Chef schmecken. Daher schnell die nächsten Zutaten in den Topf: den ROI – eine der wichtigsten Komponenten der Bilanz. Auch hier möchten Sie eine Gewichtung darstellen. Das aktuelle Jahr soll sofort zu erken-nen sein, die vergangenen jedoch nicht untergehen. Sie haben eine Idee.

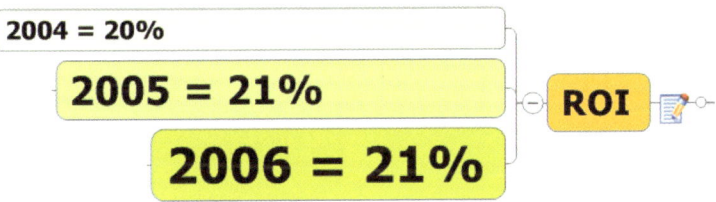

Abbildung 5.38 Entwicklungen durch Formatierung darstellen

Für die Darstellung der Liquidität wählen Sie eine MindManager-Tabelle. Zwar könnten Sie auch die gesamte Excel-Tabelle über ein Map Part einbinden – da Sie aber nur die aktuellen Werte benötigen, entscheiden Sie sich für diese Darstellung.

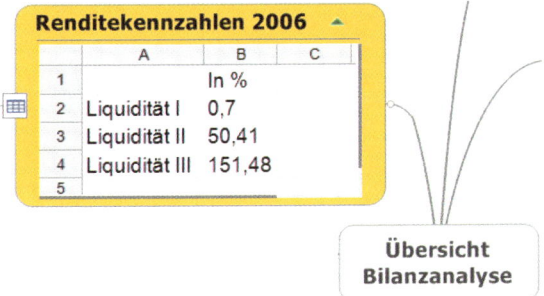

Abbildung 5.39 Eine Tabelle zur Übersicht über die Liquiditätswerte reicht in diesem Fall aus.

Fazit: Ein einfaches Gericht, in dem Zahlenfriedhöfe einmal anders präsentiert wer-den. Wir hoffen, Ihnen schmeckt es! Testen Sie es selbst.

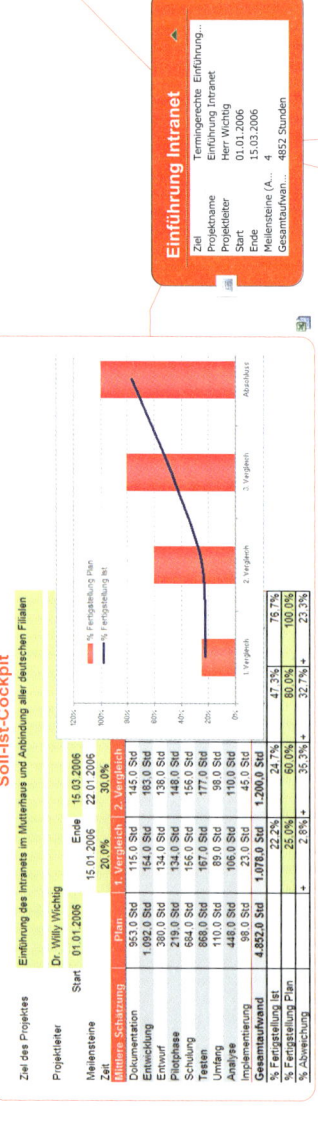

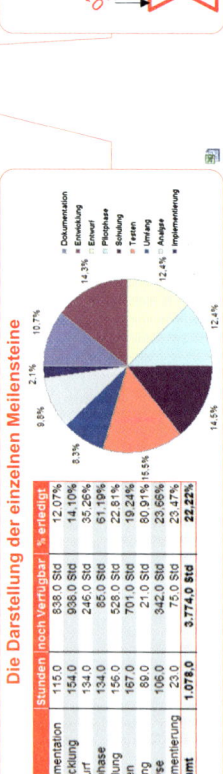

Einführung Intranet

Ziel	Termingerechte Einführung...
Projektname	Einführung Intranet
Projektleiter	Herr Wichtig
Start	01.01.2006
Ende	15.03.2006
Meilensteine (A...	4
Gesamtaufwan...	4852 Stunden

Phasen im Projekt

laufender
Soll-Ist-
Vergleich

1 Planung: Soll-Werte
2 Realisierung: Ist-Werte
3 Abschluss: Soll-Ist-Vergleich

Planungsphasen und Zeitaufwand (in h)

	A	B	C
	Mittlere Schätzung	Plan	% Anteile
1	Dokumentation	953,0 Std	19,64%
2	Entwicklung	1.092,0 Std	11,25%
3	Entwurf	380,0 Std	4,34%
4	Pilotphase	219,0 Std	2,86%
5	Schulung	684,0 Std	9,40%
6	Testen	868,0 Std	12,29%
7	Umfang	110,0 Std	1,73%
8	Analyse	448,0 Std	8,13%
9	Implementierung	98,0 Std	1,82%

Meilensteine

01.01.2006 Projektbeginn
15.01.2006 Meilenstein 1
21.01.2006 Meilenstein 2
28.02.2006 Meilenstein 3
15.03.2006 Projektende

Soll-Ist-Cockpit

Ziel des Projektes: Einführung des Intranets im Mutterhaus und Anbindung aller deutschen Filialen

Projektleiter: Dr. Willy Wichtig

Start: 01.01.2006

Meilensteine			
Zeit	Start 01.01.2006	Ende 15.03.2006	
	15.01.2006	22.01.2006	30,0%
	20,0%	1. Vergleich	2. Vergleich

Mittlere Schätzung	Plan	1. Vergleich	2. Vergleich
Dokumentation	953,0 Std	115,0 Std	145,0 Std
Entwicklung	1.092,0 Std	154,0 Std	183,0 Std
Entwurf	380,0 Std	134,0 Std	138,0 Std
Pilotphase	219,0 Std	134,0 Std	148,0 Std
Schulung	684,0 Std	156,0 Std	156,0 Std
Testen	868,0 Std	167,0 Std	177,0 Std
Umfang	110,0 Std	89,0 Std	98,0 Std
Analyse	448,0 Std	106,0 Std	110,0 Std
Implementierung	98,0 Std	23,0 Std	45,0 Std
Gesamtaufwand	4.852,0 Std	1.078,0 Std	1.200,0 Std
% Fertigstellung Ist		22,2%	24,7%
% Fertigstellung Plan		25,0%	60,0%
% Abweichung		+ 2,8% +	35,3% +

% Fertigstellung Plan
% Fertigstellung Ist

	1 Vergleich	2 Vergleich	3 Vergleich
	47,3%	76,7%	
	80,0%	100,0%	
	32,7% +	23,3%	Abschluss

Die Darstellung der einzelnen Meilensteine

	Stunden	noch Verfügbar	% erledigt
Dokumentation	115,0	838,0 Std	12,07%
Entwicklung	154,0	938,0 Std	14,10%
Entwurf	134,0	246,0 Std	35,26%
Pilotphase	134,0	85,0 Std	61,19%
Schulung	156,0	528,0 Std	22,81%
Testen	167,0	701,0 Std	19,24%
Umfang	89,0	21,0 Std	80,91%
Analyse	106,0	342,0 Std	23,66%
Implementierung	23,0	75,0 Std	23,47%
Gesamt	1.078,0	3.774,0 Std	22,22%

Dokumentation, Entwicklung, Entwurf, Pilotphase, Schulung, Testen, Umfang, Analyse, Implementierung

12.07% 10.7% 2.1% 9.8% 8.3% 14.5% 14.5% 12.4% 14.3%

5.8 Alte Rezept neu überdacht – Soll-Ist-Vergleich

- 500 ml MindManager
- 500 gr. Excel
- 4 Prisen Analyse
- Farben, Formen und Bilder nach Geschmack

In der Planungsphase eines Projektes werden im Hinblick auf beispielsweise Termine oder Kosten End- und Zwischenziele definiert. In messbaren Werten festgehalten sind sie Soll-Grundlage des Soll-Ist-Vergleichs. Dieser Vergleich kann bereits während der Realisierungsphase des Projektes stattfinden und als Instrument der Planüberwachung dienen, oder er kann in der Projektabschlussphase stattfinden und eine Aussage über den Zielerreichungsgrad des Gesamtprojektes ermöglichen.

Ein neues Intranet soll im gesamten Unternehmen eingeführt werden. Termine, abgeleitet aus den anberaumten Stundenzahlen, und Meilensteine wurden bereits festgelegt. Sie haben einen Termin bei der Geschäftsleitung, die regelmäßig über alles informiert sein möchte. Sie sollen Ihre Vorgehensweise bzgl. der Soll-Ist-Vergleiche im Bereich »Termine« aufzeigen.

Eine OnePage muss her – mit allen wesentlichen Informationen auf einem Blatt. Sie konzipieren Ihre Vorgehensweise. Für das erste Meeting planen Sie einen gelungenen Gesamtüberblick. Sie strukturieren Ihre Gedanken und Ideen in MindManager.

Eine Projekt-Kurzübersicht, so beschließen Sie, soll in Form der in MindManager zur Verfügung stehenden benutzerdefinierten Eigenschaften zum Hauptthema werden. Auf einen Blick sieht man nun, worum es eigentlich geht.

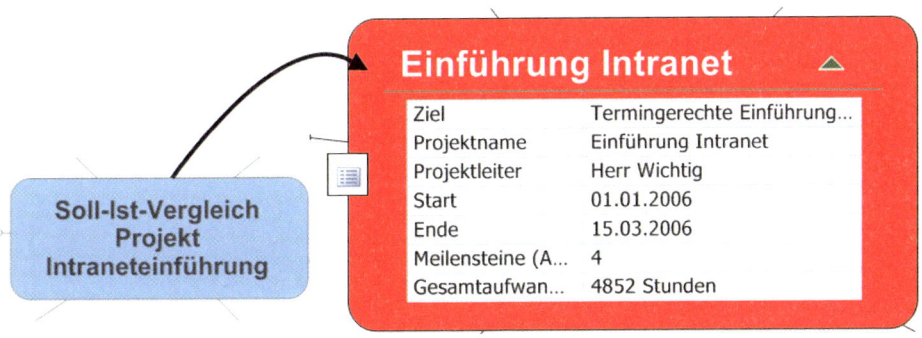

Abbildung 5.40 Die benutzerdefinierten Eigenschaften sorgen für einen ersten Überblick.

Auch für die Bearbeitung des Zweiges »Phasen im Projekt« bleiben Sie in MindManager. Farben, Umrandungen und Icons verleihen den Inhalten Aussagekraft.

Abbildung 5.41 Die Icons der Kategorie »Priorität« markieren die einzelnen Phasen.

④ Die Basis für Ihr Gericht ist geschaffen. Nun geht es »ans Eingemachte«. Alle wichtigen Projektzahlen, in Ihrem Fall der geschätzte Stundenaufwand für die einzelnen Projektphasen, haben Sie in Excel festgehalten. Auch diese Informationen – die Planungsphasen und den Zeitaufwand – stellen Sie im Meeting vor.

Planungsphasen und Zeitaufwand (in h) ▲

	A	B	C
1	Mittlere Schätzung	Plan	% Anteile
2	Dokumentation	953,0 Std	19,64%
3	Entwicklung	1.092,0 Std	11,25%
4	Entwurf	380,0 Std	4,34%
5	Pilotphase	219,0 Std	2,86%
6	Schulung	684,0 Std	9,40%
7	Testen	868,0 Std	12,29%
8	Umfang	110,0 Std	1,73%
9	Analyse	448,0 Std	8,13%
10	Implementierung	98,0 Std	1,82%

Abbildung 5.42 Über den Excel-Linker lassen sich Bereiche aus Excel einbinden.

⑤ In Ihrer »Soll-Ist-Küche« geht es heiß her. Als Nächstes erfassen Sie die Terminierung der Meilensteine übersichtlich in Visio. An diesen Terminen werden Meetings mit der Geschäftsleitung stattfinden.

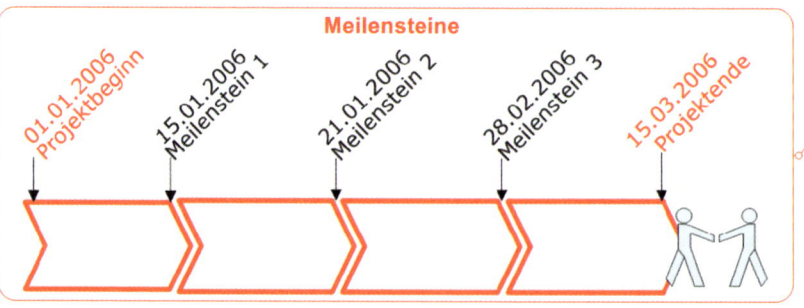

Abbildung 5.43 Die Darstellung von Meilensteinen in Visio

Wie werden die bis zu den einzelnen Meilensteinen geleisteten Arbeiten erfasst und dargestellt? Auch darüber haben Sie sich bereits Gedanken gemacht. Das Ergebnis Ihrer Überlegungen binden Sie in die OnePage ein. Per Hyperlink haben Sie zusätzlich direkten Zugriff auf die Excel-Datei.

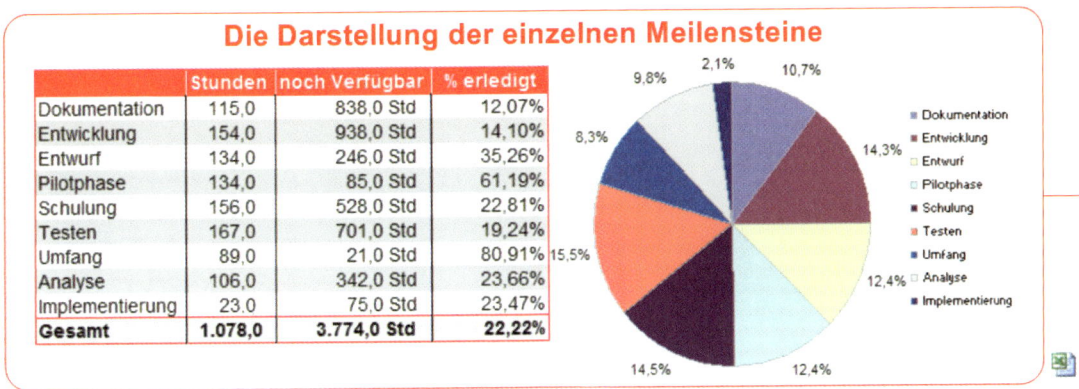

Abbildung 5.44 Diagramme sagen mehr als 1000 Zahlen.

Zum Schluss binden Sie noch Ihr Excel-Gesamt-Cockpit in Form eines Diagramms ein. Beispielhaft haben Sie bereits Zahlen in die Excel-Datei eingetragen. Um die Funktionalität Ihres Cockpits demonstrieren zu können, binden Sie die Excel-Datei auch hier per Hyperlink ein.

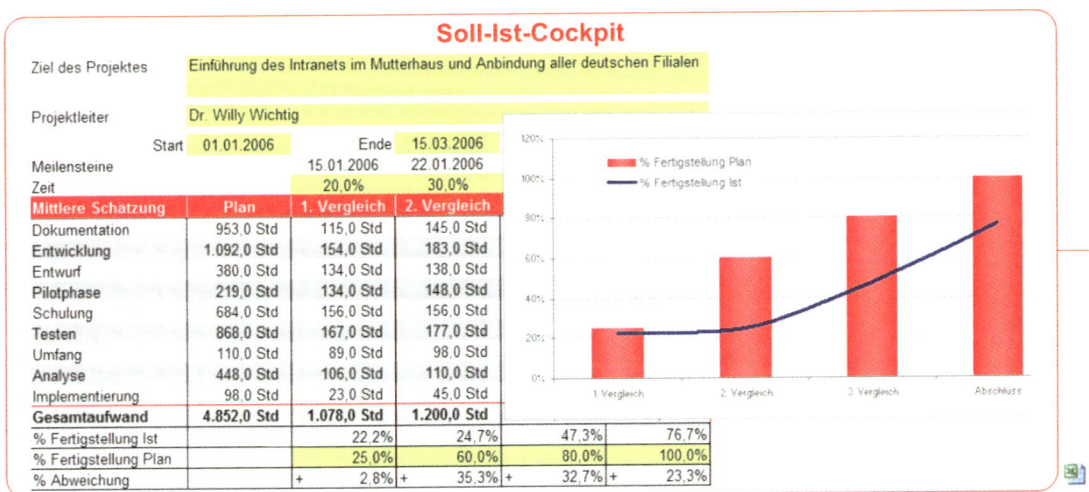

Abbildung 5.45 Eine perfekte Übersicht visualisieren

Der Geschäftsleitung wird Ihre Soll-Ist-OnePage schmecken – und auch Sie sind zufrieden und gehen gut vorbereitet in das Meeting. Viel Spaß beim Nachkochen!

6 Organisation, Wissen, Information

Unternehmen sind Orte der Informationsverarbeitung; ganz gleich, ob diese Informationen elektronisch, telefonisch oder auf Papier eingehen.

Büroarbeit benötigt Organisation: Einen Kollegen auf den neuesten Wissensstand zu bringen kann eine Stunde dauern – oder nur 15 Minuten, einen Monatsbericht zu verfassen kann drei Stunden dauern – oder nur 30 Minuten, wichtige Unterlagen heraussuchen kann einen ganzen Tag in Anspruch nehmen – oder zwei Minuten. Organisation, Wissen und Informationen zu optimieren sind Herausforderungen der heutigen Zeit.

Wir sind in einer sehr vielfältigen Kochregion angekommen. Eintöpfe, Ein-Pfannen-Gerichte sind typisch für diese Region.

Ohne eine gut strukturierte Gewürzgalerie, große Topfsammlungen und eine Prise Überblick kommen Sie nicht aus. Veränderungen in einem Arbeitsbereich ziehen Veränderungen in den anderen Arbeitsbereichen nach sich.

Die zunehmende Komplexität der Aufgaben, die Gleichzeitigkeit der Vorgänge, die Vielseitigkeit der Themen, die Informationsflut und der Zeitmangel erschweren die Arbeit. Widerspenstig, knorrig und ganz tief in der Geschichte verwurzelt ist die Informationsgestaltung.

Entlastungen sind möglich, wenn andere Wege ausprobiert werden, Umdenken gefördert wird und eine Änderung des Arbeitsverhaltens erfolgen kann.

So gelingt die Vorplanung der Ereignisse, die Überschaubarkeit der Arbeitsschritte, die Verwertbarkeit der Ergebnisse.

Genießen Sie Gerichte, die aus vielen Zutaten bestehen, die aber alle in einer Pfanne landen und zusammengemixt werden. Die Kunst liegt darin, von allem genug, aber nicht zu viel zusammenzurühren. Die gewisse Prise an erlesenen Gewürzen gibt den ausschlaggebenden Geschmack: genau das Richtige für interessierte Hobbyköche, Tüftler und Sammler.

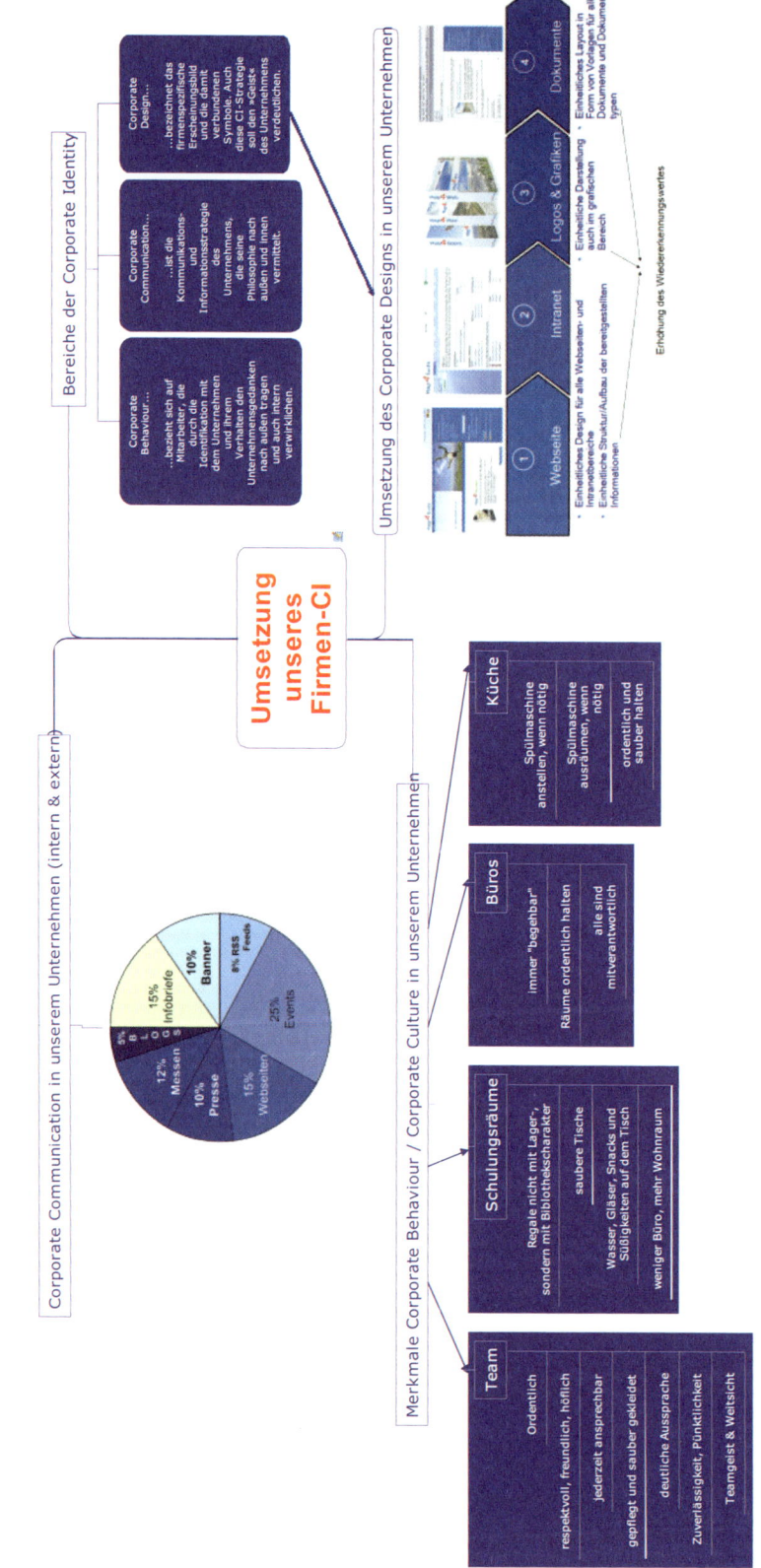

Umsetzung unseres Firmen-CI

Bereiche der Corporate Identity

Corporate Design…
…bezeichnet das firmenspezifische Erscheinungsbild und die damit verbundenen Symbole. Auch diese CI-Strategie soll den »Geist« des Unternehmens verdeutlichen.

Corporate Communication…
…ist die Kommunikations- und Informationsstrategie des Unternehmens, die seine Philosophie nach außen und innen vermittelt.

Corporate Behaviour…
…bezieht sich auf die Mitarbeiter, die durch die Identifikation mit dem Unternehmen und ihrem Verhalten den Unternehmensgedanken nach außen tragen und auch intern verwirklichen.

Umsetzung des Corporate Designs in unserem Unternehmen

1 Webseite
- Einheitliches Design für alle Webseiten- und Intranetbereiche
- Einheitliche Struktur/Aufbau der bereitgestellten Informationen

2 Intranet

3 Logos & Grafiken
- Einheitliche Darstellung auch im grafischen Bereich

4 Dokumente
- Einheitliches Layout in Form von Vorlagen für alle Dokumente und Dokument-typen

Erhöhung des Wiedererkennungswertes

Corporate Communication in unserem Unternehmen (intern & extern)

5% BLOGS
12% Messen
10% Presse
15% Webseiten
25% Events
8% RSS Feeds
10% Banner
15% Infobriefe

Merkmale Corporate Behaviour / Corporate Culture in unserem Unternehmen

Team
Ordentlich
respektvoll, freundlich, höflich
jederzeit ansprechbar
gepflegt und sauber gekleidet
deutliche Aussprache
Zuverlässigkeit, Pünktlichkeit
Teamgeist & Weitsicht

Schulungsräume
Regale nicht mit Lager-, sondern mit Bibliothekscharakter
saubere Tische
Wasser, Gläser, Snacks und Süßigkeiten auf dem Tisch
weniger Büro, mehr Wohnraum

Büros
immer "begehbar"
Räume ordentlich halten
alle sind mitverantwortlich

Küche
Spülmaschine anstellen, wenn nötig
Spülmaschine ausräumen, wenn nötig
ordentlich und sauber halten

6.1 Auf der Zunge zergehen lassen – Firmen-CI

- 250 gr. MindManager
- 5 Prisen PowerPoint
- 1 kg Farben und Umrandungen
- 4 TL Ideenreichtum
- 5 Prisen Visio

Corporate Identity (CI) – heutzutage ein viel strapazierter Begriff. Die Corporate Identity hilft, Unternehmenskonzepte und -ideen in wirtschaftlichen Erfolg umzusetzen. Sie verleiht einer Firma ein unverwechselbares Gesicht. Corporate Identity ist eine Möglichkeit, Mitarbeiter zu motivieren und deren brachliegende Fähigkeiten zu wecken. Wichtig bei der Corporate Identity: Sie soll alle Bereiche einer Unternehmung durchdringen. Denn durch eine CI bekommen Unternehmen die Möglichkeit, sich vom Wettbewerber abzuheben.

In Ihrem Unternehmen fanden in der vergangenen Zeit viele Veränderungen statt: neue Strukturen, neue Produkte, neue Webseiten, neues Intranet, neue Mitarbeiter, neue Strategien. Sie sind Mitarbeiter der Marketingabteilung und haben die Aufgabe, alle Neuerungen in Bezug auf die Corporate Identity festzuhalten. Sie erstellen eine aussagekräftige Business Map, um alle Unternehmenswerte und Vorgaben übersichtlich zu visualisieren und sie anschließend allen Mitarbeitern zur Verfügung zu stellen. Auf diese Weise soll jeder mit einem Blick erkennen können, was CI bedeutet und wie die Corporate Identity wo in Ihrem Unternehmen umgesetzt wurde.

①

Sie haben bereits alle Ideen und Gedanken in einer Map erfasst.

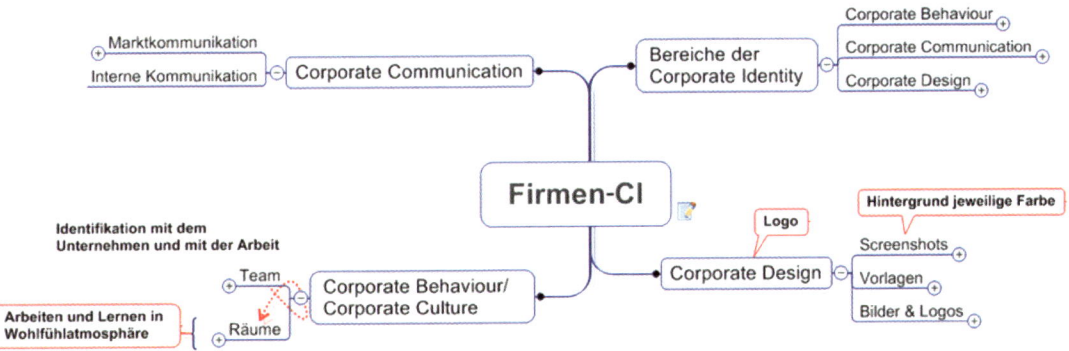

Abbildung 6.1 Alle Gedanken in der Map erfasst

Nun geht es an die Visualisierung. Sie beginnen zunächst mit der Definition der Begriffe Corporate Behaviour, Corporate Communication und Corporate Design und erfassen die Begrifflichkeiten im MindManager. Mit ein wenig Farbe und einer Umrandung haben Sie die drei Bereiche schnell übersichtlich dargestellt.

②

Abbildung 6.2 Die grundlegende Definition der Corporate Identity

③ Um die Bedeutung der einzelnen Bereiche in der Praxis noch deutlicher hervorzuheben, visualisieren Sie jeden Punkt mithilfe eines Beispiels aus Ihrem Unternehmen.

Sie befassen sich zunächst mit dem Corporate Design – der Botschaft an die Sinne – und greifen hier auf die im Unternehmen neu eingeführte Produktseite – und alle damit zusammenhängenden Komponenten – zurück. Die Visualisierung realisieren Sie in PowerPoint – das Ergebnis in der Business Map kann sich sehen lassen.

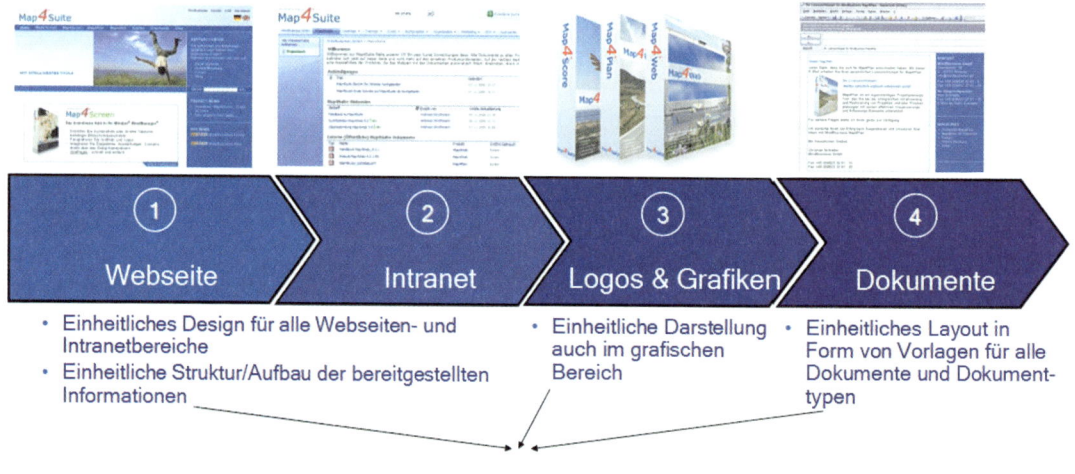

Abbildung 6.3 Alle Bereiche der neuen Produktlinie entsprechen dem Corporate Design.

④ Ihr »Gericht« bekommt Geschmack. Trotzdem fehlt noch einiges an Würze, bis es auf der Zunge zergehen wird. Sie widmen sich dem Bereich Corporate Behaviour. Die einzelnen Komponenten dieses Bereiches, wieder in Bezug auf Ihr Unternehmen, haben Sie bereits aufgeschrieben. Zu deren Visualisierung bleiben Sie diesmal wieder im MindManager. Sie würzen erneut mit Umrandungen und Farben.

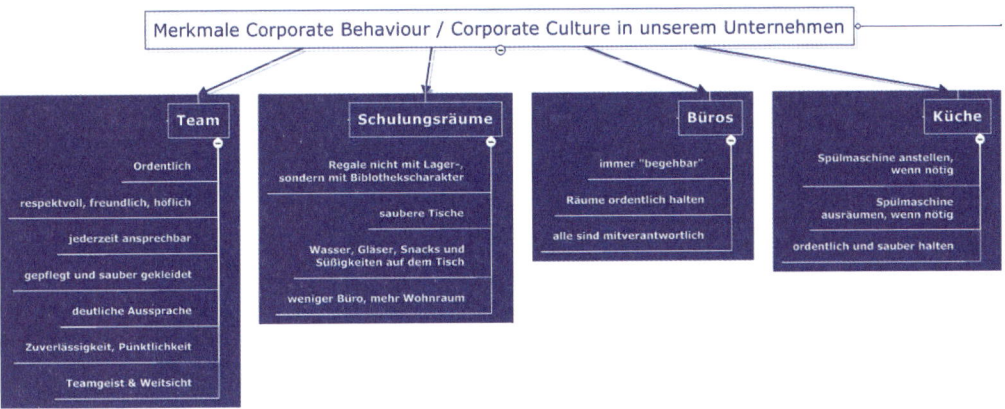

Abbildung 6.4 Durch Farben und Umrandungen zu mehr Übersicht

Als Köchin des CI-Gerichts sind Sie nun bereits sehr zufrieden. Es fehlt Ihnen nur noch ein Bereich – die Corporate Communication.

⑤

Was weiß der Markt über uns? Und wie erfährt der Markt überhaupt von uns? Was tun wir, um einen Bekanntheitsgrad zu erreichen und gleichzeitig dabei unseren Firmenwerten treu zu bleiben? Da Sie die einzelnen Punkte mithilfe von Gewichtungen visualisieren möchten, wählen Sie zur Darstellung der ganzheitlichen Unternehmenskommunikation Microsoft Visio.

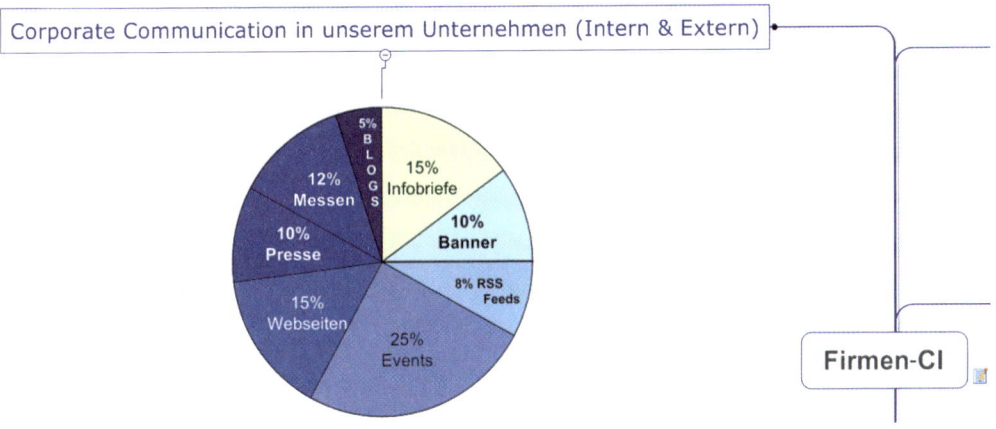

Abbildung 6.5 Gewichtung durch Kreisdiagramme dargestellt

Mit wenig Aufwand haben Sie in Visio sowohl die Komponenten der Corporate Communication als auch deren Gewichtungen dargestellt.

Ihre Kochkünste können sich sehen lassen. Die CI-Business Map, auf A0 ausgedruckt, schafft Über- und Durchblick für alle.

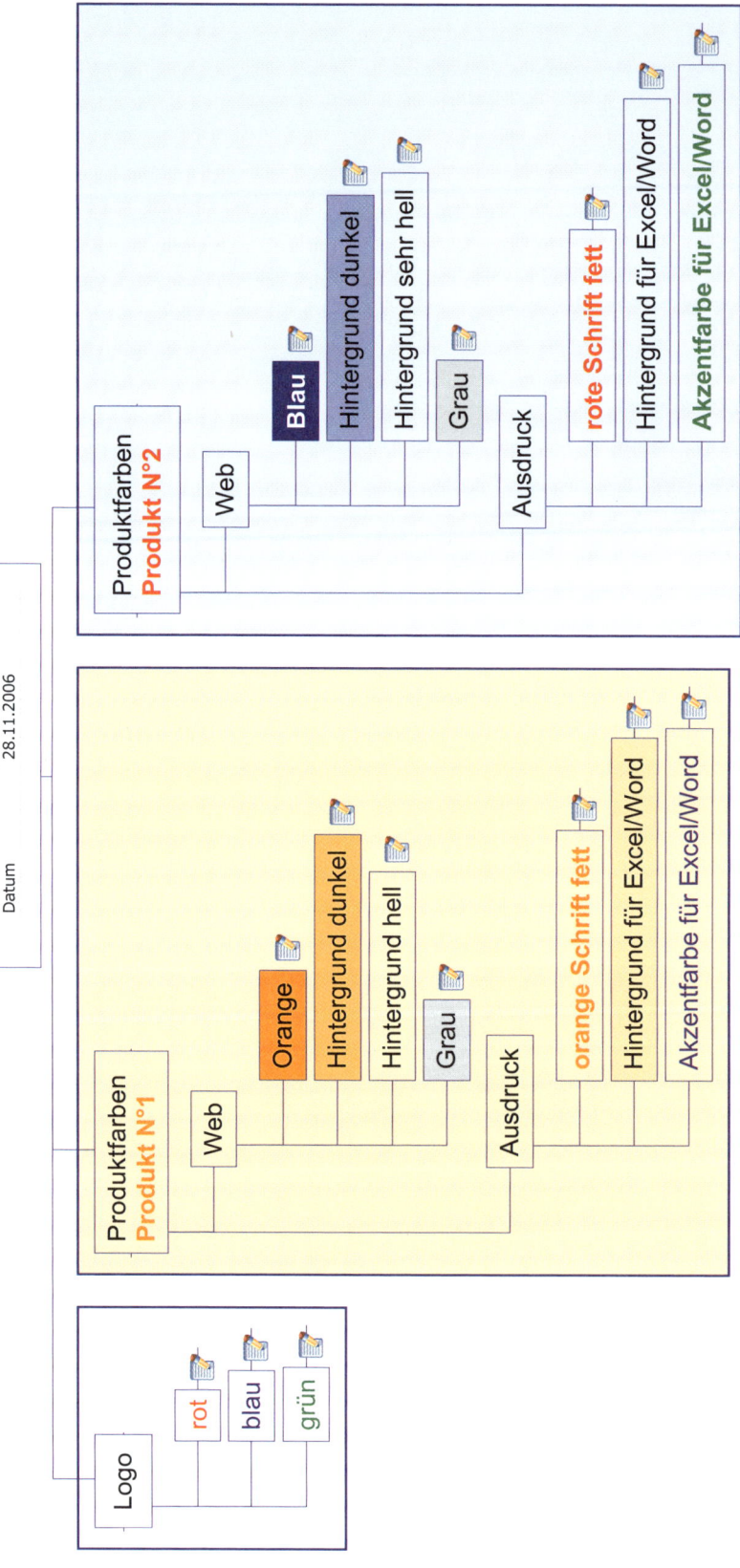

6.2 Rezeptsammlung – Firmenfarben im Blick

- 2 kg MindManager
- 3 große Töpfe Malerfarbe
- Zwei dicke Pinsel
- Drei feine Pinsel
- Fingerspitzengefühl für Umrandungen
- Benutzerdefinierte Eigenschaften

Wenn wir an Fanta denken, denken wir an die Farbe Gelb. Bei Burger King denken wir an die Krone. Einige Firmen besitzen eine sehr starke Firmenidentität, ein visuelles Warenzeichen, das sofort mit dem Unternehmen oder Produkt verbindet.

Die einheitliche Nutzung des Firmenlogos oder der Firmenfarben hilft, den Wiedererkennungswert zu fördern. Haben Sie eine Übersicht über Ihre Firmenfarben? Dieses Gericht schafft Klarheit über alle Firmenfarben der Musterfirma Musterfabrik.

Welche Farben und Bereiche sind wichtig, wie sind die Werte etc.? Wir starten direkt mit dem Strukturaufbau – diesmal ohne Brainstorming-Modus. Die benutzerdefinierten Eigenschaften nehmen die Informationen auf, um welche Firma es sich handelt und von welchem Jahr diese Angaben sind. Eine wichtige Information!

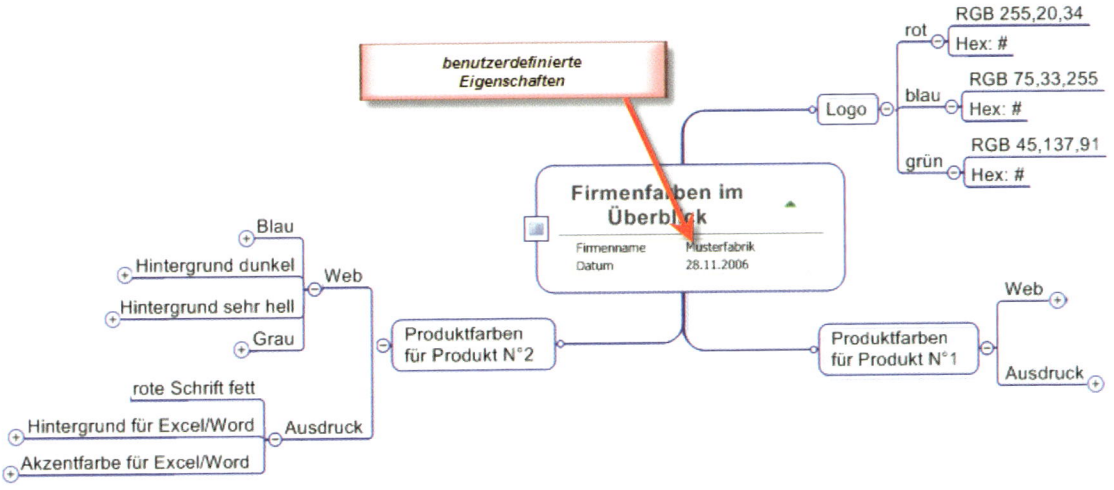

Abbildung 6.6 Gedanken sind strukturiert aufgebaut.

Die Farben sind festgehalten, die RGB-Werte bekannt – nun ab ins Farbbad: Jeder Zweig bekommt die passenden Farben verpasst. Die Formatierungsleiste macht es möglich. Detailgenau können die RGB-Werte eingegeben werden.

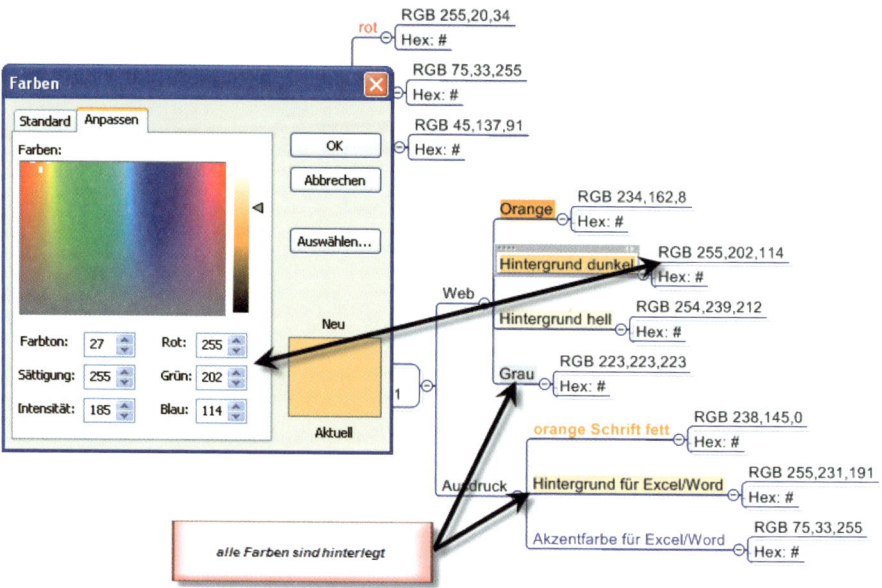

Abbildung 6.7 Zweige werden farbig.

③ Ein Grundsatz der OnePage-Methode nach MindBusiness ist, unnötige Informationen in den Hintergrund verschwinden zu lassen. Die Farbwerte sind für den ersten Blick nicht wichtig, daher schneiden wir die Zweige mit diesen Angaben aus und fügen sie als Spickzettel in die Textnotizen wieder ein. Wir sehen nun nur das, worauf es auf den ersten Blick ankommt.

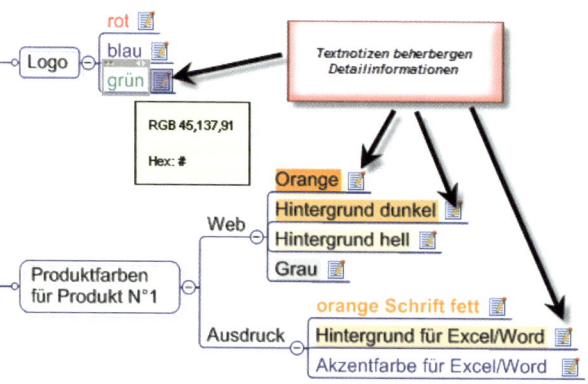

Abbildung 6.8 Die Farbwerte kommen als »Spicker« in die Textnotiz.

④ Auf dem Teller sieht es kunterbunt aus. Nichts kommt richtig zur Geltung. Da heißt es, erst einmal Ordnung schaffen. Das geht sehr einfach mit der Zweiganordnung. Mit einem Klick kommt Ordnung auf den Teller. Die Umrandungen sind wichtige Verzierungen, um den Blick zu lenken. Die Füllfarben ermöglichen dem Betrachter, sofort zu erkennen, um welche CI-Farben es sich handelt.

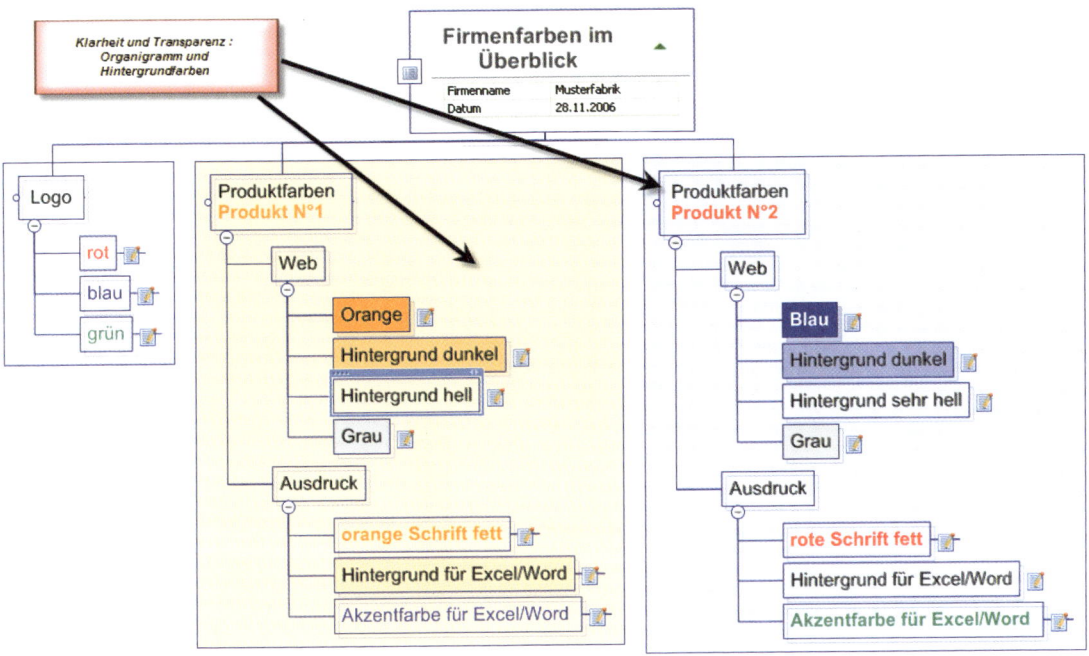

Abbildung 6.9 Ordnung wird hergestellt.

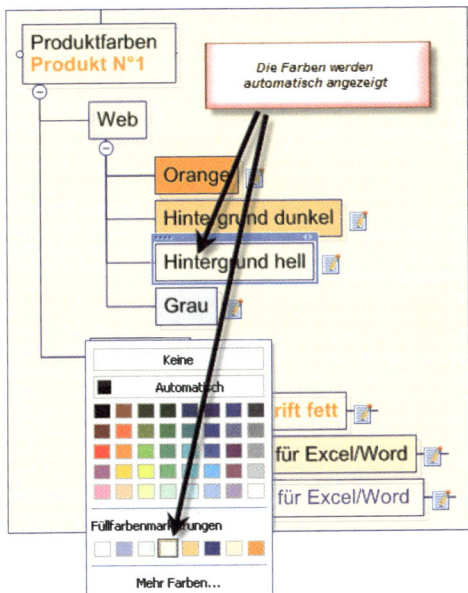

Abbildung 6.10 Die Farben sind leicht zu übertragen.

Dieses Gericht ist komplett in MindManager gekocht – kleine Funktionen sind visuell stark genutzt worden.

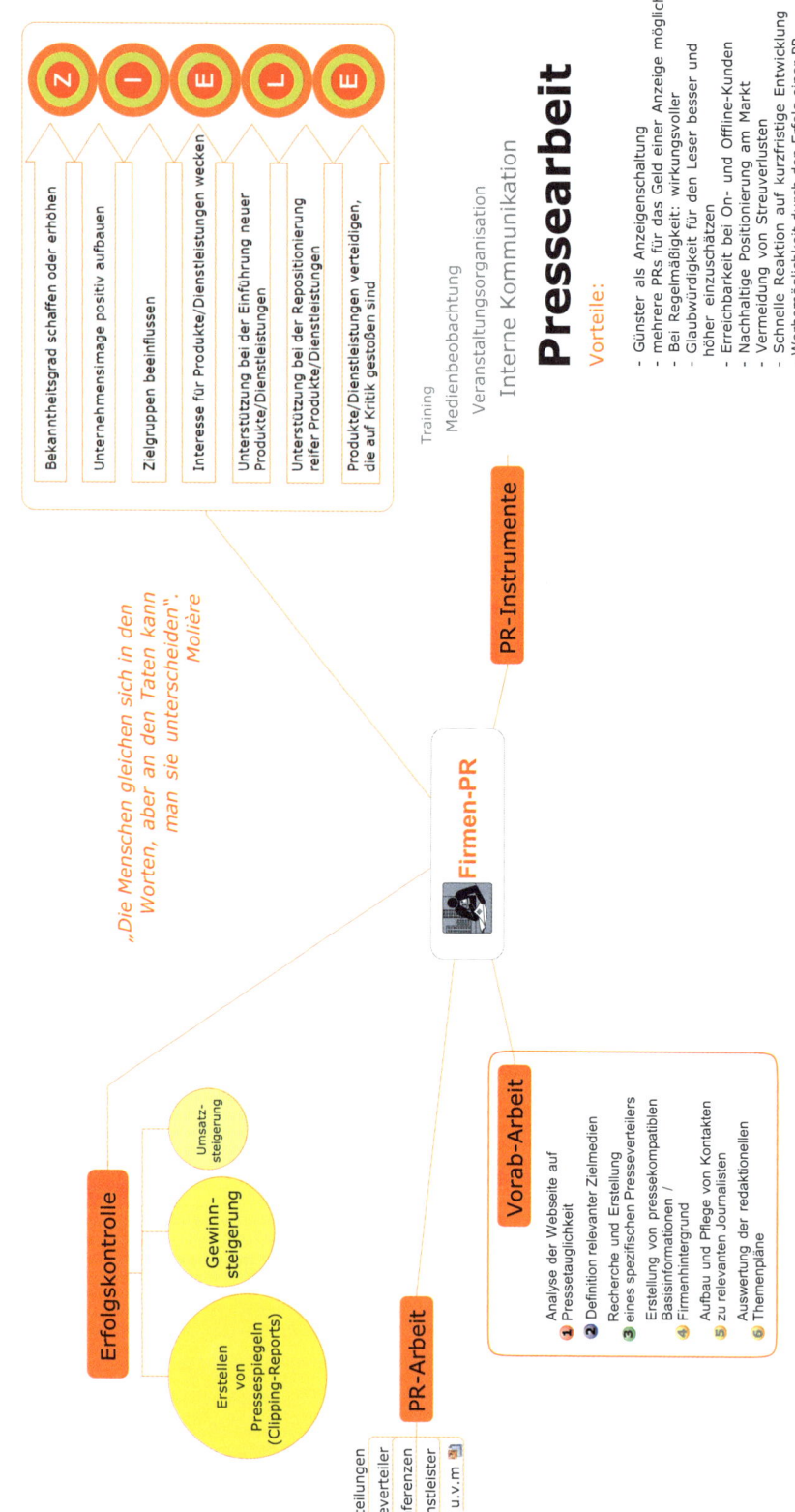

6.3   Ein extravaganter Hauch Chili – Firmen-PR

- 3 kg MindManager
- 250 gr. PowerPoint
- 1 Flasche Kreativität
- 500 gr. Farben

Public Relations (PR) bzw. Öffentlichkeitsarbeit ist ein wichtiges Kommunikationswerkzeug zur Unterstützung der Marketingarbeit. Speziell für kleinere und mittlere Unternehmen ist Pressearbeit eine besonders interessante Alternative zu anderen Werbeformen. Sie verursacht wesentlich geringere Kosten als klassische Anzeigenschaltung und kann gleichzeitig deutlich wirkungsvoller sein.

Die Geschäftsleitung der Firma »Informationen für alle GbR« hat die Wichtigkeit einer PR-Abteilung erkannt. Nun soll hierzu entsprechend eine solche aufgebaut werden. Im Mittelpunkt dieser PR-Abteilung soll der Aufbau einer effizienten Pressearbeit stehen. Doch was soll das Ziel sein? Welche Aufgaben soll die PR erfüllen? Wen interessiert die PR überhaupt? All das sollen Sie im nächsten Meeting präsentieren – übersichtlich, strukturiert, klar gegliedert in einer Business Map.

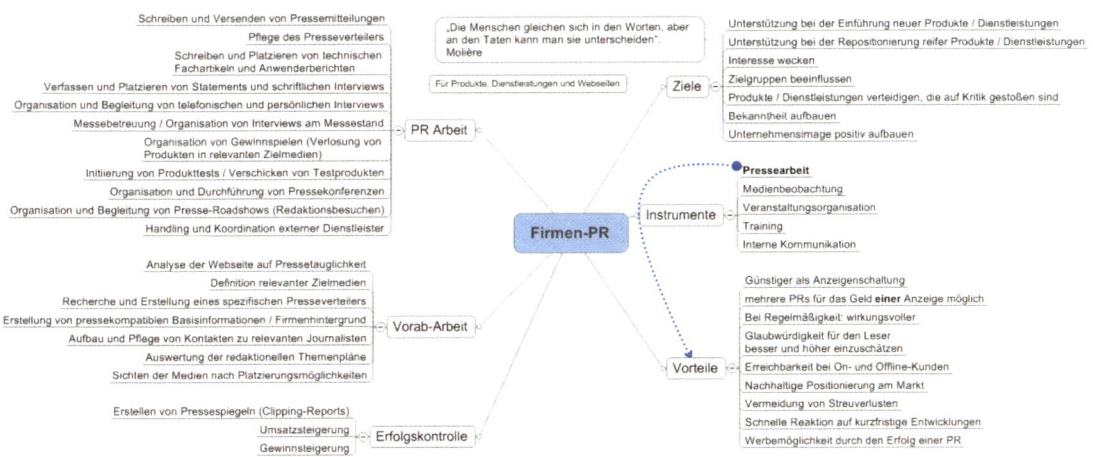

Abbildung 6.11 Die Inhalte sind in dieser Form auf den ersten Blick schwer zu erfassen.

Es geht an die Visualisierung der Ziele. Wie betrachten wir Ziele? Genau – mit dem Blick nach vorne. In PowerPoint sind Zielbetrachtungen einfach darzustellen.

Firmen-PR
Bekanntheitsgrad schaffen oder erhöhen
Unternehmensimage positiv aufbauen
Zielgruppen beeinflussen
Interesse für Produkte/Dienstleistungen wecken
Unterstützung bei der Einführung neuer Produkte/Dienstleistungen
Unterstützung bei der Repositionierung reifer Produkte/Dienstleistungen
Produkte/Dienstleistungen verteidigen, die auf Kritik gestoßen sind
Z
I
E
L
E

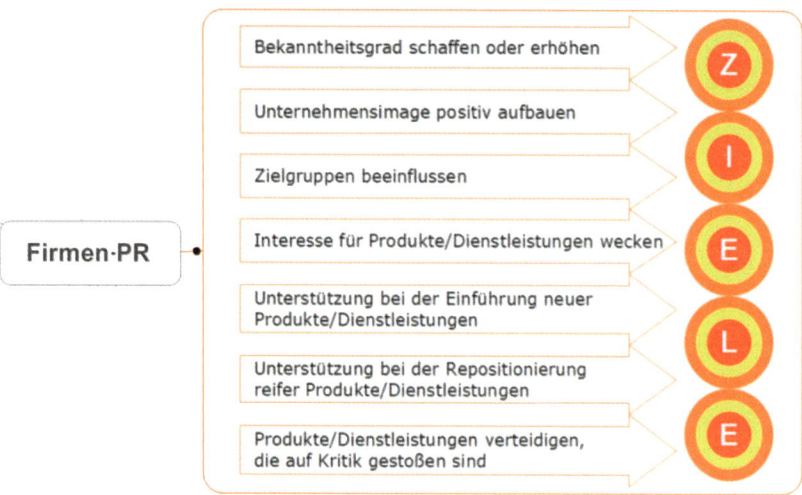

Abbildung 6.12 Auf Ziele hinarbeiten – auch grafisch

3 Weiter geht's mit dem PR-Menü für Ihre Kollegen, denen Sie die Präsentation gekonnt servieren möchten. Auch wenn es mehrere PR-Instrumente gibt, steht für Sie momentan nur die Pressearbeit im Vordergrund. Das wollen Sie visualisieren.

Training
Medienbeobachtung
Veranstaltungsorganisation
PR-Instrumente
Interne Kommunikation
Pressearbeit

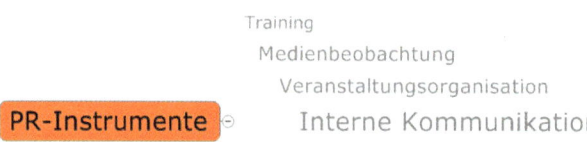

Abbildung 6.13 Schaffen Sie Perspektiven mit der Formatierungsleiste.

4 Die Vorteile der Pressearbeit fügen Sie innerhalb einer freien Anmerkung einfach direkt unter den Zweig »Pressearbeit« ein.

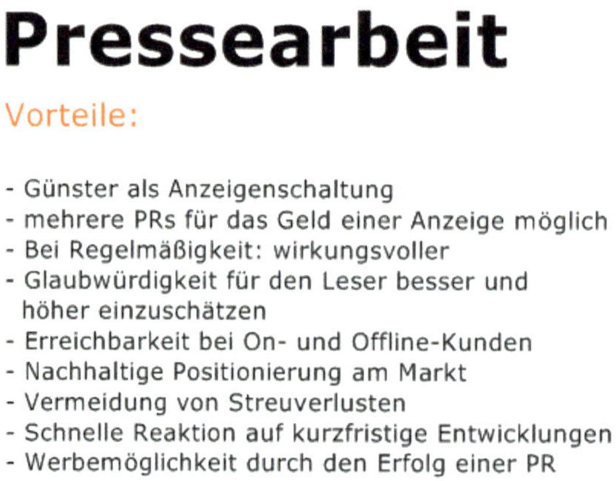

Pressearbeit
Vorteile:
- Günster als Anzeigenschaltung
- mehrere PRs für das Geld einer Anzeige möglich
- Bei Regelmäßigkeit: wirkungsvoller
- Glaubwürdigkeit für den Leser besser und höher einzuschätzen
- Erreichbarkeit bei On- und Offline-Kunden
- Nachhaltige Positionierung am Markt
- Vermeidung von Streuverlusten
- Schnelle Reaktion auf kurzfristige Entwicklungen
- Werbemöglichkeit durch den Erfolg einer PR

Abbildung 6.14 Eine Einheit – der Zweig Pressearbeit und die dazugehörigen Ziele

Den Zweig »Vorarbeit« zur Einführung der PR-Abteilung versehen Sie mit Prioritäten. Alle Punkte einheitlich untereinander gelistet schaffen Überblick.

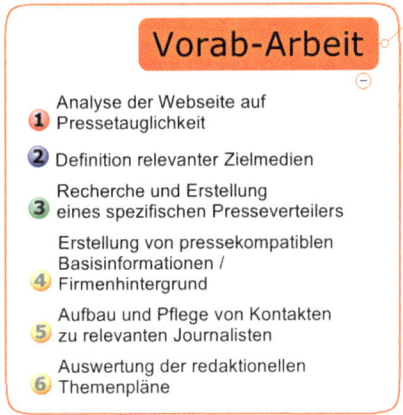

Abbildung 6.15 Die Vorab-Arbeit in der Übersicht

Da es viele Punkte zum Zweig »PR-Arbeit« gibt und diese zudem sehr umfangreich sind, vermerken Sie in der Map nur einige Stichpunkte und verbinden per Hyperlink-Funktion eine PowerPoint-Präsentation zur ausführlichen Erläuterung. So behalten Sie, und die Teilnehmer des Meetings, den Überblick.

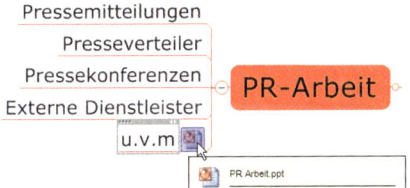

Abbildung 6.16 Weiterführende Informationen »lagern« Sie im Hintergrund.

Für die »Erfolgskontrolle« nutzen Sie die Funktion der Zweiganordnung. In Organigrammform wird die optimale Würze verliehen. Farben verleihen Ausdruck.

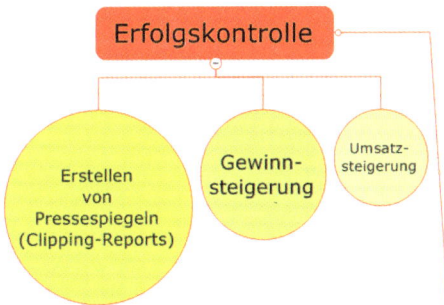

Abbildung 6.17 Mithilfe der Zweigform vergeben Sie gleichzeitig Gewichtungen.

Es passt: Das Gericht ist zubereitet und wird den Teilnehmern gut schmecken!

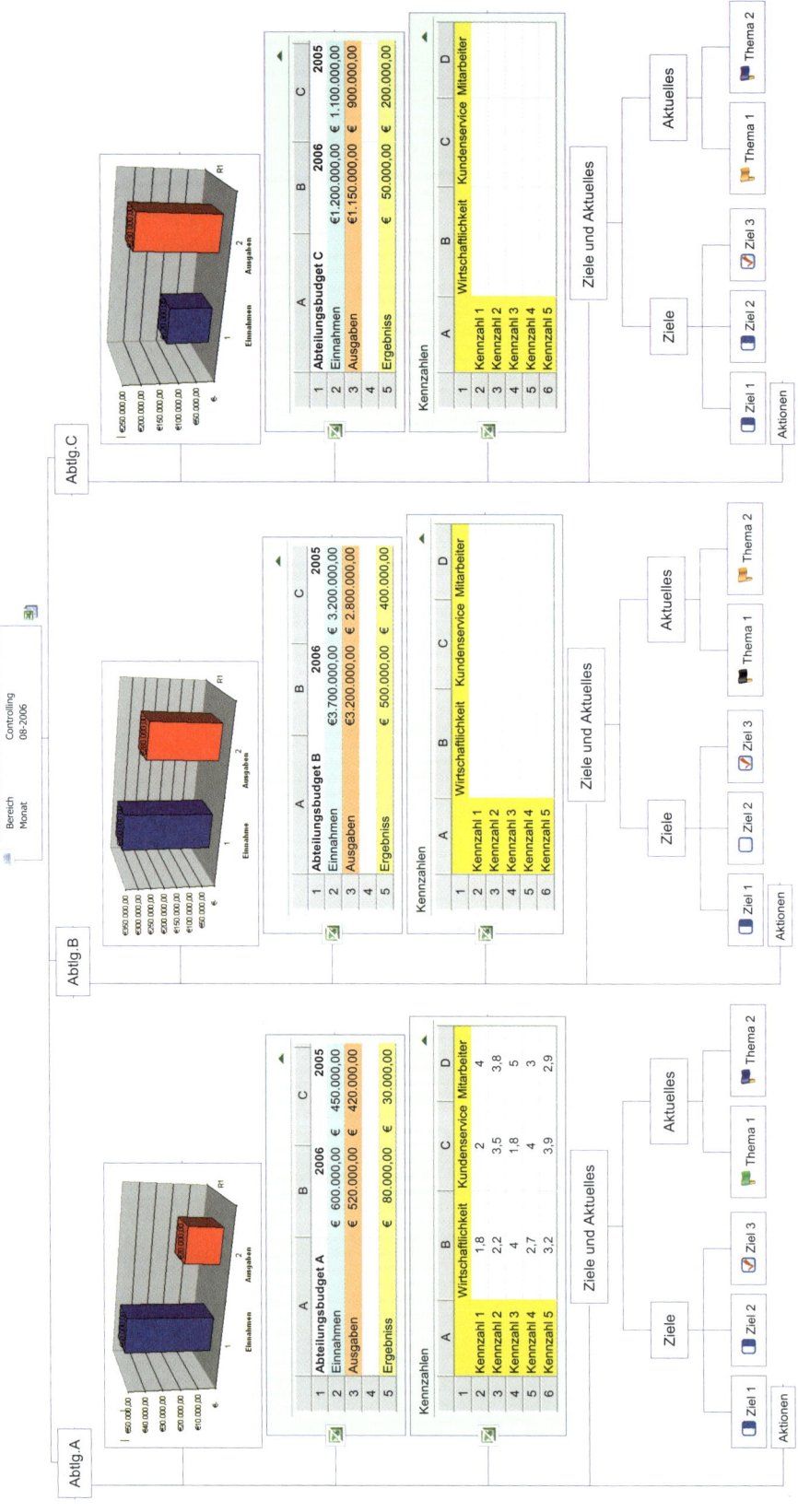

6.4 Von Meisterköchen gelernt – übersichtliche Berichte

- 1,5 kg MindManager
- 750 gr. Map4Screen
- 2 kg Excel
- Benutzerdefinierte Eigenschaften

Steht der Monatsbericht mal wieder an, und Sie haben den Überblick verloren?

Nicht in Panik oder hektischen Aktionismus verfallen, ziehen Sie die Notbremse. Schreiben Sie alles auf, was Ihnen gerade im Kopf herumschwirrt.

Was brauchen Sie für den Monatsbericht? Die benutzerdefinierten Eigenschaften sind ideal, um formelle Informationen passend darzustellen. Dann überprüfen Sie, welche Zweige Sie auch in den anderen Anteilungen brauchen, und verdoppeln sie.

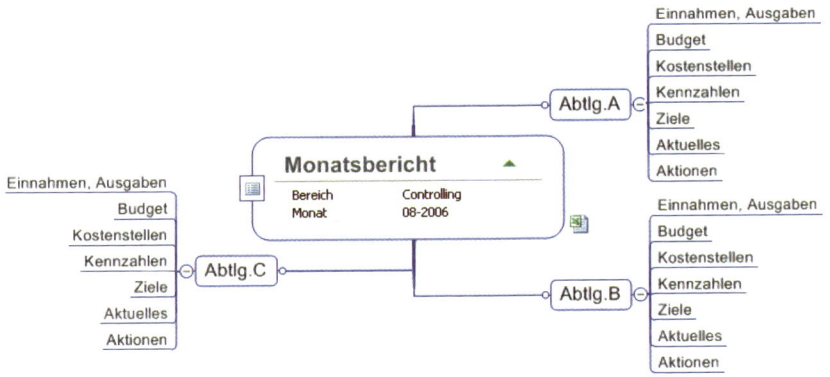

Abbildung 6.18 Erste Gedanken über die Inhalte

Der Teller ist für das übersichtliche, appetitliche Anrichten des Gerichtes von Bedeutung. In der Business Map ist die Rahmenstruktur der Teller für den Inhalt. Die Veränderung der Zweiganordnung hilft Ihnen dabei.

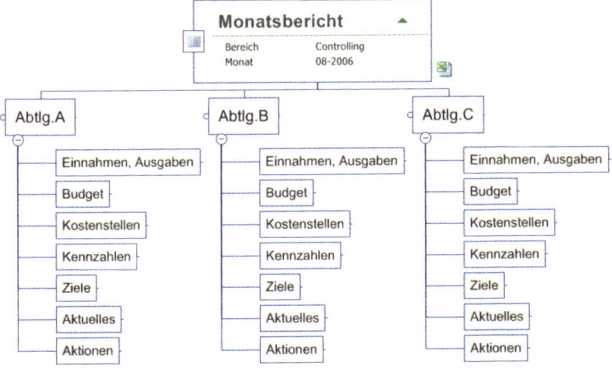

Abbildung 6.19 Die Rahmenstruktur

③ In Excel haben wir beispielhaft einen Kostenplan zusammengestellt. Grafiken spiegeln die Einnahme- und Ausgabesituation sehr deutlich wider. Da die Details über den Hyperlink sehr schnell greifbar sind, wird für die Transparenz die Grafik eingebunden. Map4Screen wird eingesetzt. Überflüssige Zweige werden entfernt.

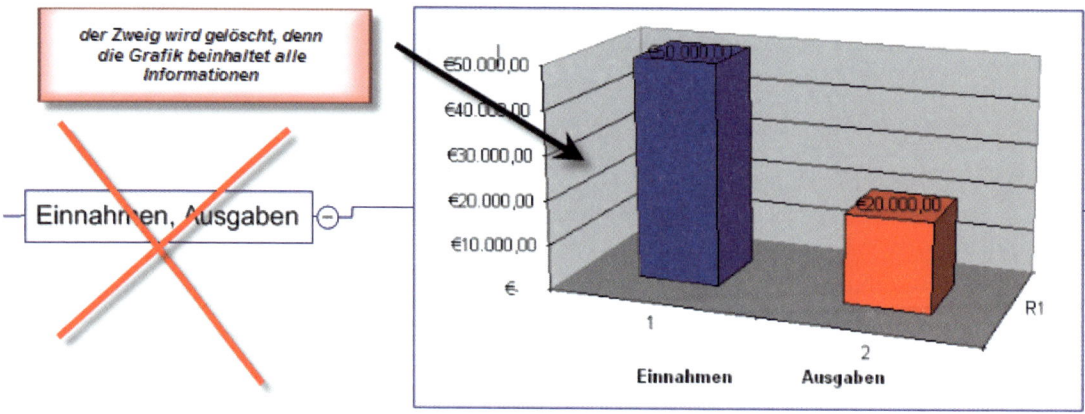

Abbildung 6.20 Überflüssige Zweige löschen

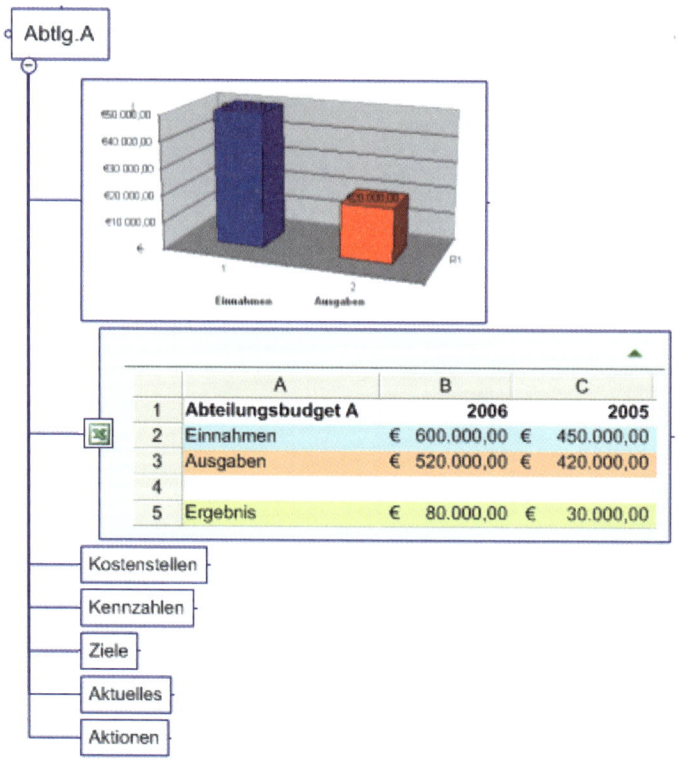

Abbildung 6.21 Es füllt sich – Grafiken und Verknüpfungen aus Excel.

Das Thema Ziele und Aktuelles werden in dem Bericht miteinander abgehandelt. Daher ist es für die Transparenz besser, diese Zweige zusammenzufassen. Es gibt ein einheitliches Bild. Unser Kochtipp: Sind die neuen Zweige geschrieben und angeordnet, verdoppeln Sie sie und verschieben sie zu den anderen Abteilungsbereichen.

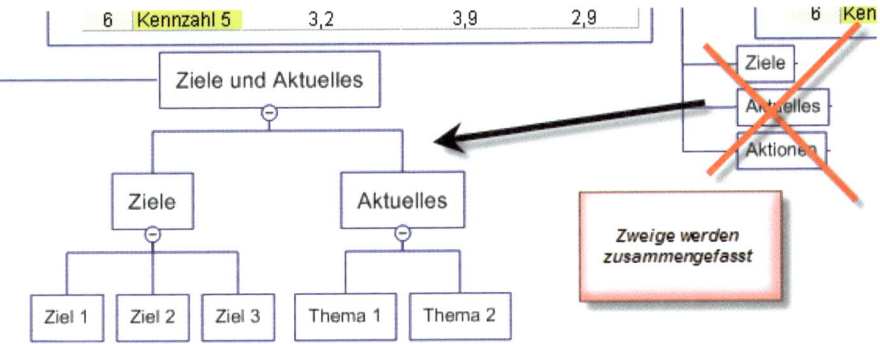

Abbildung 6.22 Zweige zusammenfassen

Die Themen sind bereichsorientiert. Wie sollen diese Informationen noch aufgenommen werden? Bilden Sie die dritte Ebene: Map-Markierungen nehmen Informationen auf und sind für alle über die Legende nachvollziehbar.

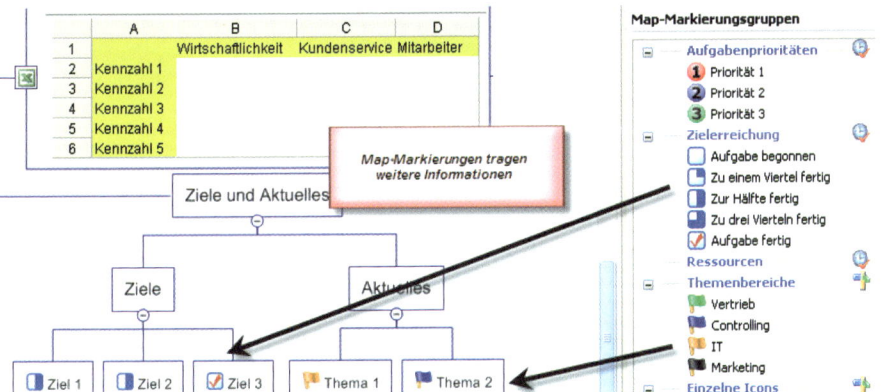

Abbildung 6.23 Map-Markierungen nehmen Zusatzinformationen auf.

Unser Chefkoch plaudert noch aus dem Nähkästchen: »Mein Tipp: Kochen Sie auf Vorrat! Speichern Sie die OnePage als Vorlage ab. So haben Sie für den neuen Monat schon gut vorgearbeitet. Sie müssen nur noch die aktuellen Zahlenbereiche verknüpfen und die neuen Grafiken einbinden. Auch Aufgewärmtes schmeckt gut und spart viel Zeit.«

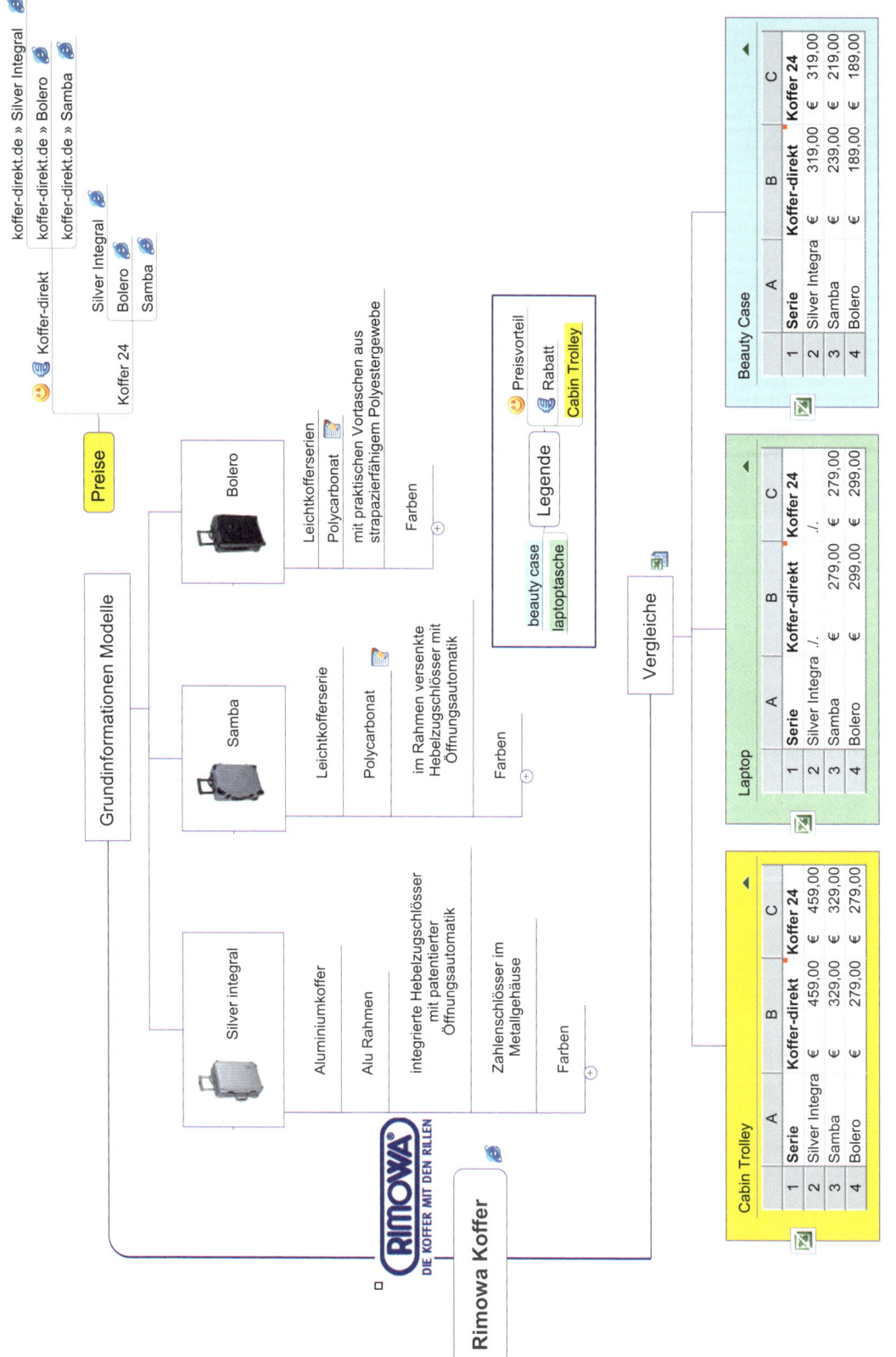

6.5 Alles verarbeitet – Recherche und Preisvergleiche

- 1,5 kg MindManager
- 750 gr. Excel
- Drei kleine Farbtuben
- Eine Prise Grafiken
- Eine Handvoll Markierungen
- Internet Explorer

Mittlerweile gibt es über 20 Milliarden Webseiten im Internet. Können Sie sich diese Zahl vorstellen?

Sie möchten sich einen neue Reise- und einen Laptopkoffer anschaffen. Sie wissen, welche Marke Sie möchten. Kennen Sie die Produktvielfalt, die Unterschiede, Preise etc.? Eine ideale Vorausetzung, uns in die OnePage-Küche zu begeben und Vorbereitungen für den Überblick zu treffen.

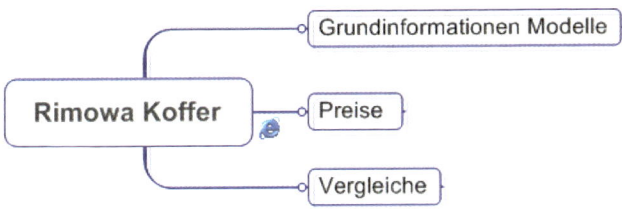

Abbildung 6.24 Was will ich wissen? – Grundgedanken aufbauen

Nur drei Grundgedanken? Mager, denken Sie? Nein! Wir begeben uns direkt auf die Webseite und suchen Detailinformationen. Alles, was für uns wichtig ist, packen wir in den Korb, sprich in die Business Map. Haben Sie bitte nicht den Anspruch, schon alles »schön« zu machen. Sie sind in der Sammlerphase! Wenngleich ein kleines Bild für Klarheit sorgt, falls Ihnen jemand über die Schulter schaut und die Marke nicht kennt (schwer vorstellbar). Map4sScreen steht Ihnen hier zur Verfügung.

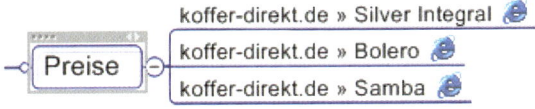

Abbildung 6.25 Informationen von Dritten sammeln

Sie haben drei Serien favorisiert. Nun werden die Preise interessant. Auf dieser Webseite finden Sie keine Preisinformationen.

Da heißt es, erst einmal auf die Suche gehen. Googeln und sammeln Sie mit einem Klick.

Abbildung 6.26 Interessante Webseiten werden gesucht und in der Business Map festgehalten.

④ Preise müssen erfasst werden. Sie haben die spontane Idee, die Tabellenfunktion zu nutzen. Doch Vorsicht: Es sind zu viele Zahlen, die eingefügt werden müssen. Die Übersicht ist nicht mehr gegeben. Besser ist es, eine Excel-Datei zu öffnen, um dort alle Preis-, Produktangaben etc. zu erfassen. Kommentarfelder sind zusätzlich möglich.

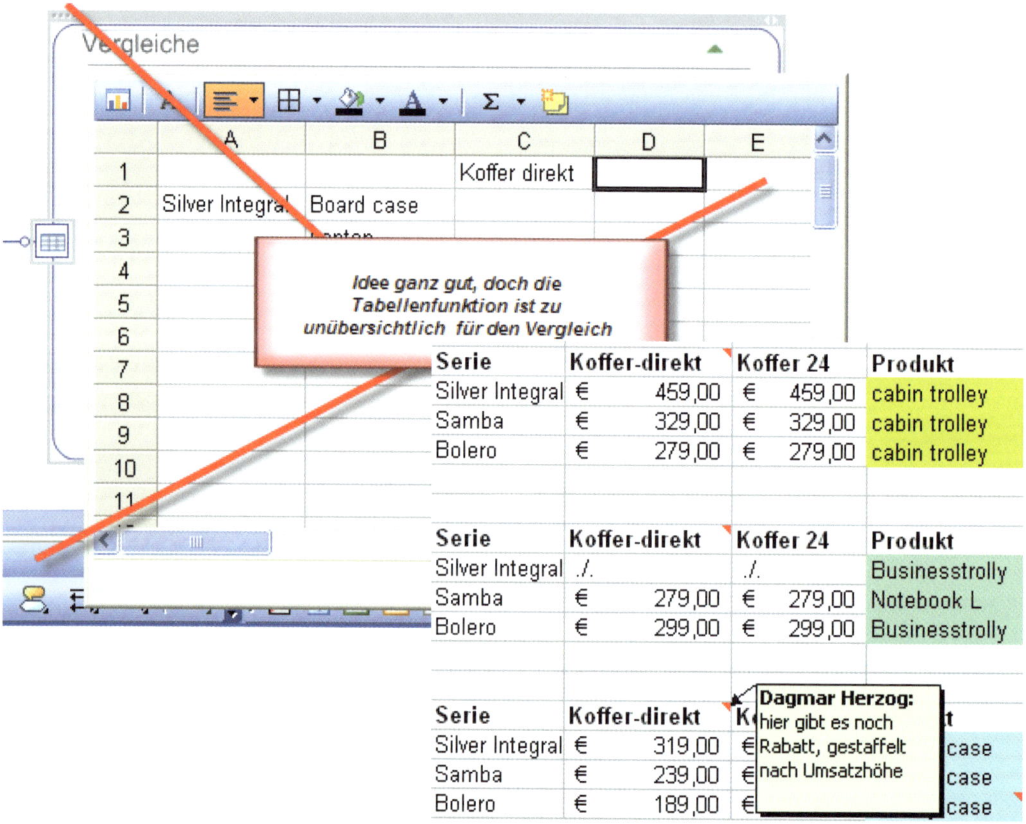

Idee ganz gut, doch die Tabellenfunktion ist zu unübersichtlich für den Vergleich

Serie	Koffer-direkt		Koffer 24		Produkt
Silver Integral	€	459,00	€	459,00	cabin trolley
Samba	€	329,00	€	329,00	cabin trolley
Bolero	€	279,00	€	279,00	cabin trolley

Serie	Koffer-direkt		Koffer 24		Produkt
Silver Integral	./.		./.		Businesstrolly
Samba	€	279,00	€	279,00	Notebook L
Bolero	€	299,00	€	299,00	Businesstrolly

Serie	Koffer-direkt		K		t
Silver Integral	€	319,00	€		case
Samba	€	239,00	€		case
Bolero	€	189,00	€		case

Dagmar Herzog: hier gibt es noch Rabatt, gestaffelt nach Umsatzhöhe

Abbildung 6.27 Zahlen in Excel erfasst und mit Kommentaren versehen

Die Zahlen werden nach Produktgruppen in die Business Map integriert. Die Farben aus Excel werden übernommen.

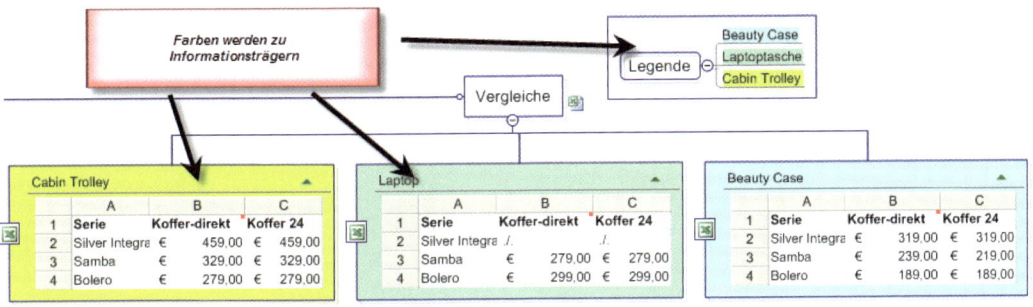

Abbildung 6.28 Farben werden Informationsträger.

Nun heißt es, das Gericht anrichten. Der Genießer wartet und möchte alles mit dem Auge erfassen können. Die Gestaltung gibt Ihrer Sammlerleidenschaft das gewisse Etwas und entscheidet über »schmecken oder nicht schmecken«.

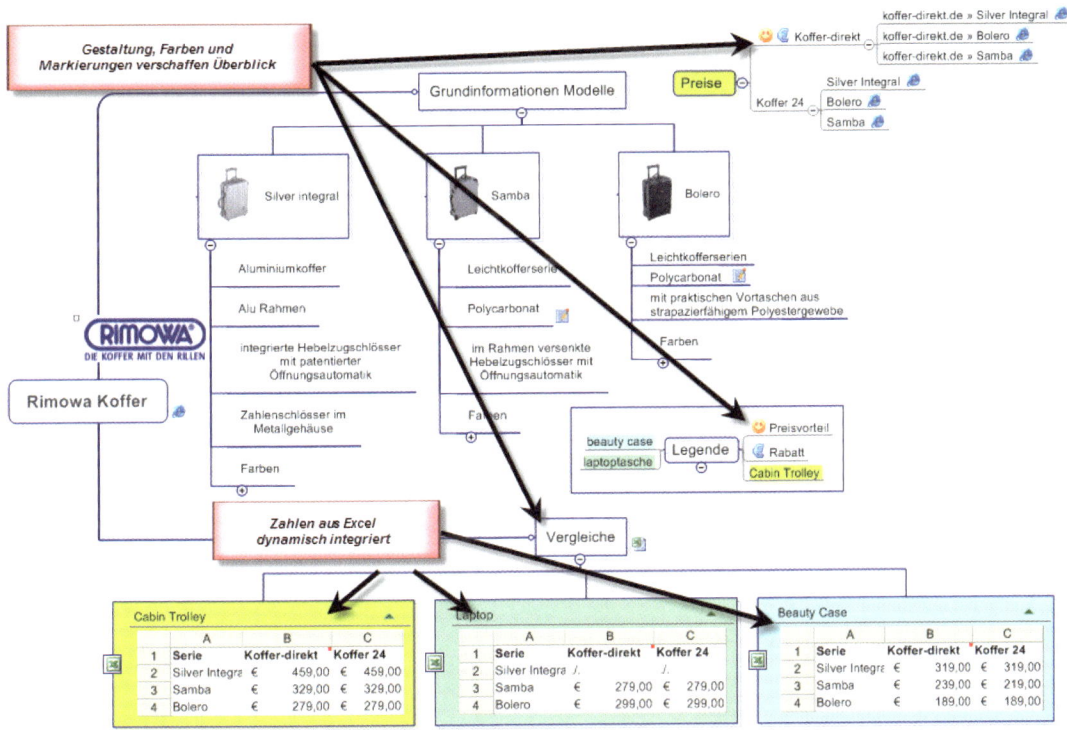

Abbildung 6.29 Die Gestaltung macht's.

Sie sehen, die Zutaten sind das eine (hier Excel), die Gestaltung das andere. Beides in der Kombination ist der Schlüssel zum Erfolg.

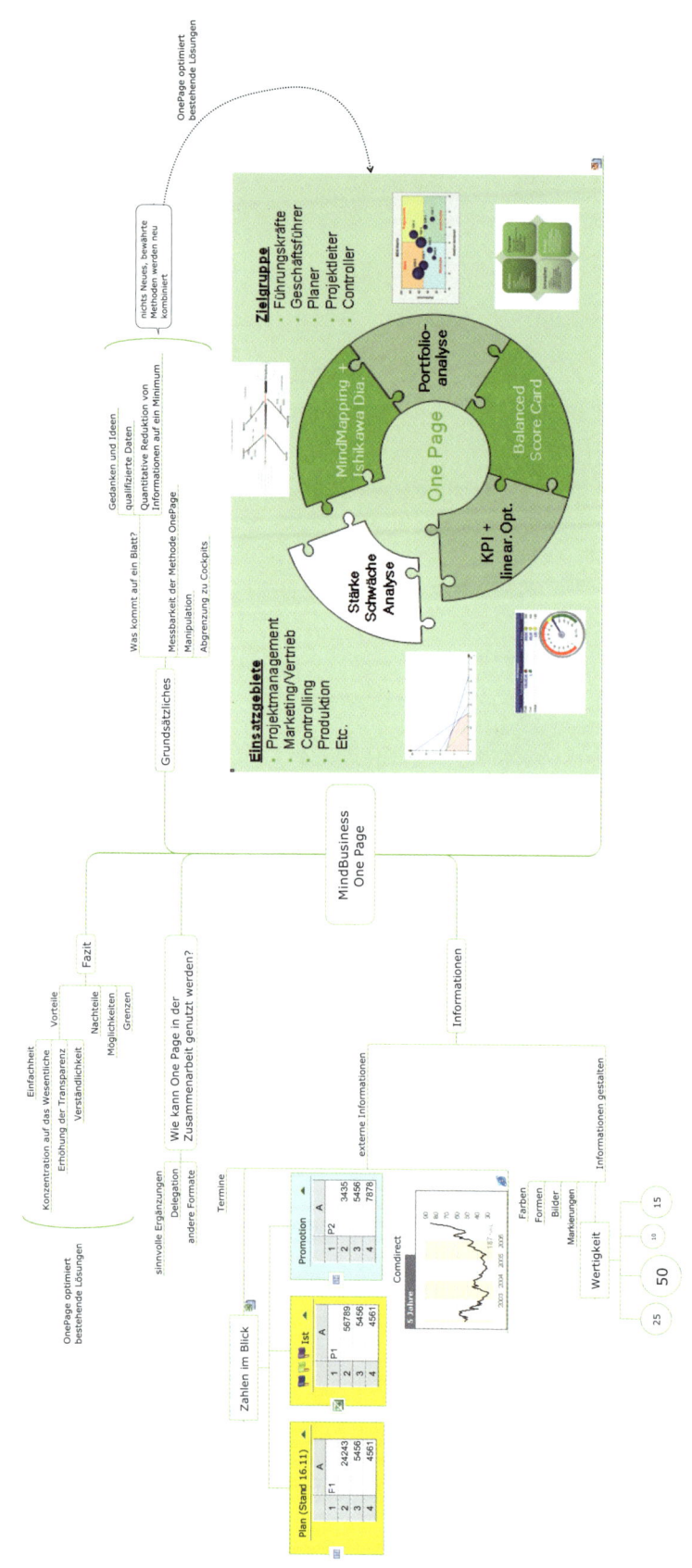

6.6 Pizzaservice – die OnePage-Methode im Handumdrehen erklärt

- 250 gr. MindManager
- 2,5 kg PowerPoint
- 2 große Kisten Erkenntnis
- 3 Esslöffel Umdenken

Fingerspitzengefühl für PowerPoint

Als wir die Methode OnePage auf dem Markt veröffentlicht haben, ahnten wir noch nicht, welche Nachfrage und auch welche Fragen wir damit auslösen. Im Team weiß jeder, von was wir sprechen, wenn wir OnePages erstellen.

Nach der Markteinführung stellten wir zunehmend fest, dass unsere Außenwelt nicht immer verstand, was wir eigentlich meinen. Viele bezogen OnePage nur auf Mind-Manager und dachten, es wäre ein Add-on. Das bedeutet für uns: Klarheit schaffen, deutlicher kommunizieren. Deshalb ab in die Küche, um das passende Gericht zu kochen.

Was werden wir gefragt? Was wollen die anderen wissen? Was ist noch nicht deutlich? Ideal ist, alles in eine Pfanne zu werfen – MindManager sammelt alle Zutaten.

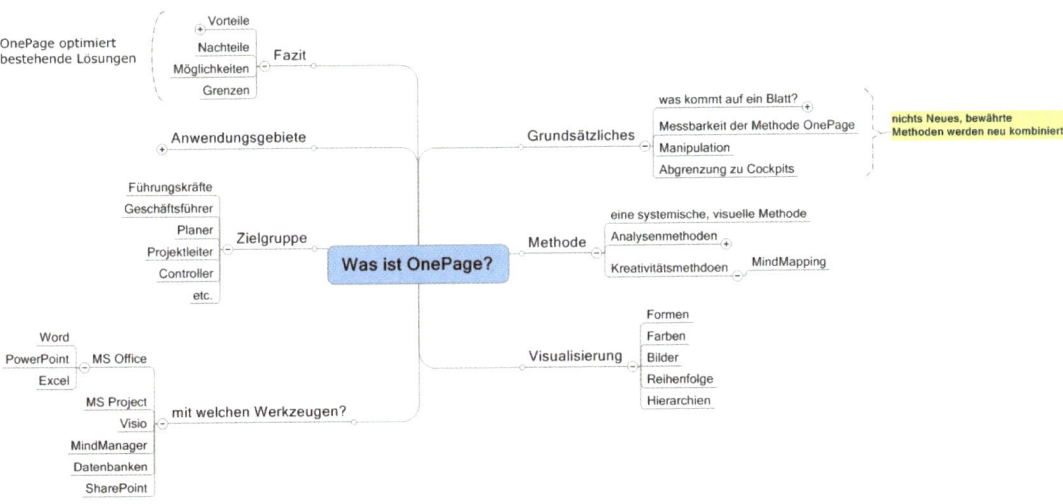

Abbildung 6.30 Die erste Sammlung

Wir schon in Kapitel 6.2 erläutert, ermöglichen visuelle Warenzeichen, Farben etc. die Verbindung »Unternehmen und Produkt«. Also bekommt die Gedankensammlung die passende Stilvorlage. Der Wiedererkennungswert ist realisiert.

Die Frage ist nun: Wie setzen wir die Gedanken weiter um? Wir erstellen in Power-Point die erste Grafik, da wir im MindManager diese grafischen Möglichkeiten nicht haben. Das Bild binden wir aber zur Übersicht in die Business Map ein.

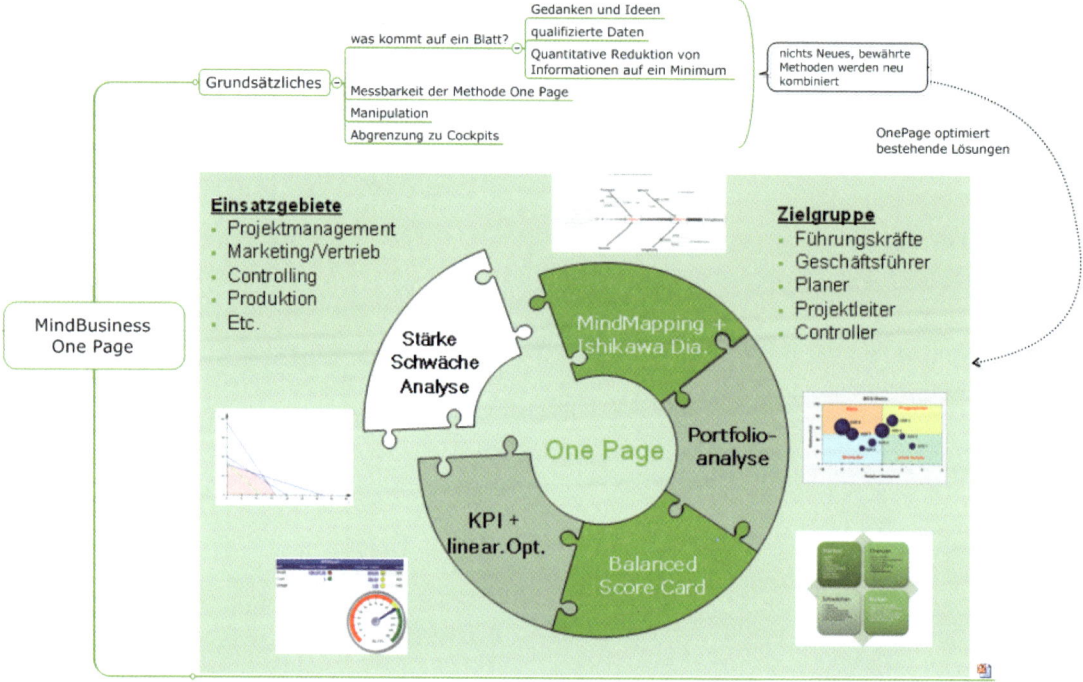

Abbildung 6.31 Der erste Versuch

Nach langem Hin und Her kommen wir zu dem Entschluss, die gesamte Darstellung »Was ist OnePage)« als OnePage in PowerPoint umzusetzen. Wir haben MindMa-nager in dem vorliegenden Beispiel dort eingesetzt, wo er effizient ist: in der Ideen-, Gedanken-, Informationssammlung. Hier war er eine große Hilfe – die Visualisie-rung dagegen wäre uneffizient und nicht als OnePage möglich gewesen.

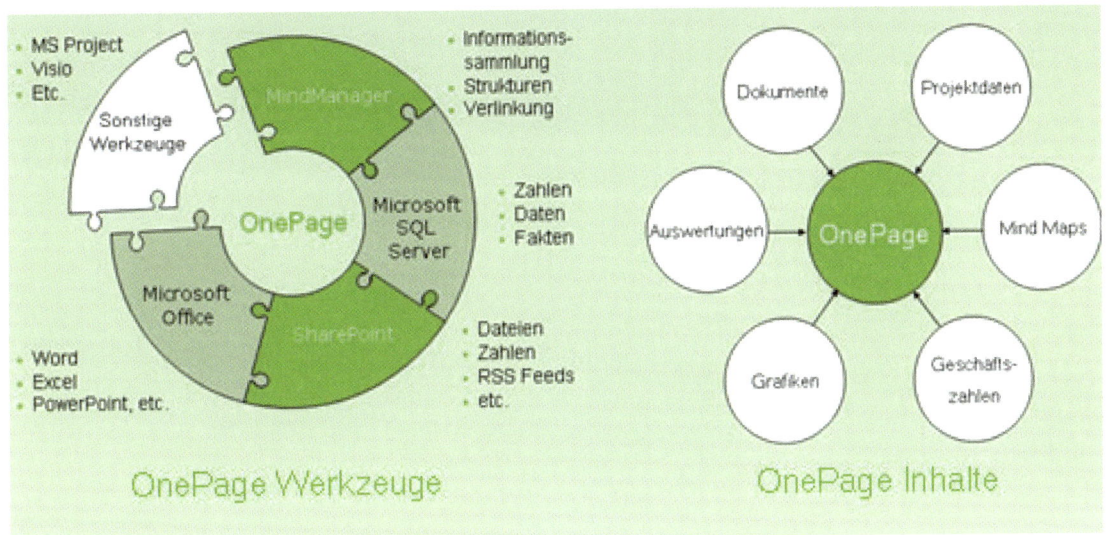

Abbildung 6.32 Die Erkenntnis

Fazit aus der Küche: Jede Software hat Stärken und Grenzen.

Situativ sollte jeder entscheiden, wann welches Software-Tool das passende ist, und die optimale Kombination nutzen.

Dann wird jedes Gericht gelingen und auch schmecken.

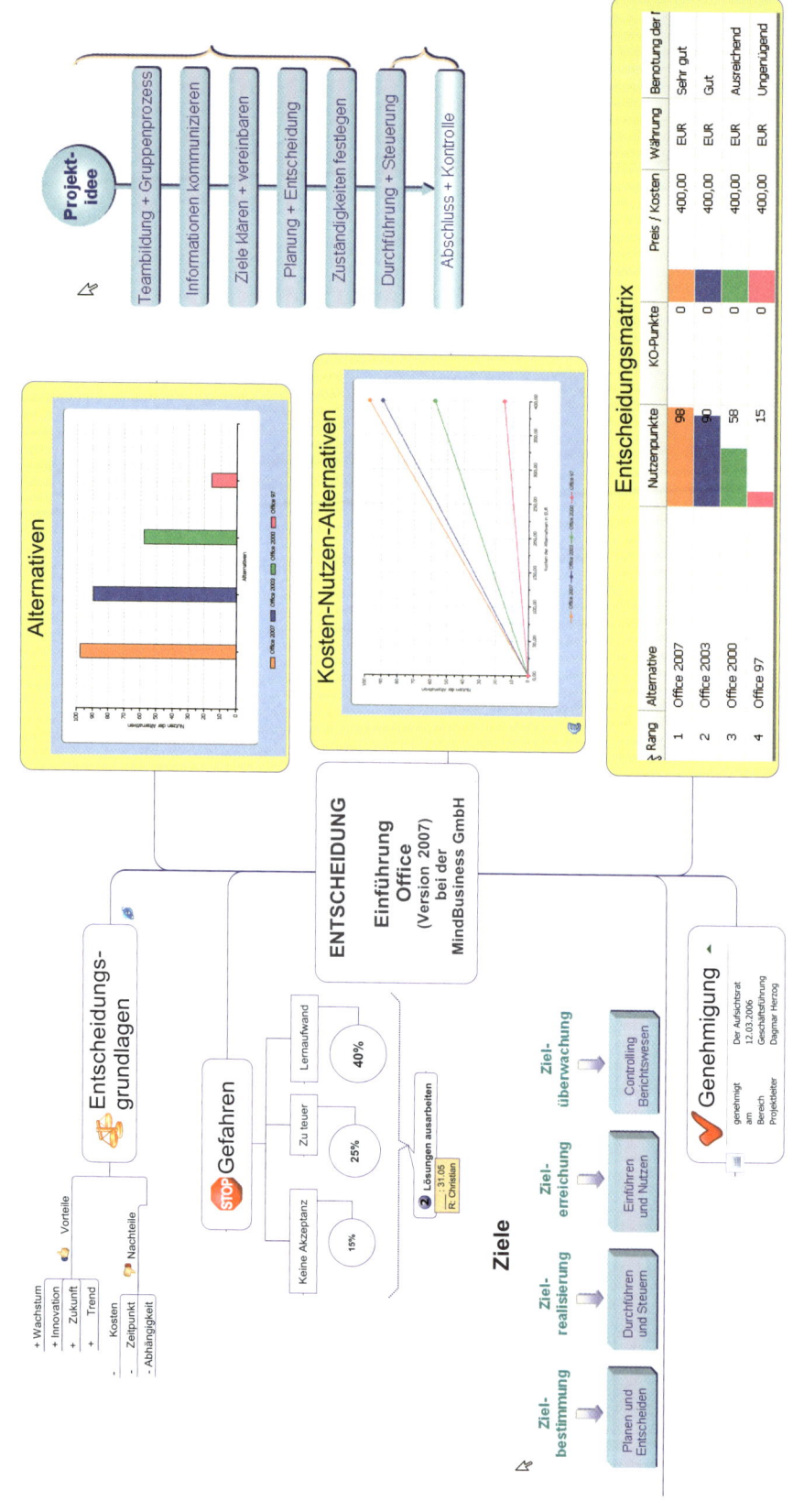

6.7 Fisch oder Fleisch – Entscheidungen

- 1 kg MindManager
- Vorbereitung in Map4Score
- 4 Handvoll Grafiken
- 2 Teelöffel Farbe

Es gibt Resteessen, schön garniert und mit neuen Zutaten kombiniert.

Die Herausforderung: Im Unternehmen steht die Entscheidung an, ob Office 2007 eingeführt werden soll oder nicht.

Sie erstellen in MindManager einen umfangreichen Kriterienkatalog.

Abbildung 6.33 Welche Kriterien werden für die Entscheidung wichtig?

Die Struktur wird aus MindManager in Map4Score importiert. Dort bewerten Sie gemeinsam mit anderen Personen Ihre Kriterienkataloge, kombinieren quantitative und qualitative Kriterien miteinander und prüfen Ihre Ergebnisse mit den Analysefunktionen.

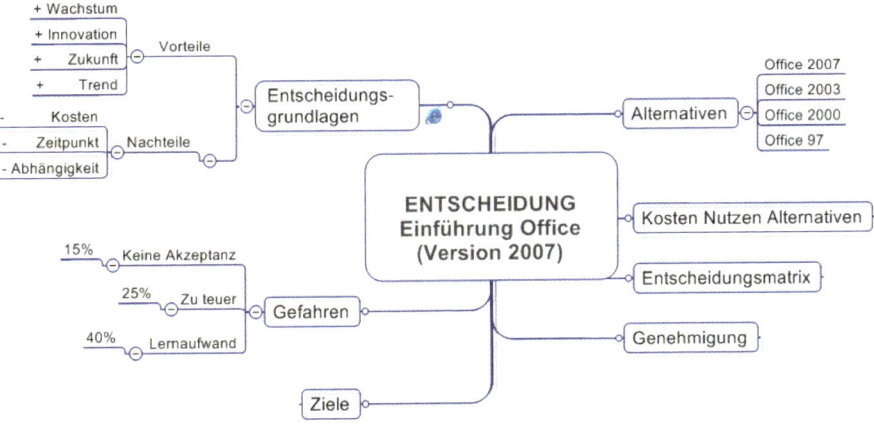

Abbildung 6.34 Der Kriterienkatalog bekommt Struktur.

③ Die Entscheidung soll dem Vorstand vorgelegt werden. MindManager dient Ihnen als Grundlage, alle Informationen für die Präsentation hier zusammenzuführen. Bilder, Zweiganordnungen und Formatierungen führen Informationen sehr übersichtlich zusammen.

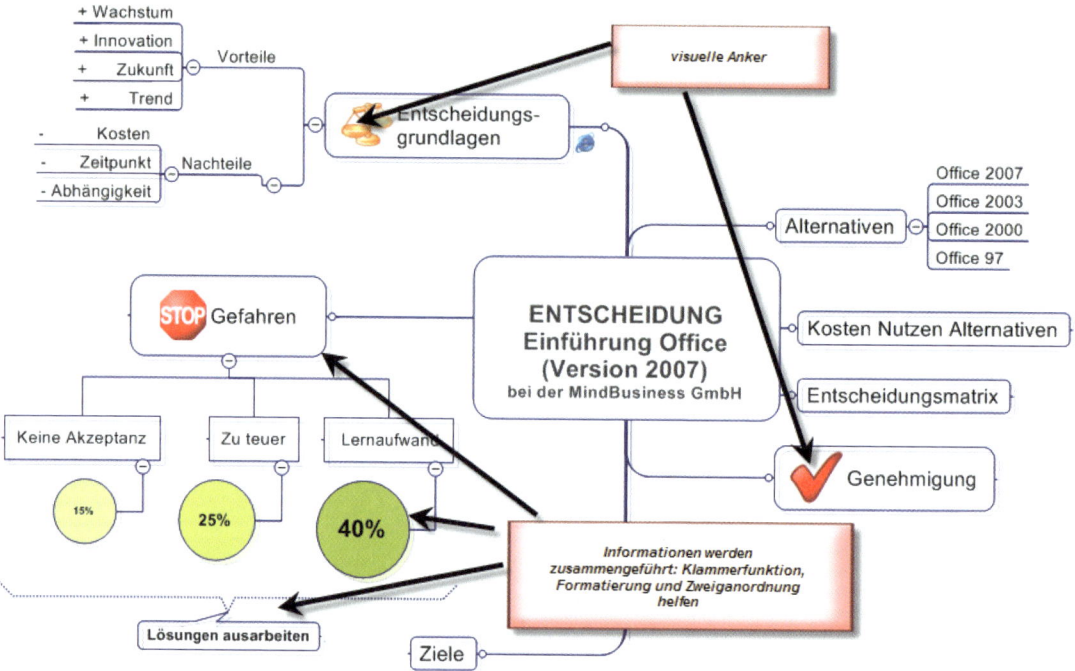

Abbildung 6.35 Visuelle Anker und Informationen werden zusammengeführt.

④ Auch für zeitliche Informationen, Ressourcen etc. sollte Platz sein – nutzen Sie Aufgabeninformationen und Map-Markierungen.

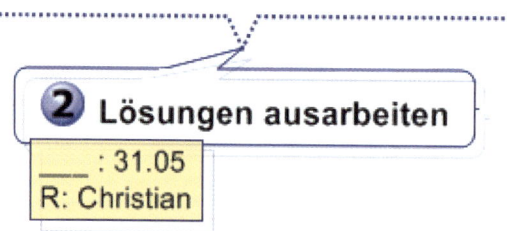

Abbildung 6.36 Aufgaben, Zeiten und Straßenschilder

⑤ Nun ist es an der Zeit, den Weg der Entscheidung zu dokumentieren. Entscheidungstabellen, Ergebnisübersichten und grafische Darstellungen aus Map4Score werden als Grafik eingebunden.

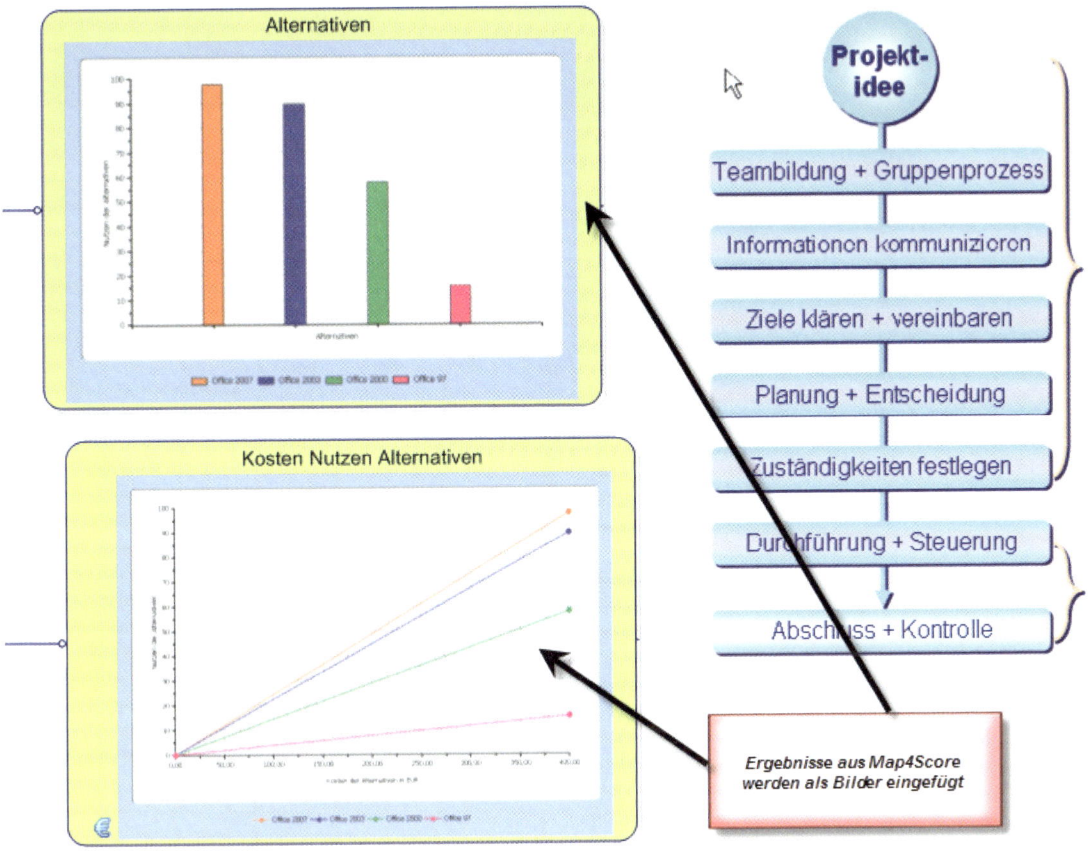

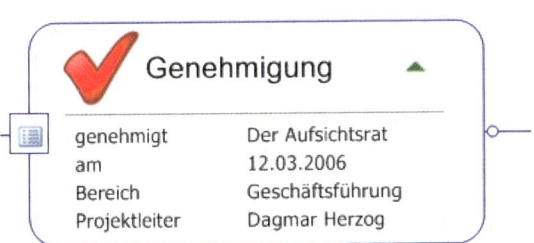

Abbildung 6.37 Bilder sprechen Bände.

Formelles darf nicht zu kurz kommen! Benutzerdefinierte Eigenschaften bieten die passende Plattform dafür.

⑥

Abbildung 6.38 Benutzerorientierte Informationen

Dieses Gericht soll Anregung sein, Entscheidungsprozesse noch produktiver zu gestalten. Der Chefkoch in unserem Kochstudio entdeckt auch immer wieder neue Möglichkeiten, um Kreativitätstechniken und Entscheidungsmethoden miteinander zu verbinden.

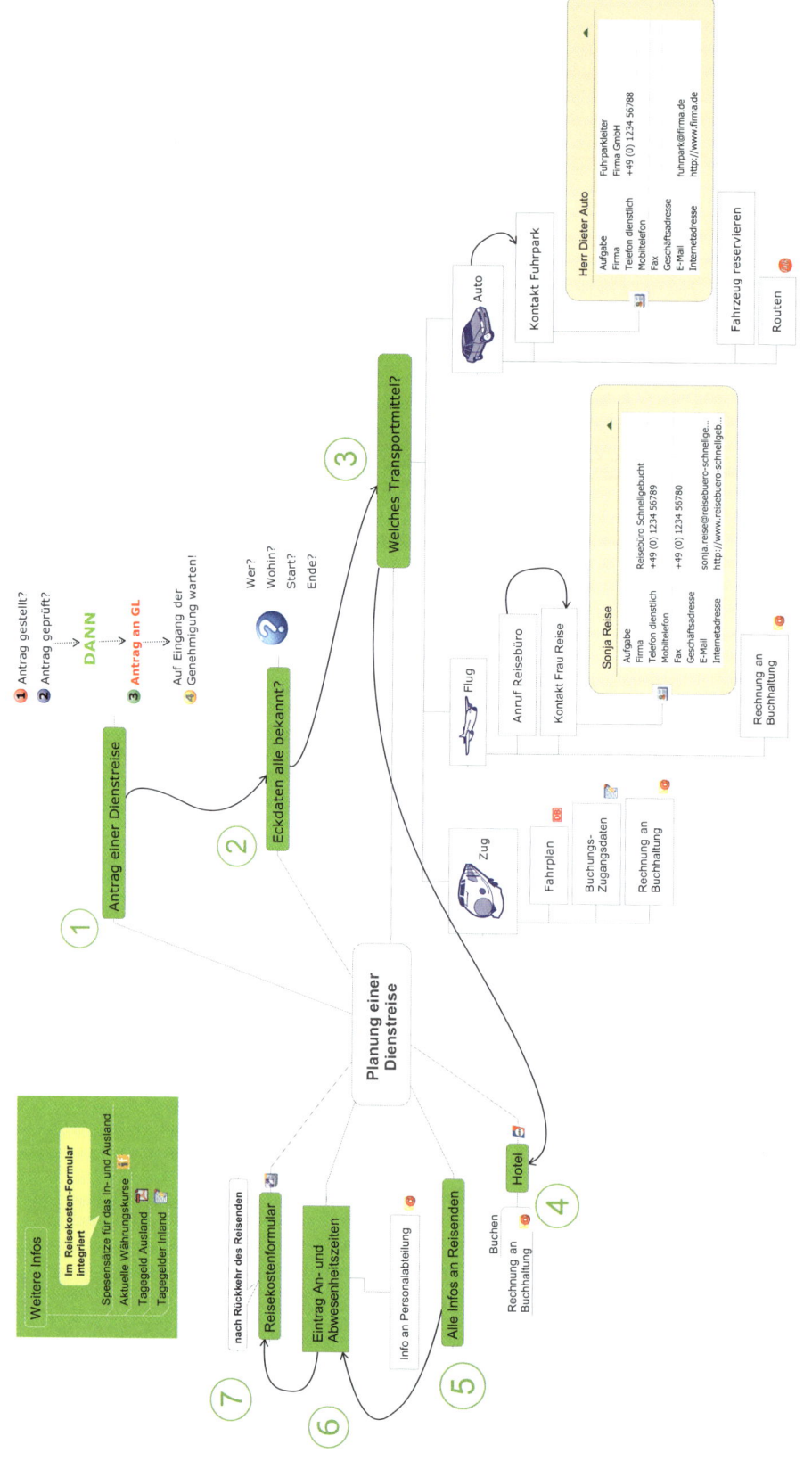

6.8 Reiseproviant – Planung von Dienstreisen

- 3 kg MindManager
- 4 EL Bilder
- 1 kg Farben und Formen
- 500 gr. Kreativität
- 3 TL benutzerdefinierte Eigenschaften

Ob Service-Techniker, Entwickler, Trainer, Berater oder Vertriebsleute – alle sind ständig unterwegs, zu Kunden, Messen oder Schulungen. Und das Tage und Wochen hintereinander. Dienstreisen sind an der Tagesordnung. In der Regel steckt hinter jeder Dienstreise eine »gute Fee«, die alles plant, organisiert, bucht usw. Vermutlich machen sich die wenigsten unter uns wirklich Gedanken darüber, was hinter einer solchen Planung steckt – die »gute Fee« jedoch schon.

Als Sekretärin in einem mittelständischen Unternehmen gehört das Planen von Dienstreisen zu Ihrem Alltag. Immer wieder aufs Neue kochen Sie neue Reisemenüs. Was für Sie Routine ist, ist für jemand anderen eine große Aufgabe.

Damit im Krankheits- oder Urlaubsfall jemand anders Sie genauso adäquat vertreten kann, erstellen Sie eine Business Map, die den Prozess einer Dienstreiseplanung wiedergibt. Die Zutaten für das Gericht haben Sie im Kopf – im Brainstorming-Modus halten Sie die Gedanken fest.

Abbildung 6.39 Ihre Aufgaben im Brainstorming-Modus

Nun heißt es: Ab in den Topf damit! Sie bringen Zutat für Zutat in eine Struktur und fügen über die Hyperlink-Funktion bereits erste weiterführende Informationen an. Weitere Gedanken, die während dieser Arbeit aufkommen, integrieren Sie mithilfe von Klammern oder Anmerkungen.

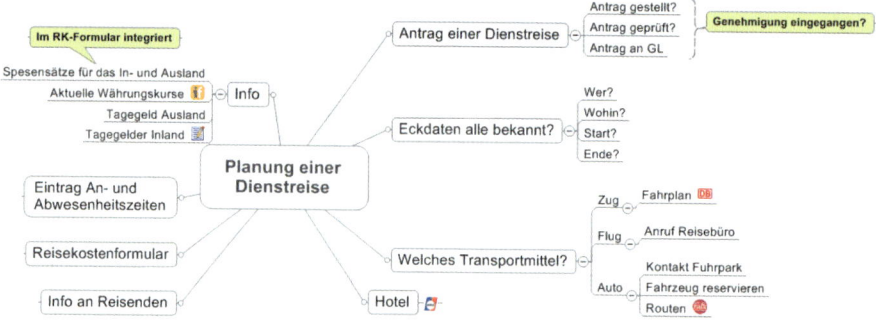

Abbildung 6.40 Erste Strukturen wurden angelegt.

Die Business Map soll einem Prozess gleichen, der von jedermann sofort und auf den ersten Blick zu verstehen ist – ein Kreislauf, der keine Rückschlüsse zulässt. In Ihrem Topf brodelt es. Sie geben Farben und Prioritäts-Icons, die als Nummerierung dienen, hinzu. Verbindungslinien stellen die Reihenfolge des Prozesses dar.

Abbildung 6.41 Übersicht mit Farben, Linien und Prioritäten

Sie sind mit dem ersten Ergebnis zufrieden und wollen sich auf diese Weise Schritt für Schritt durch die Business Map »kochen«. Zusätzlich nutzen Sie die Funktion der Zweiganordnungen sowie Bilder, um dadurch zusätzliche Übersicht zu schaffen.

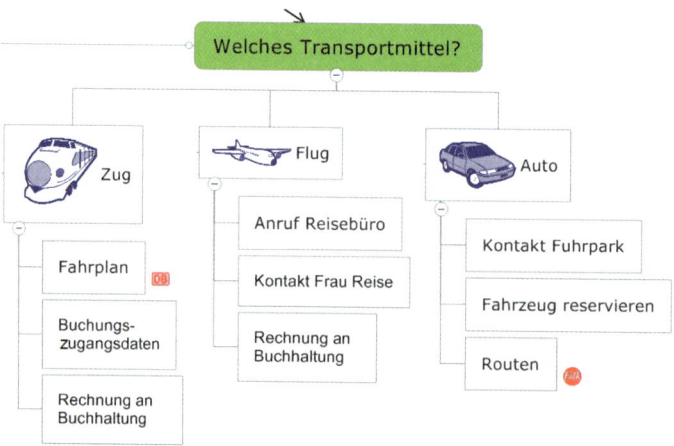

Abbildung 6.42 Die Zweigform »Organigramm« schafft Übersicht.

Damit Ihre Vertretung sofort weiß, an wen sie sich in welchem Fall wenden muss, fügen Sie Kontaktdaten über Outlook ein. Für das Weiterleiten von Rechnungen integrieren Sie die entsprechende E-Mail-Adresse. Weitere Informationen wie bspw. Zugangsdaten zum Bahnportal hinterlegen Sie in Textnotizen.

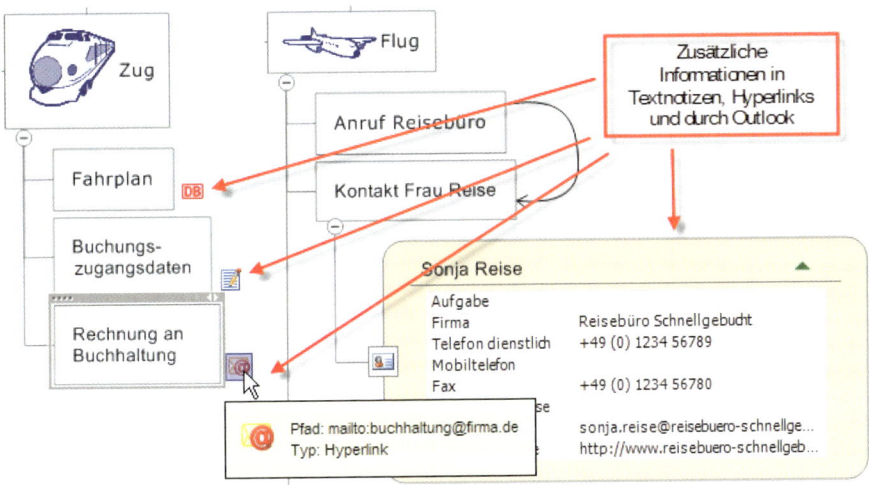

Abbildung 6.43 Alle Informationen auf einen Blick

Um auch letzte Zweifel bezüglich des Prozessablaufs aus dem Weg zu räumen, versehen Sie die einzelnen Schritte noch mit Nummern. Freie Anmerkungen oder Bilder lassen sich hier hervorragend nutzen.

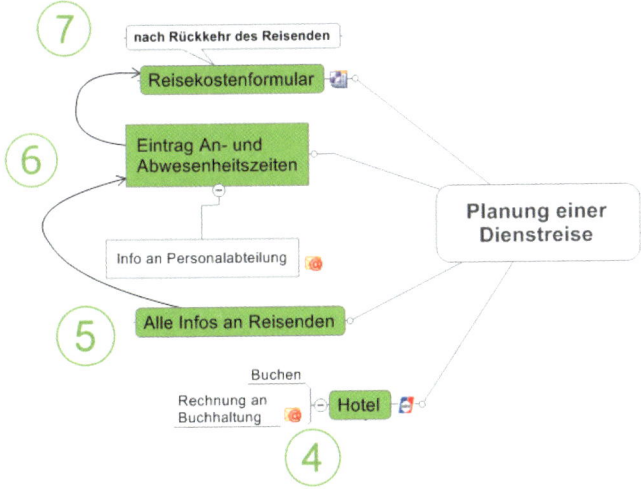

Abbildung 6.44 Kleine Bilder helfen bei einer übersichtlicheren Prozessdarstellung.

Ein einfaches Gericht, das jeder – auch Ihre Vertretung – nun ganz einfach nachkochen bzw. nachvollziehen kann. Gutes Gelingen!

7 Die Klaviatur des Genusses – die Informatik

Die Informatik ist die Wissenschaft von der systematischen Verarbeitung von Informationen, insbesondere der automatischen Verarbeitung mithilfe von Rechenanlagen.

Sie hat in praktisch allen Bereichen des modernen Lebens Einzug gehalten. Die weltweite Vernetzung revolutionierte die Unternehmenskommunikation und Logistik, die Medien, aber auch praktisch alle privaten Haushalte. Die praktische Informatik beschäftigt sich mit der Lösung von konkreten Problemen der Informatik, insbesondere der Entwicklung von Computerprogrammen in der Softwaretechnik. Sie liefert die grundlegenden Konzepte zur Lösung von Standardaufgaben, wie die Speicherung und Verwaltung der Informationen mittels Datenstrukturen. Wichtig ist es, Musterlösungen für häufige oder schwierige Aufgaben bereitzustellen.

Eines der zentralen Themen der Informatik ist die Softwaretechnik, auch ein Bereich der praktischen Informatik. Sie beschäftigt sich mit der systematischen Erstellung von Software. Dabei werden die Ergebnisse aller anderen Bereiche, wie Algorithmen und Programmiersprachen, eingesetzt. Zusätzlich werden aber auch Konzepte und Lösungsvorschläge für große Softwareprojekte entwickelt, die einen wiederholbaren Prozess von der Idee bis zur fertigen Software erlauben sollen. Dabei ist die eigentliche Programmierarbeit, die so genannte Implementierung, nur noch ein kleiner Teil des Gesamtprozesses.

Computer verwalten heute große Datenmengen in kurzer Zeit, sichern, tauschen aus und verarbeiten diese. Nötig sind dazu die Interaktion komplexer Hardware- und Softwaresysteme und das Verstehen der Prozesse. In allen Prozessen ist der Mensch im Mittelpunkt und die Kommunikation zwischen zwei Welten – dem ITler und dem Endanwender – eine Herausforderung.

Wir möchten Sie zu einem Besuch in diesen sehr technischen Küchenbereich einladen. Wir geben Ihnen als Gastgeber einige Anregungen für einen leicht verständlich gedeckten Tisch für Ihre Anwendungen.

Internetaufbau

Entwicklung
Internet
- In den 60er-Jahren
- Geht aus dem militärischen ARPANET hervor
- seitdem rasante Entwicklung zu einem Netzwerk der Superlative

Kurz und knapp: Was ist das Internet?
- Netzwerk aus Netzwerken
- Einzelne, unabhängige Rechner sind weltweit miteinander vernetzt
- Vernetzung erfolgt über Datenverbindungen wie...

Aufbau

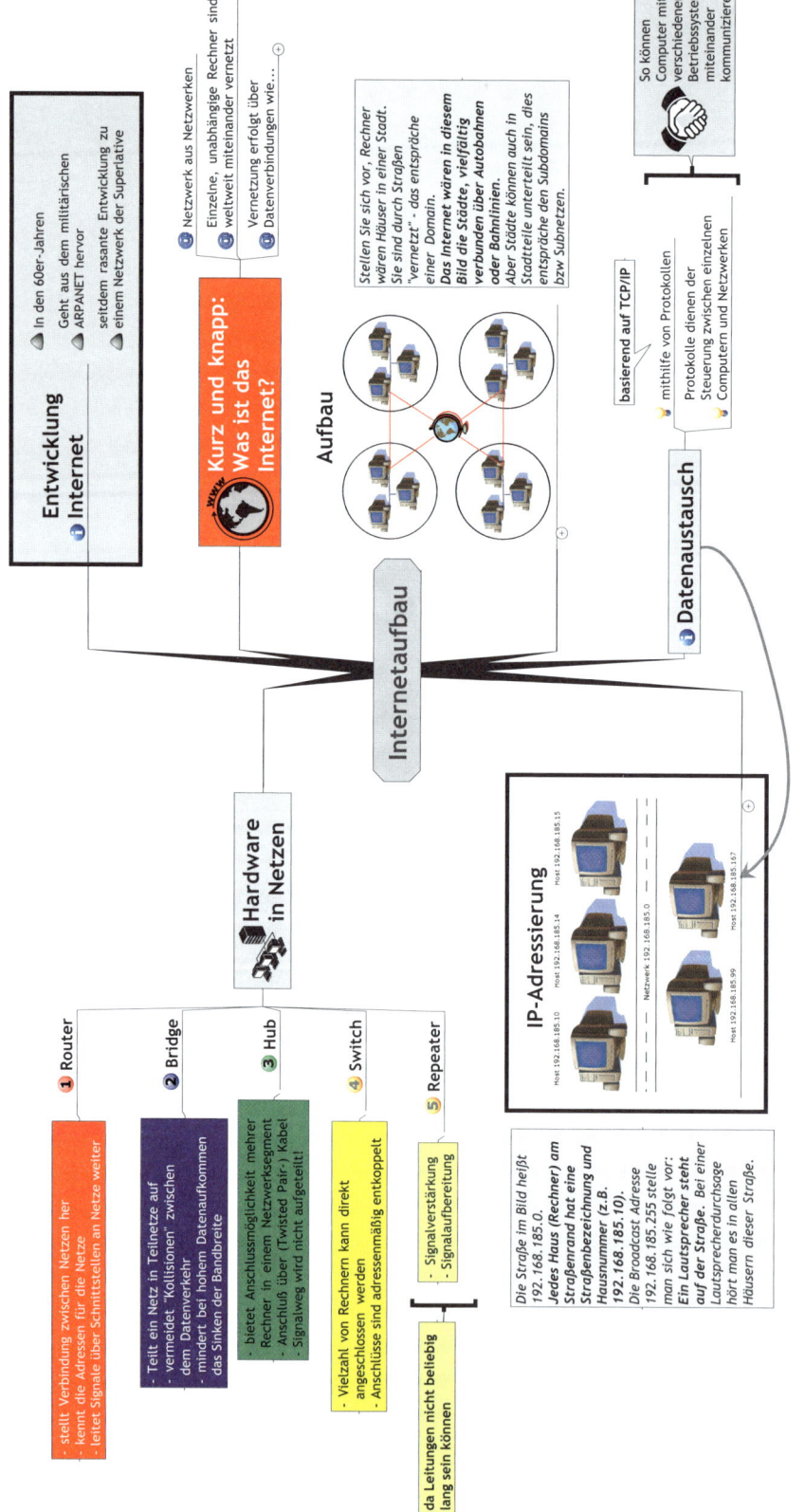

Stellen Sie sich vor, Rechner wären Häuser in einer Stadt. Sie sind durch Straßen "vernetzt" - das entspräche einer Domain.
Das Internet wären in diesem Bild die Städte, vielfältig verbunden über Autobahnen oder Bahnlinien.
Aber Städte können auch in Stadtteile unterteilt sein, dies entspräche den Subdomains bzw Subnetzen.

Datenaustausch
- basierend auf TCP/IP
- mithilfe von Protokollen
- Protokolle dienen der Steuerung zwischen einzelnen Computern und Netzwerken

So können Computer mit verschiedenen Betriebssystemen miteinander kommunizieren

Hardware in Netzen

1 Router
- stellt Verbindung zwischen Netzen her
- kennt die Adressen für die Netze
- leitet Signale über Schnittstellen an Netze weiter

2 Bridge
- Teilt ein Netz in Teilnetze auf
- vermeidet "Kollisionen" zwischen dem Datenverkehr
- mindert bei hohem Datenaufkommen das Sinken der Bandbreite

3 Hub
- bietet Anschlussmöglichkeit mehrerer Rechner in einem Netzwerksegment
- Anschluß über (Twisted Pair-) Kabel
- Signalweg wird nicht aufgeteilt!

4 Switch
- Vielzahl von Rechnern kann direkt angeschlossen werden
- Anschlüsse sind adressenmäßig entkoppelt

5 Repeater
- Signalverstärkung
- Signalaufbereitung

da Leitungen nicht beliebig lang sein können

IP-Adressierung

Die Straße im Bild heißt 192.168.185.0.
Jedes Haus (Rechner) am Straßenrand hat eine Straßenbezeichnung und Hausnummer (z.B. 192.168.185.10).
Die Broadcast Adresse 192.168.185.255 stelle man sich wie folgt vor: Ein Lautsprecher steht auf der Straße. Bei einer Lautsprecherdurchsage hört man es in allen Häusern dieser Straße.

Host 192.168.185.10
Host 192.168.185.14
Host 192.168.185.15
Netzwerk 192.168.185.0
Host 192.168.185.99
Host 192.168.185.167

7.1 Die Speisekarte – Internetaufbau

- 3 kg MindManager
- 500 Einheiten Bilder
- 1 Farbtopf und Gestaltungsideen
- 2 Flaschen PowerPoint
- 3 TL Spaß an Hintergrundwissen

»Das Internet ist nicht greifbar für mich. Können Sie mir sagen, wo das Internet ist?« *Maximilian Schell, österreichischer Schauspieler.*

Ca. 35 Mio. Deutsche sind online, das entspricht 55 Prozent der Bundesbürger über 14 Jahren. Aus den Büros ist das Internet nicht mehr wegzudenken, und E-Mails sind das vorherrschende Kommunikationsmedium im Geschäftsleben. Aber nicht nur bei der Jobfrage spielt das Netz eine große Rolle. Auch im täglichen Leben ist das Wissen um den Umgang mit dem Internet Teil der Allgemeinkultur geworden. Doch wie sieht eigentlich die grundlegende Funktionsweise des Internets aus?

Unser Koch steht bereits am Herd und ist startklar, um eine neue Business Map zu kochen. Die wichtigsten Zutaten stehen parat – ab in den Topf damit.

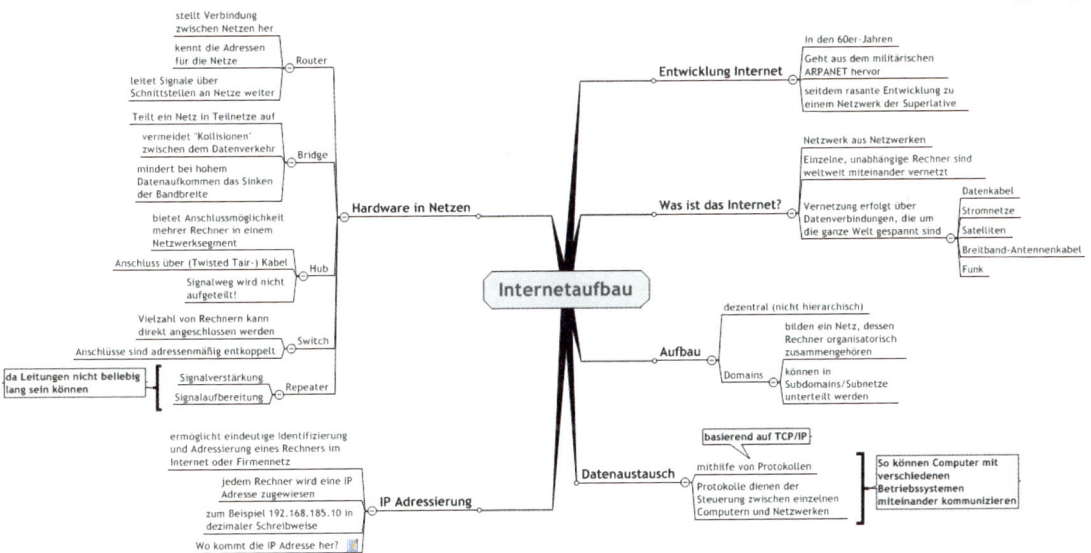

Abbildung 7.1 Viele Informationen – die Übersicht jedoch könnte besser sein.

Um die Informationen etwas übersichtlicher zu präsentieren, verwendet unser Koch zunächst eine Vielzahl an MindManager-Gestaltungselementen wie Farben, Umrandungen und Icons. Damit hat er im Handumdrehen seinem Internet-Gericht einen ersten leckeren Beigeschmack gegeben.

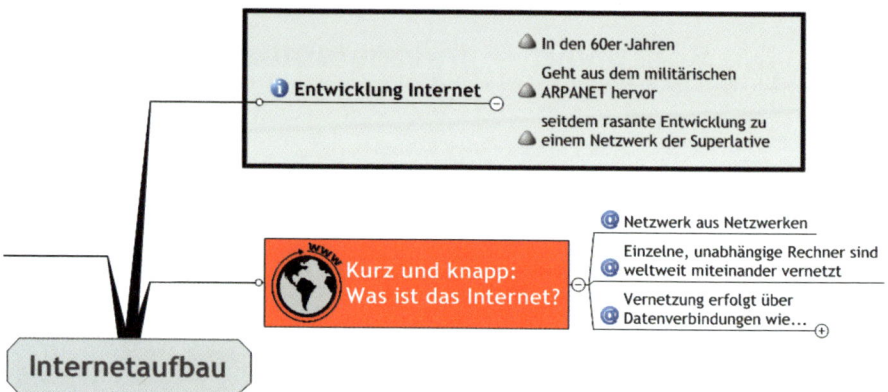

Abbildung 7.2 Farben, Formen und Icons geben ersten Überblick.

③ Da die Thematik »Internetaufbau« an sich keine leichte Kost ist, wollen Sie Bilder sprechen lassen und diese dort, wo es Sinn macht, einsetzen. In PowerPoint können Sie solche Grafiken schnell erstellen und als Grafik in die Map einfügen. Tipp: Im Bereich der PowerPoint Auto-Formen finden Sie hierzu viele Grafiken!

Mit einer kleinen »bildlichen Geschichte« dabei erscheint alles klarer.

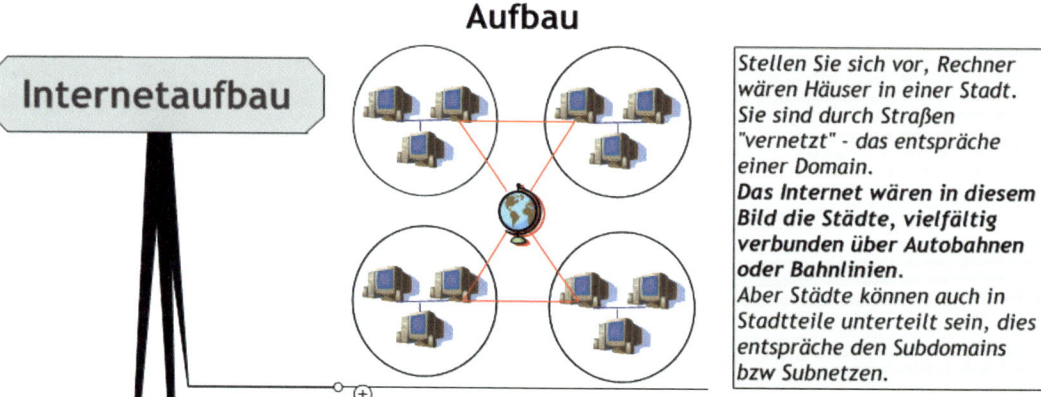

Abbildung 7.3 Technische Detailinformationen sind geschlossen. Wer möchte, kann sich diese Zutat »auf den Teller« tun.

④ Ihre Business Map wird immer anschaulicher, und das Internet-Gericht fängt an, Ihnen richtig gut zu schmecken.

Da der Zweig »IP-Adressierung« die Erläuterung zum Zweig »Datenaustausch« darstellt, wollen Sie auch diesen visualisieren. Um den Geschmack Ihrer Map nicht zu verfälschen, bleiben Sie bei *einem* Gewürz – dem Beispiel mit der Straße und den Häusern. Erneut erstellen Sie in PowerPoint eine einfache Grafik zur Erklärung der IP-Adressierung. Technische Details blenden Sie wiederum aus.

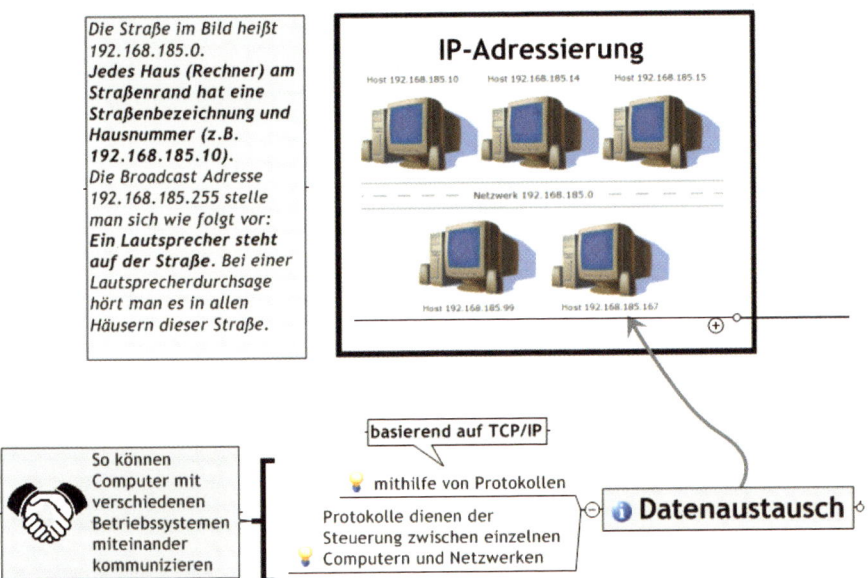

Abbildung 7.4 Bilder und Texte helfen, einfacher zu verstehen.

Für den letzten Bereich, den Erläuterungen zur Hardware, bleiben Sie wieder im MindManager. Mit Icons, Farben und weiteren Gestaltungselementen schaffen Sie in Kürze Übersicht. Die Unterzweige werden farblich jeweils gleich angepasst.

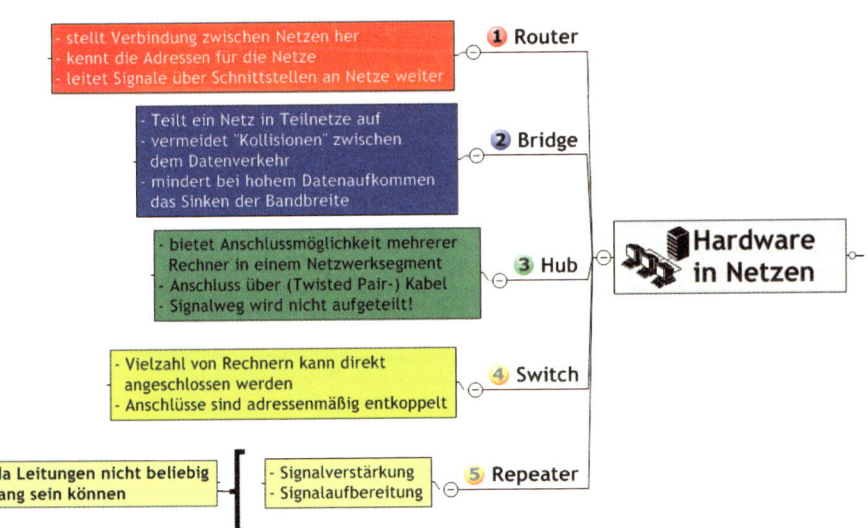

Abbildung 7.5 Die Formatierungsmöglichkeiten geben die richtige Würze.

Ihre »Internet«-Business Map ist nun angerichtet. Probieren Sie es selber aus. Die Zutaten aus MindManager und PowerPoint bieten Ihnen hierzu eine Vielfalt an »Würzmöglichkeiten«. Guten Appetit.

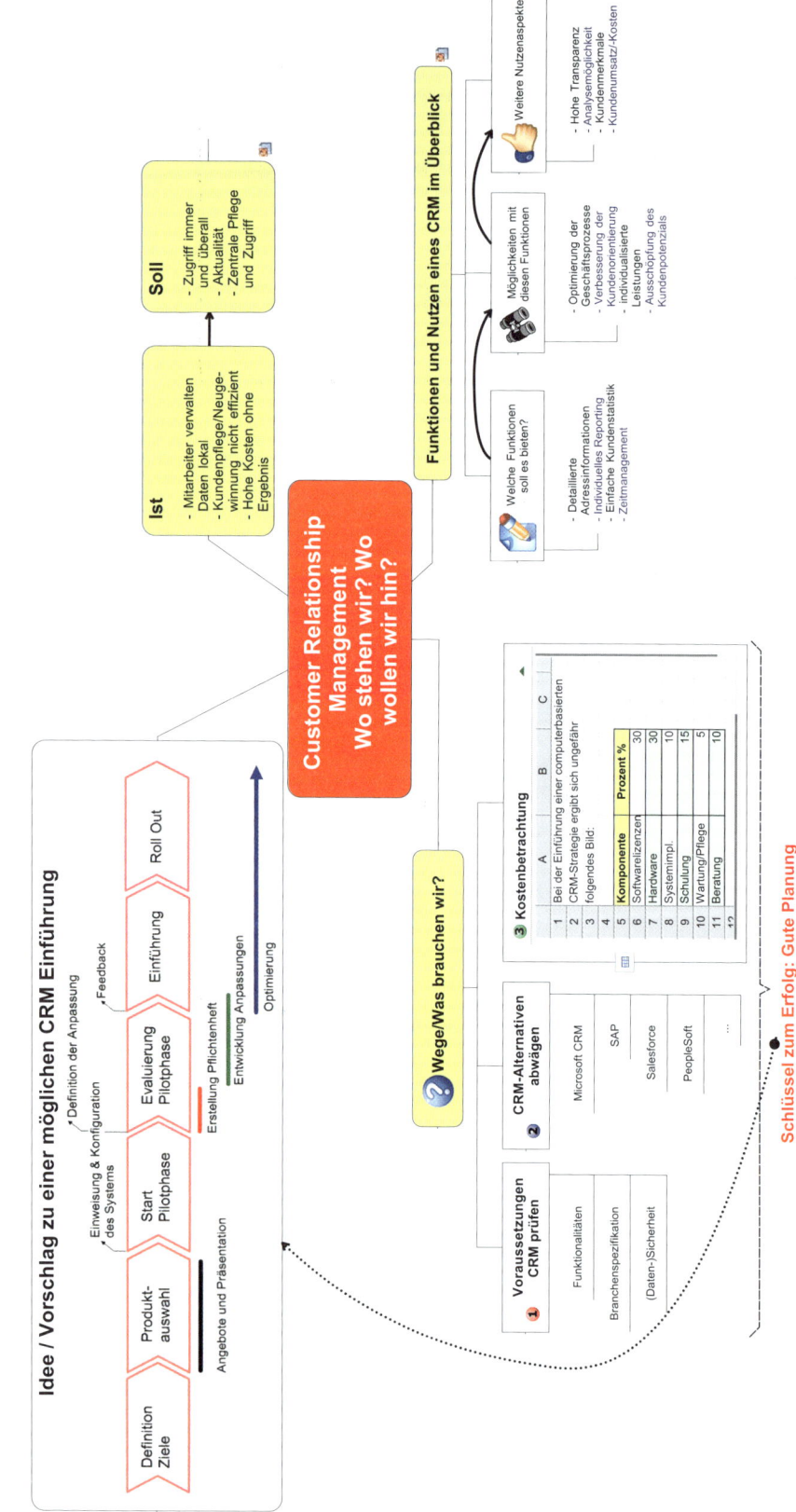

Idee / Vorschlag zu einer möglichen CRM Einführung

| Definition Ziele | Produkt-auswahl | Start Pilotphase | Evaluierung Pilotphase | Einführung | Roll Out |

- Angebote und Präsentation
- Einweisung & Konfiguration des Systems
- Definition der Anpassung
- Feedback
- Erstellung Pflichtenheft
- Entwicklung Anpassungen
- Optimierung

Customer Relationship Management
Wo stehen wir? Wo wollen wir hin?

Ist
- Mitarbeiter verwalten Daten lokal
- Kundenpflege/Neuge-winnung nicht effizient
- Hohe Kosten ohne Ergebnis

Soll
- Zugriff immer und überall
- Aktualität
- Zentrale Pflege und Zugriff

Funktionen und Nutzen eines CRM im Überblick

Welche Funktionen soll es bieten?
- Detaillierte Adressinformationen
- Individuelles Reporting
- Einfache Kundenstatistik
- Zeitmanagement

Möglichkeiten mit diesen Funktionen
- Optimierung der Geschäftsprozesse
- Verbesserung der Kundenorientierung
- individualisierte Leistungen
- Ausschöpfung des Kundenpotenzials

Weitere Nutzenaspekte
- Hohe Transparenz
- Analysemöglichkeit
- Kundenmerkmale
- Kundenumsatz-/Kosten

Wege/Was brauchen wir?

① Voraussetzungen CRM prüfen
- Funktionalitäten
- Branchenspezifikation
- (Daten-)Sicherheit

② CRM-Alternativen abwägen
- Microsoft CRM
- SAP
- Salesforce
- PeopleSoft
- ...

③ Kostenbetrachtung

Bei der Einführung einer computerbasierten CRM-Strategie ergibt sich ungefähr folgendes Bild:

	A	B	C
	Komponente	Prozent %	
6	Softwarelizenzen	30	
7	Hardware	30	
8	Systemimpl.	10	
9	Schulung	15	
10	Wartung/Pflege	5	
11	Beratung	10	

Schlüssel zum Erfolg: Gute Planung

7.2 Lieblingsspeisen für jedermann – CRM

- 1 Pfund MindManager
- 500 gr. Visio
- 300 gr. PowerPoint
- 200 gr. Farben und Formen

Kundenbeziehungsmanagement oder Kundenpflege (Customer Relationship Management, CRM) – ein Thema mit stetig wachsender Bedeutung. Wie können wir Kunden halten, gewinnen, regelmäßig ansprechen, erreichen? Hier spielt die effiziente und zentrale Verwaltung von Kundendaten eine große Rolle. Die Unternehmensaktivitäten müssen auf langfristige Kundenbeziehungen ausgerichtet sein, um den Erfolg des Unternehmens zu steigern.

Sie sind Vertriebs- und Marketingleiter und bereits seit langer Zeit sehr unzufrieden mit der Kundenpflege in Ihrem Unternehmen. Die Verwaltung der Daten wurde zwar bereits vor einiger Zeit zentral angelegt, dennoch arbeitet die Mehrzahl der Angestellten lokal, sodass Informationen zu den Kunden nie aktuell sind. Veränderungen müssen her. Sie wollen bei der Geschäftsleitung »vorsprechen«. Ihr Ziel ist es, eine Business Map als Handout zu erstellen, die kurz und knapp einen ersten Einblick in die Materie gibt. Alles andere präsentieren Sie im Meeting.

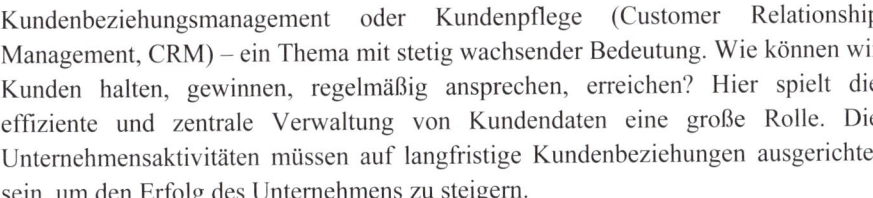

Abbildung 7.6 Obwohl nicht alle Zweige eingeblendet sind, ist die Map auch so – für »Außenstehende« – sehr unübersichtlich.

② Sie legen eine PowerPoint-Präsentation an, sodass Sie gleichzeitig mit der »Zubereitung« der wichtigsten Informationen in der Map weiterführende Aspekte in der PPT-Datei festhalten können. Per Hyperlink eingebunden, können Sie während der Präsentation jederzeit zwischen der Map und der Präsentation wechseln.

»Ist« und »Soll« stellen Sie in der Map gegenüber, sodass ein sofortiger Überblick gegeben ist.

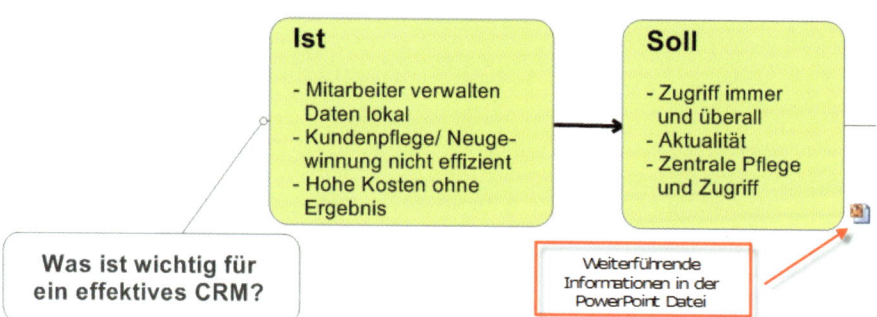

Abbildung 7.7 Detailinformationen verschwinden aus der Map und landen in der PPT-Datei.

③ Die Zweige »Welche Funktionen«, »Möglichkeiten« sowie die »Weiteren Nutzenaspekte« sind ausschließlich Aufzählungen, die Sie ebenfalls zum größten Teil aus der Map streichen. Zur Präsentation solcher Fakten ist PowerPoint sinnvoller. Die Visualisierung der Map-Daten nehmen Sie mit den in MindManager zur Verfügung stehenden Formatierungsmöglichkeiten vor. Bilder unterstreichen die Aussage der einzelnen Aspekte. Mit ein wenig MindManager-Wissen und Kreativität verfeinern Sie Ihr CRM-Gericht im Handumdrehen.

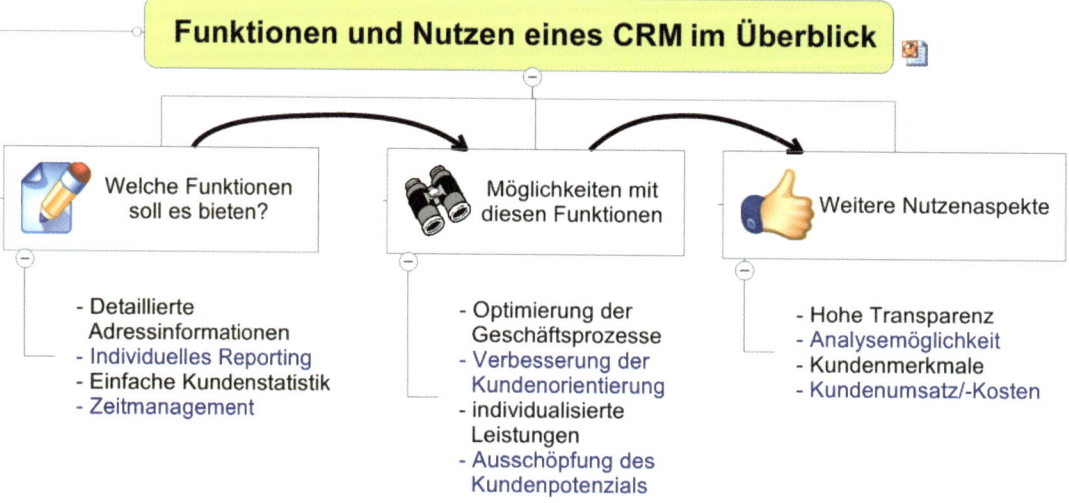

Abbildung 7.8 Die wichtigsten Informationen in der Übersicht – auf Anhieb für jedermann verständlich.

Ihr Gericht fängt an, Geschmack zu bekommen. Nun würzen Sie den Zweig »Wege« und zeigen übersichtlich, was für die Wahl eines geeigneten CRM von Bedeutung ist. Die Zweiganordnung »Organigramm« liefert eine erste gute Übersicht. Prioritäten und die MindManager-Tabellenfunktion verfeinern die Darstellung.

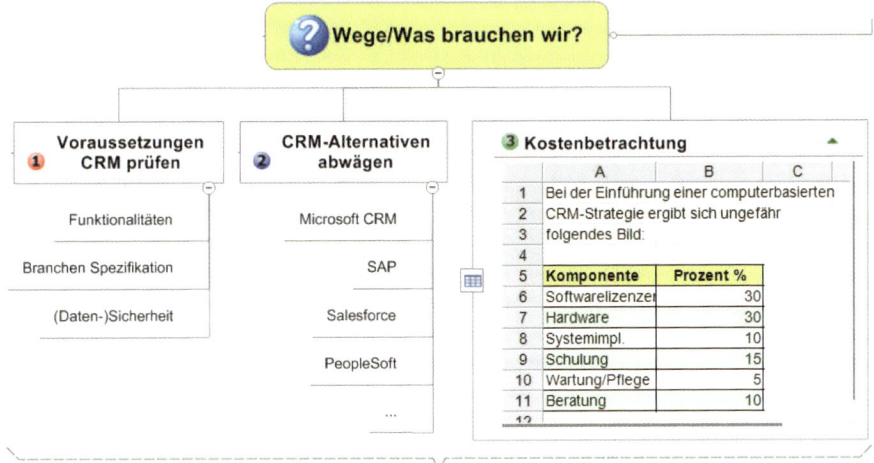

Abbildung 7.9 Die Klammerfunktion bietet hier eine gute Überleitung zum nächsten Punkt.

Für die Visualisierung Ihres Vorschlags einer möglichen Umsetzung bzw. Einführung des neuen CRM wählen Sie Microsoft Visio. Visio hat sich zur Darstellung von Prozessen bewährt.

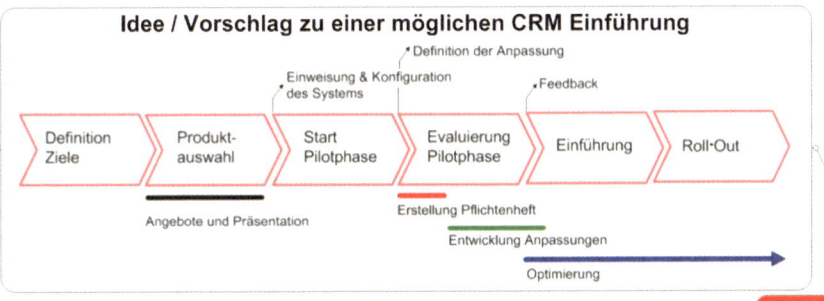

Abbildung 7.10 Binden Sie das Visio-Diagramm als Grafik ein.

Mit einfachen Schritten haben Sie die Vorteile eines effizienten CRM dargestellt, die Ist- und Soll-Situation im Unternehmen gegenübergestellt und neue Wege und Möglichkeiten aufgezeigt: die perfekte Übersicht für alle Meeting-Teilnehmer.

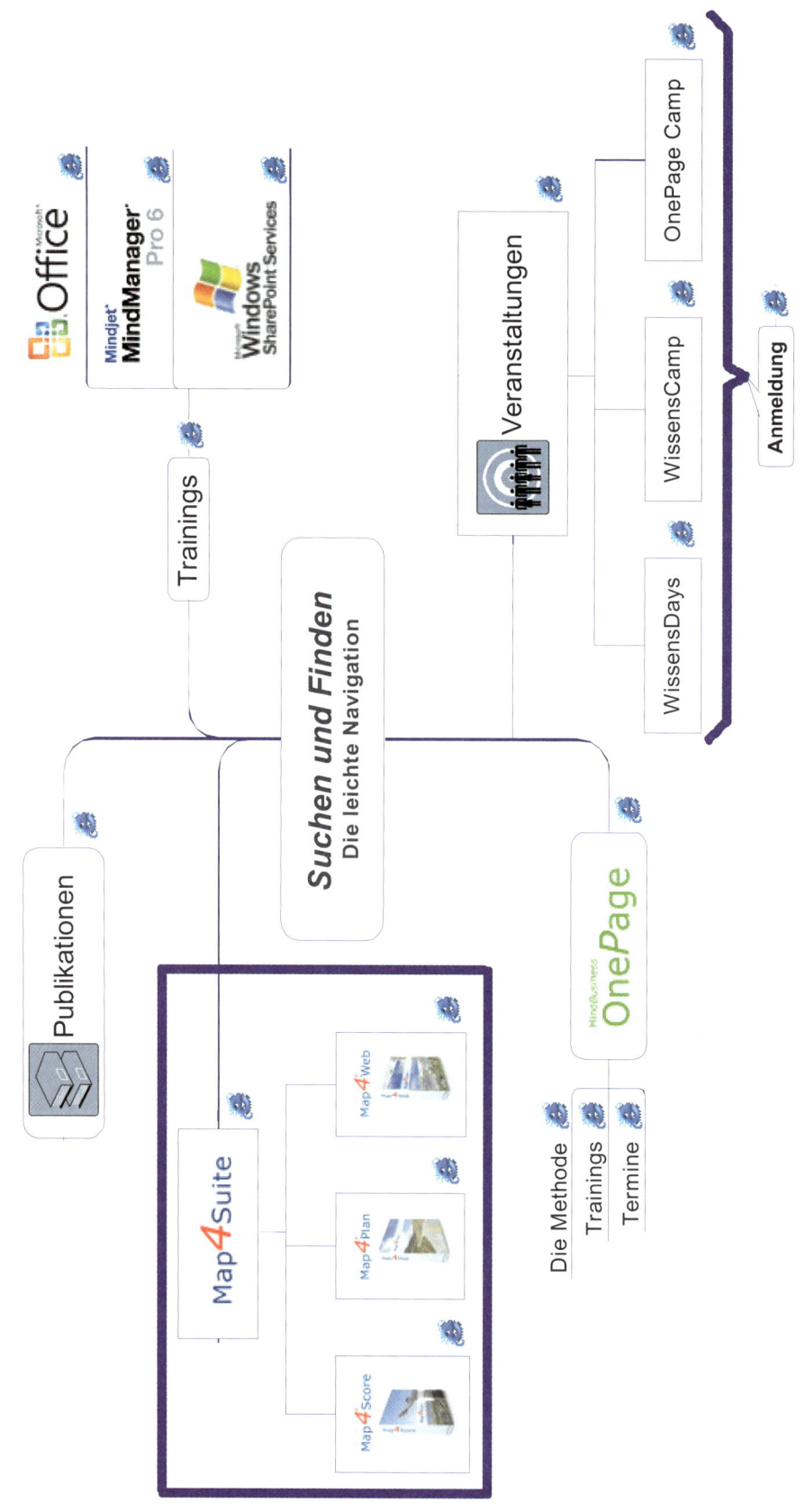

7.3 Frisches Gemüse – Inter-/Intranetnavigation einmal anders

- 3 kg MindManager
- 200 gr. Visualisierungselemente
- 1 Teelöffel Experimentierfreude
- 1 kg Map4Web für die direkte Veröffentlichung auf der Internet-/Intranetseite

Schnell mal eine Präsentation öffnen, ein Bild aus der letzten Kampagne laden, den Notfallplan öffnen ... »Schnell« ist hier für viele ein Wunschgedanke. Internet- oder Intranetseiten sind meist sehr strukturiert aufgebaut. Doch vielen fehlt die Übersicht, schnelle Navigation ist Insidern vorbehalten – andere suchen, suchen und suchen.

Wir haben unsere interne Startseite visualisiert und setzten das nun auch vermehrt auf Webseiten um. Ein Einblick: hier unsere interne Einstiegsseite.

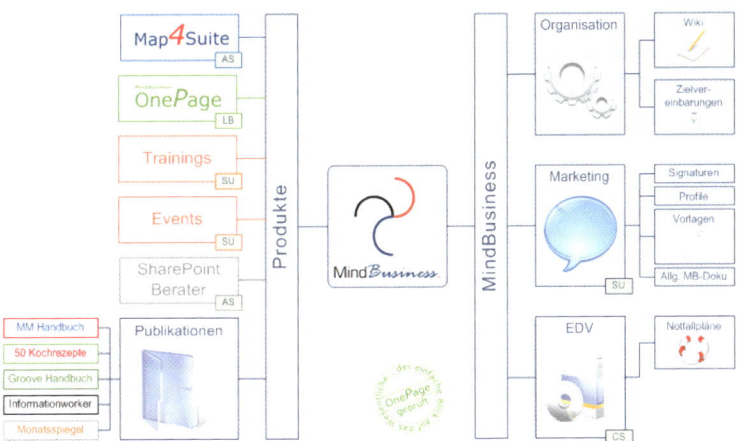

Abbildung 7.11 Unsere Intranetnavigation als Beispiel

Ein ähnliches Gericht werden wir nun gemeinsam kochen. Wir werden dazu hauseigene Zutaten, sprich die eigenen Logos verwenden, damit wir kein Markenrecht verletzen und Sie den praktischen Bezug sehen können. Ein kleines Vorgericht, das Sie aber jederzeit zum Hauptgericht ausweiten können.

Abbildung 7.12 Wo geht die Reise hin? Die erste Planung

Die Struktur ist aufgebaut. Meist sind die vielen Buchstaben, die ein Wort ergeben, das größte Problem. Daher haben wir die Worte gegen die passenden Bilder getauscht. Das geschriebene Wort haben wir nur verwendet, wenn es für die Transparenz wichtig war. Nicht immer sind Bilder die Lösung. Die gesunde Mischung macht's.

Abbildung 7.13 Bilder geben Info.

Alle Links zu den Web-/Intranetseiten werden als Hyperlink eingefügt – die Grundlage für die Navigation.

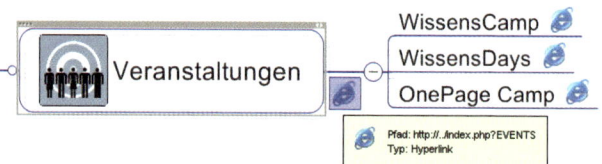

Abbildung 7.14 Die Ziele werden eingefügt – Hyperlinks in Aktion.

Nun gestalten wir. Zweiganordnungen, die Klammerfunktion und Umrandungen verhelfen zur Transparenz. Hier gibt es keinen festen Weg. Ausprobieren, rückgängig machen, Neues ausprobieren – bis es stimmig ist.

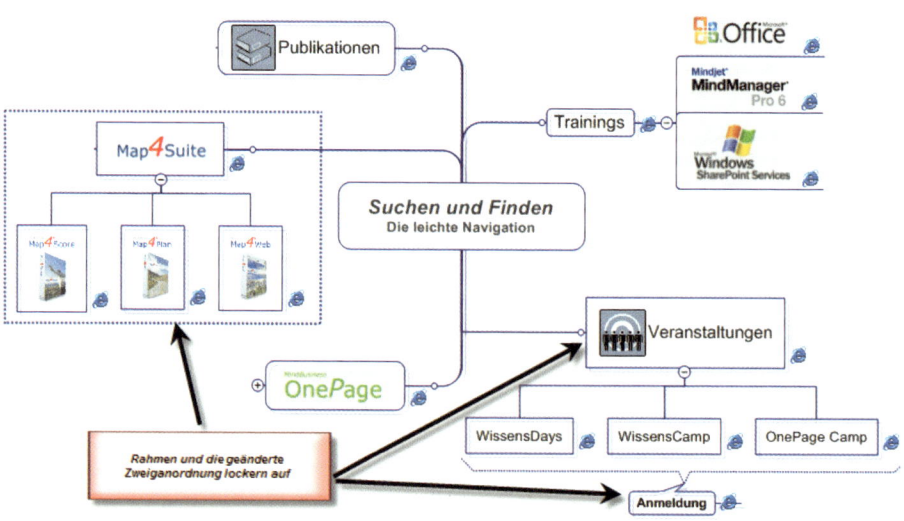

Abbildung 7.15 Die Darstellung ist wichtig.

Die visuelle Navigation sollte das Firmen-CI, Logos, Farben etc. aufnehmen. Wir lassen Sie noch einmal in den hauseigenen Kochtopf schauen.

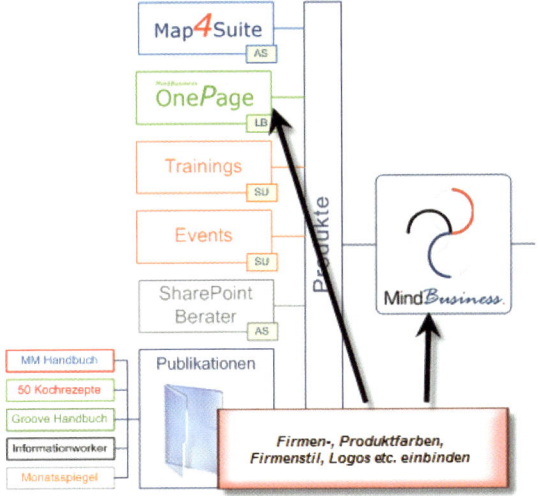

Abbildung 7.16 Rahmen, Firmen-CI und Co – nicht vergessen

Nachdem die Navigation steht, heißt es: Veröffentlichen auf der passenden Web-/Intranetseite. Mit Map4Web können Sie die Seite angeben – die Navigation steht!

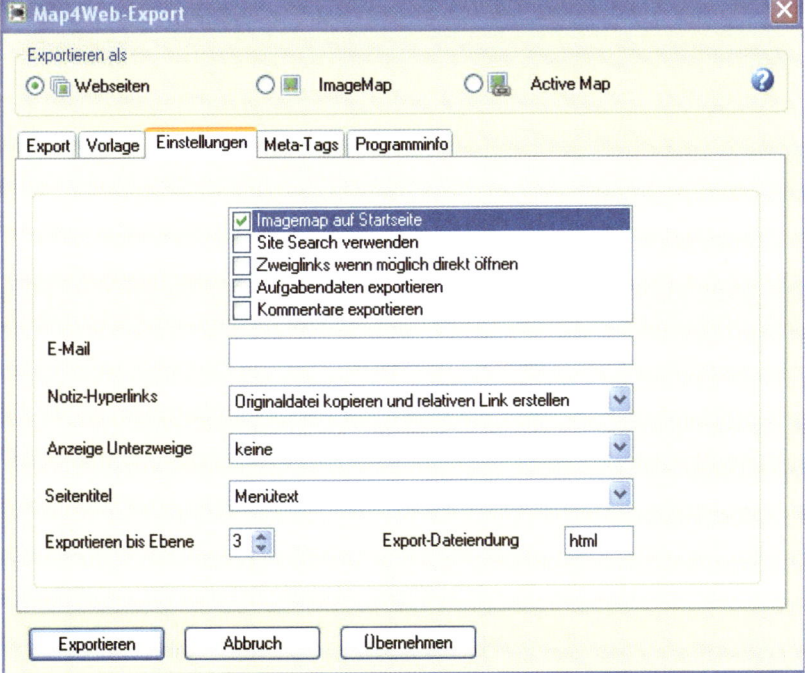

Abbildung 7.17 Die Umwandlung in das HTML-Format – Einstellungen

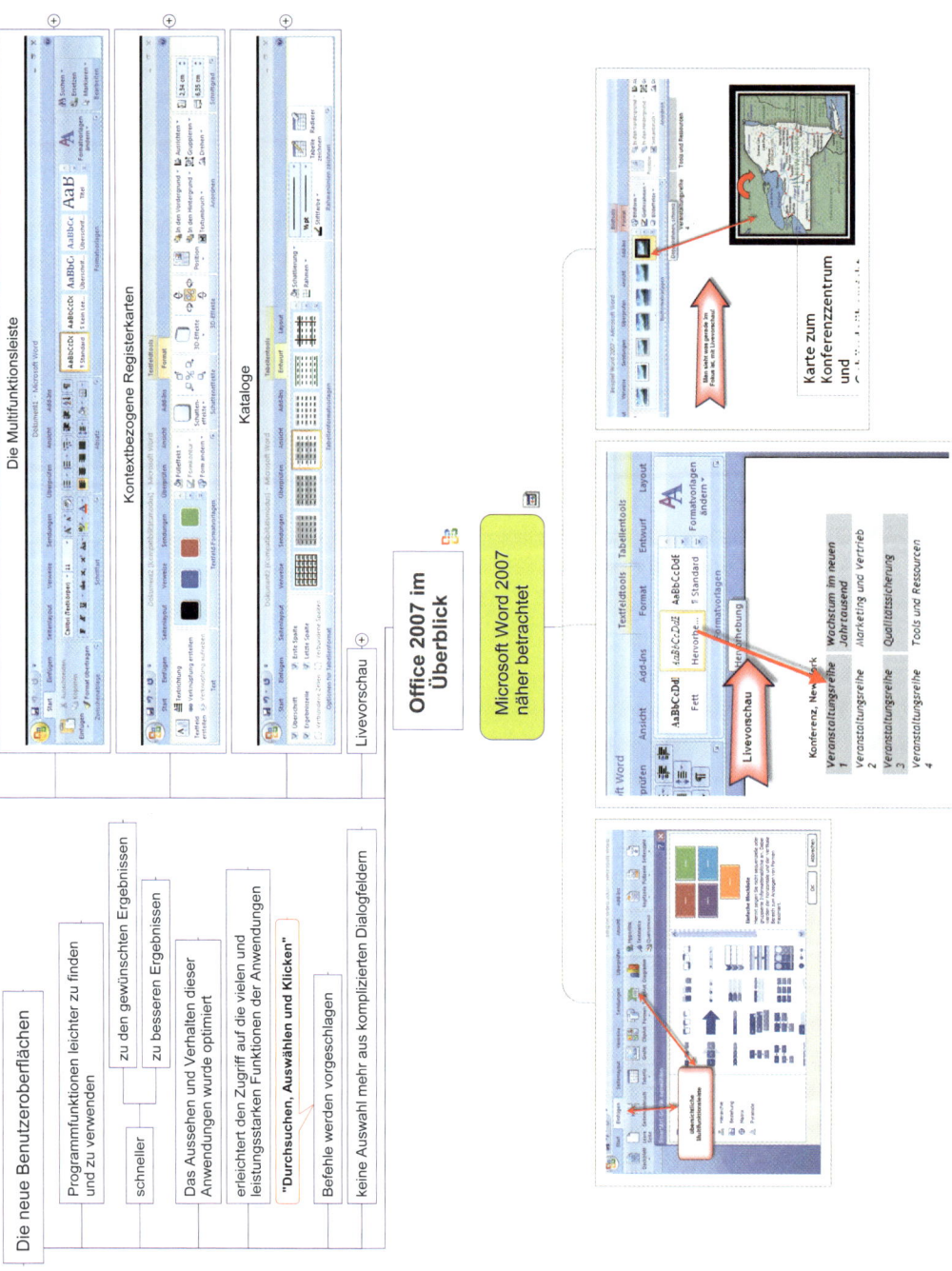

7.4 Freche Früchtchen – Office 2007 im Überblick

- 1,5 kg MindManager
- 1 kg Map4Screen
- 1 Kg Grafiken
- 200 gr. Gestaltung
- Geduld für die richtige Platzierung

Office 2007 – eine neue Dimension. Je mehr Features und Funktionen den Anwendungen im Laufe der Zeit hinzugefügt wurden, desto schwieriger wurde es, die gewünschten Befehle in den Produkten zu finden. Microsoft hat es geschafft, eine leichtere Auffindbarkeit der Funktionen zu ermöglichen. Die Benutzeroberfläche hat sich komplett geändert, ein neues Konzept steckt dahinter.

Wir stellen Ihnen ein Gericht vor, »Neues« einmal anders zu präsentieren. Mit MindManager wird jeder Gedanke gesammelt, den Sie evtl. für eine Präsentation benötigen. Die Webseite mit Detailinformationen ist als Hyperlink verknüpft.

①

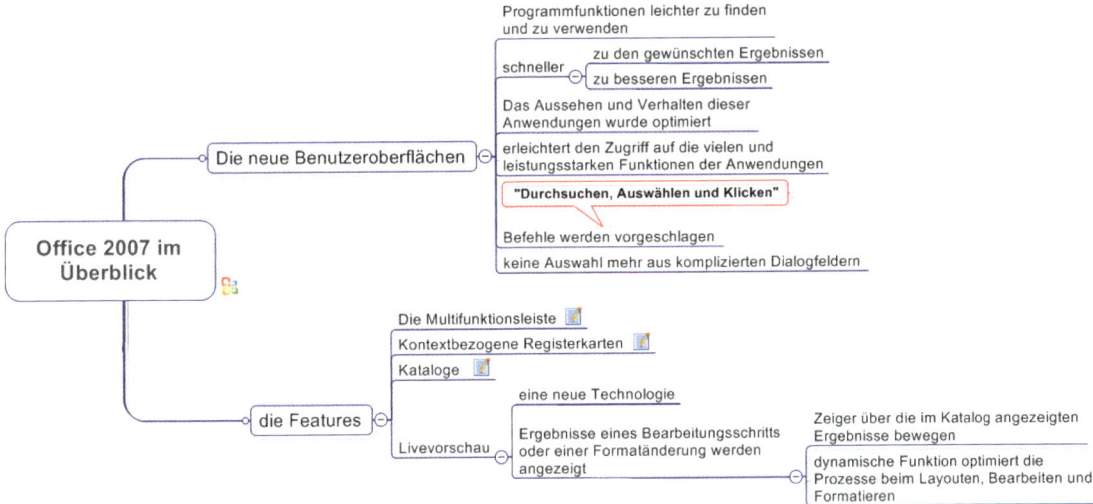

Abbildung 7.18 Über was möchte ich berichten? Informationen sammeln leicht gemacht.

Der erste Leitfaden steht. Nun fehlen noch weitere Detailinformationen. Einfach Unterzweige ergänzen.

②

223

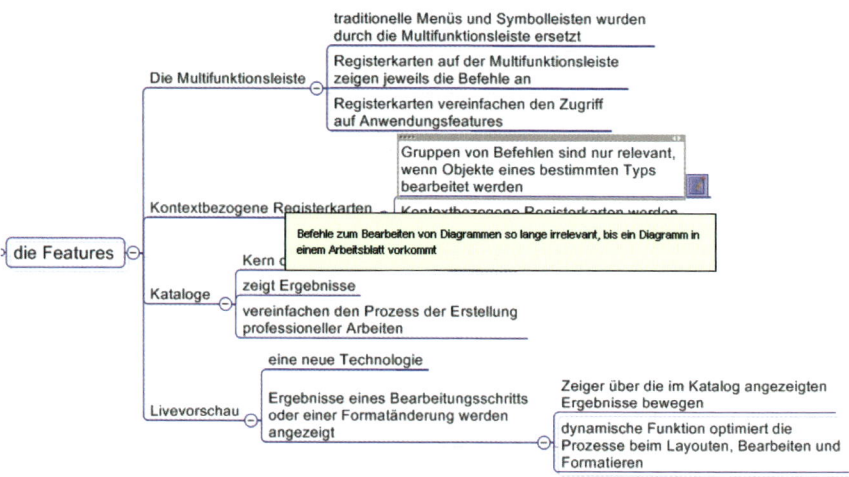

Abbildung 7.19 In die Details gehen – Zweige ergänzen

③ Viel Worte ohne Bilder – das ist keine Lösung. Also einfach Word 2007 öffnen und mit Map4Screen die gewünschten Bereiche einbinden – vorerst ohne Gestaltung.

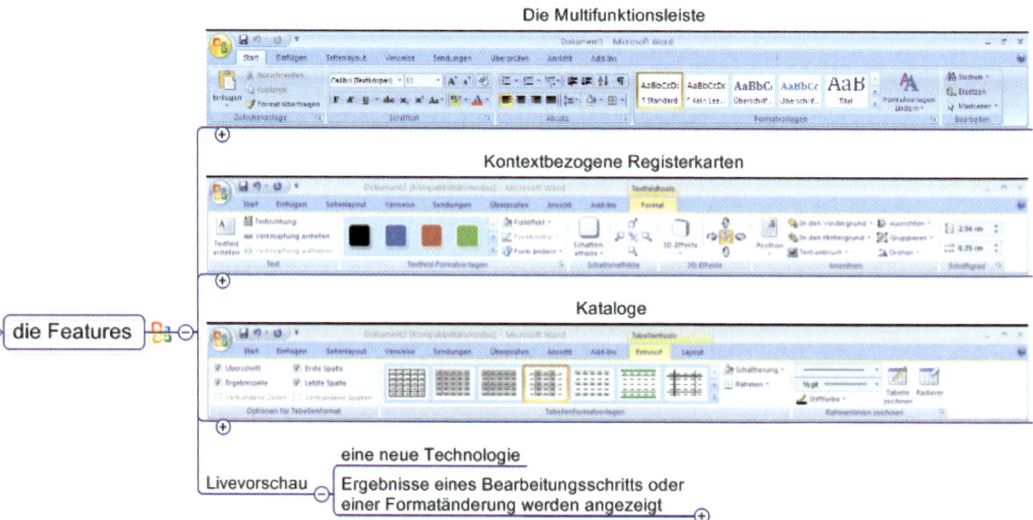

Abbildung 7.20 Screenshots einbinden – komfortabel mit Map4Screen

④ Sie haben nun zwei Zweigebenen: das Wort und das Bild. Sparen Sie den Platz, indem Sie Bild und Text auf einen Zweig zusammenführen. Mit »STRG + X« und »STRG + V« ist das ein Kinderspiel. Über »Zweig formatieren« bringen Sie das Bild leicht an die gewünschte Stelle. Ist ein Zweig erst einmal ordentlich formatiert,

übertragen Sie dieses Format schnell auf alle anderen Zweige. Mit dem Pinsel in der
Symbolleiste geht es am schnellsten.

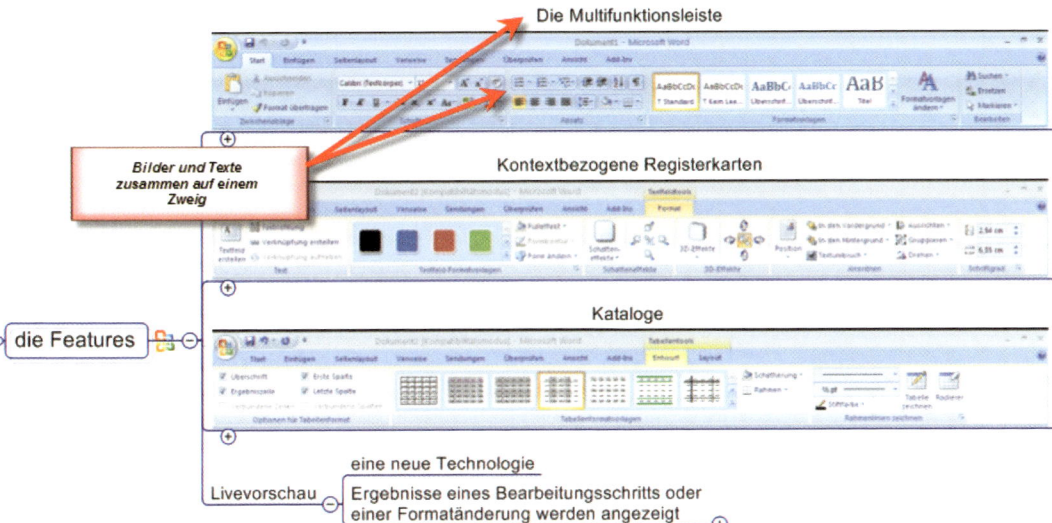

Abbildung 7.21 Bilder und Texte zusammenführen, das spart Platz.

Wie soll das alles auf einen Teller passen, den Sie später Ihrem Publikum kredenzen
wollen? Ändern Sie die Zweiganordnung. (5)

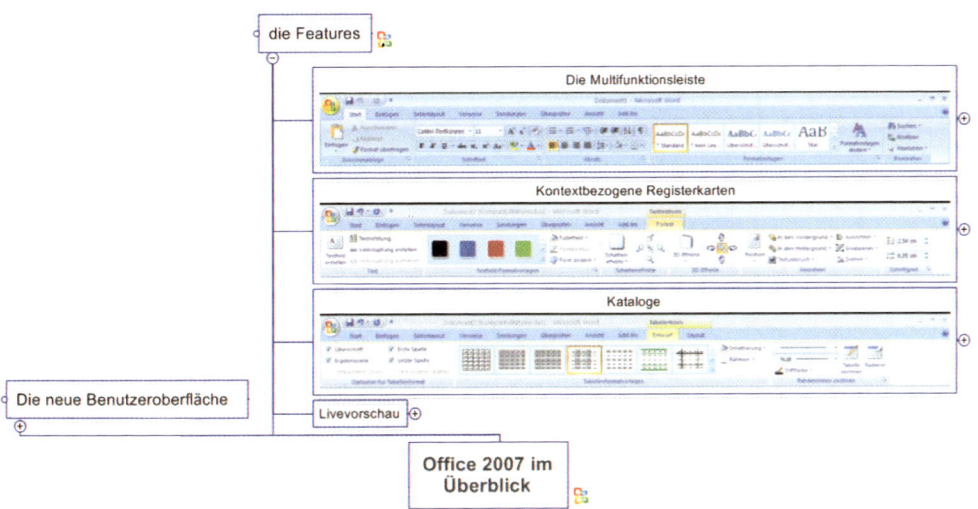

Abbildung 7.22 Die Darstellung nimmt Gestalt an.

Sobald Sie in den Präsentationsmodus schalten, bekommt Ihr Publikum einen
Überblick über die Inhalte. (6)

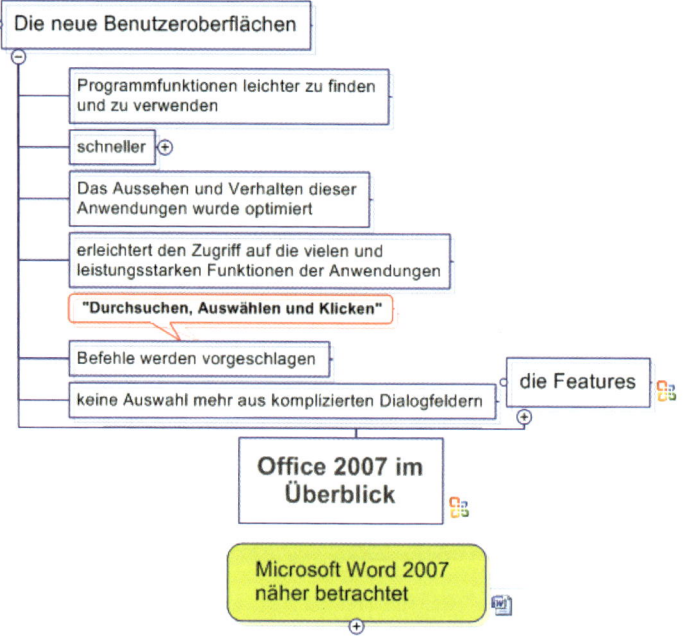

Abbildung 7.23 Präsentationsblick – der Einstieg

Step by Step navigieren Sie nun schnell und sicher über die Navigationsleiste am unteren Bildschirmrand.

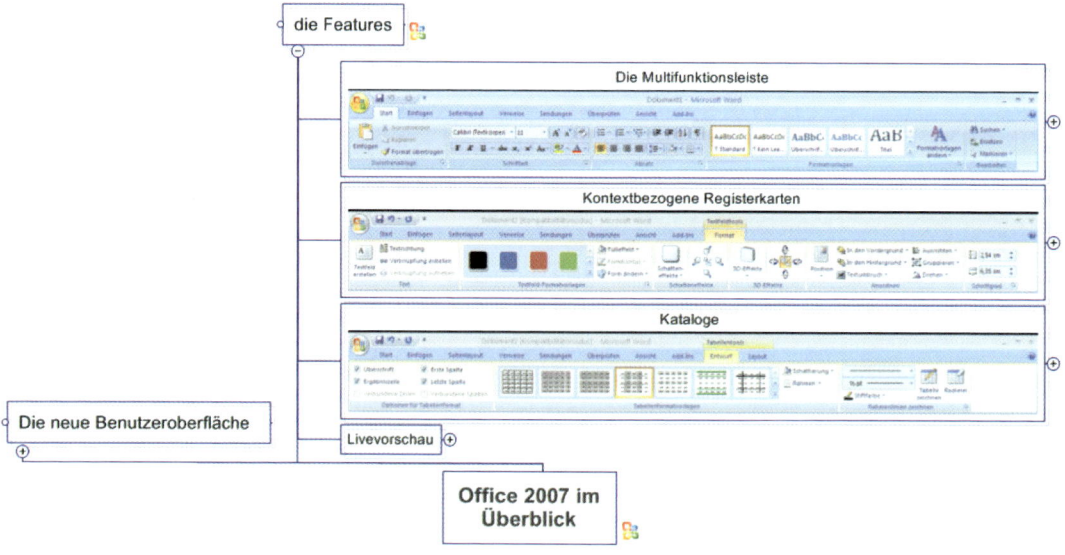

Abbildung 7.24 Präsentationsblick – Stufe 2

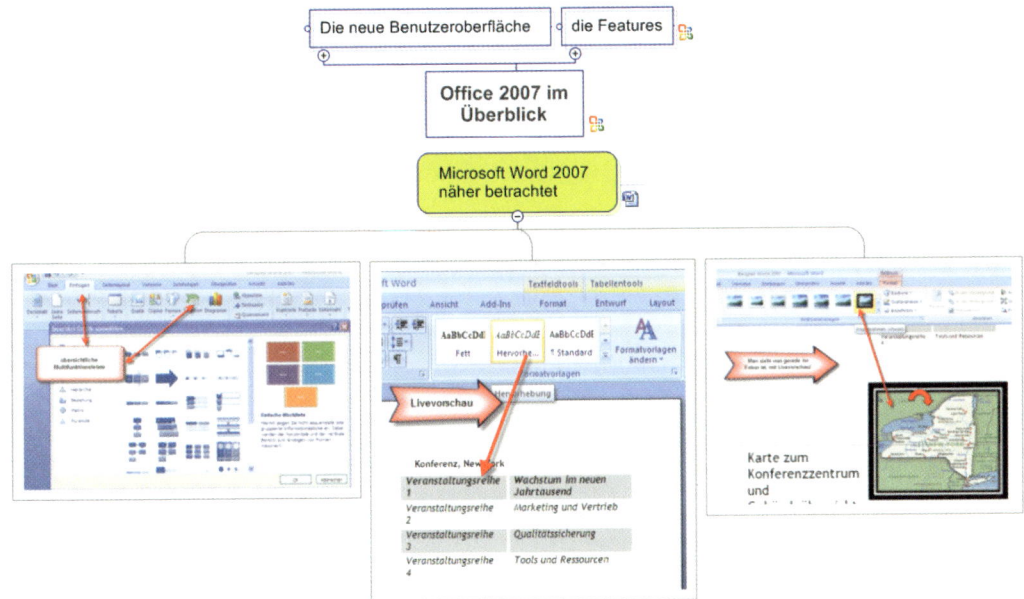

Abbildung 7.25 Präsentationsblick – Stufe 3

Fazit: Wenn die Zeit drängt – dieses Gericht ist von der ersten Idee bis zur Präsentation im kleinen Kreis schnell gekocht.

Grundsätzliches

- seriöse geschäftliche Korrespondenz
- Brieftext in der Mail vertraulich behandeln
- E-Mail-Adressen gehören zu den personenbezogenen Daten

Don't's

- Prioritäten von Mails nur in Ausnahmefällen verwenden
- Funktion "Empfangsbestätigung anfordern" als Standard verwenden

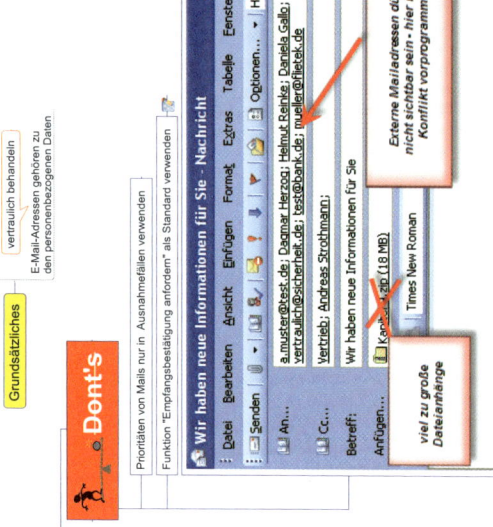

Wir haben neue Informationen für Sie - Nachricht

Datei   Bearbeiten   Ansicht   Einfügen   Format   Extras   Tabelle   Fenster   ?

Senden | Optionen...   HTML

An...: a.muster@test.de; Dagmar Herzog; Helmut Reinke; Daniela Gallo; vertraulich@sicherheit.de; test@bank.de; mueller@flietek.de

Cc...: Vertrieb; Andreas Strohmann;

Betreff: Wir haben neue Informationen für Sie

Anfügen...: Kontakt.zip (18 MB)

Times New Roman

Externe Mailadressen dürfen nicht sichtbar sein - hier ist der Konflikt vorprogrammiert

viel zu große Dateianhänge

- keine großen Dateien versenden
- keine Serienmails mit sichtbarem Empfänger
- Empfänger (To), Kopienempfänger (CC = Carbon Copy) und unsichtbarer Kopienempfänger (BCC = Blind Carbon Copy) sollten gezielt eingesetzt werden.

Wissenswertes

Do´s

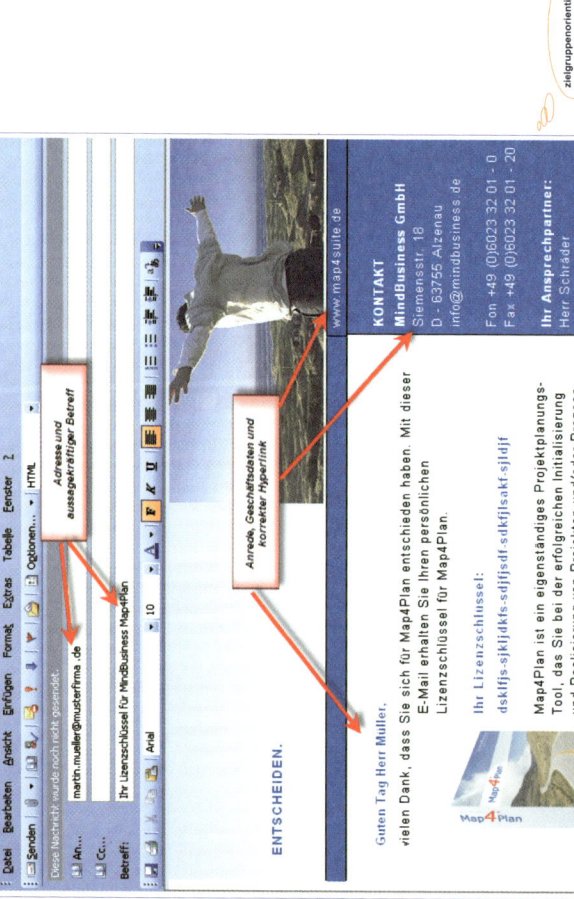

Datei   Bearbeiten   Ansicht   Einfügen   Format   Extras   Tabelle   Fenster   ?

Senden | Optionen...   HTML

Diese Nachricht wurde noch nicht gesendet.

An...: martin.mueller@musterfirma.de

Cc...:

Betreff: Ihr Lizenzschlüssel für MindBusiness Map4Plan

Arial   10   F K U

Adresse und aussagekräftiger Betreff

ENTSCHEIDEN.

Guten Tag Herr Müller.

vielen Dank, dass Sie sich für Map4Plan entschieden haben. Mit dieser E-Mail erhalten Sie Ihren persönlichen Lizenzschlüssel für Map4Plan.

Ihr Lizenzschlüssel:
dskfljs-sjklidkts-sdfljsdf-sdkfjlsakf-sjldjf

Map4Plan ist ein eigenständiges Projektplanungs-Tool, das Sie bei der erfolgreichen Initialisierung und Realisierung von Projekten und/oder Prozess-planungen mit seinen effektiven Visualisierungs- und Erfassungs-Elemente unterstützt.

Anrede, Geschäftsdaten und korrekter Hyperlink

www.map4suite.de

KONTAKT
MindBusiness GmbH
Siemensstr. 18
D - 63755 Alzenau
info@mindbusiness.de

Fon +49 (0)6023 32 01 - 0
Fax +49 (0)6023 32 01 - 20

Ihr Ansprechpartner:
Herr Schräder
Fon +49 (0)6023 32 01 - 15
E-Mail an Herrn Schräder

zielgruppenorientierte Formulierung

Map4Plan

7.5 Knigge für Gourmets – Kommunikationsregeln für Outlook

- 1,8 kg MindManager
- 800 gr. Outlook-Beispiele integriert
- Visualisierungselemente
- 1 Handvoll Neugier und Ehrgeiz

Aus der heutigen Kommunikationszeit ist es nicht mehr wegzudenken: die E-Mail. Im beruflichen Alltag spielt es eine große Rolle. Das eigene Mailverhalten ist aber nicht nur eine Frage des Talentes, sondern oftmals eine Frage des guten Tones.

Ein Kollege verfasste für Teilnehmer seines Seminars eine Unterlage mit den ruhmreichen Worten »Mail-Knigge«. Mit dieser elfseitigen Broschüre kam er in unsere Küche, und wir fragten uns, ob wir alles Wichtige auf einem Blatt zusammenfassen könnten. Wir probierten einfach einiges aus. Die Kochversuche im Kurzformat finden Sie im Folgenden. Das Word-Dokument wird als Map importiert und dabei schon einiges wieder aussortiert.

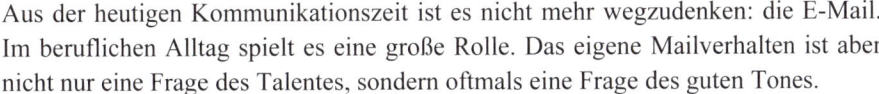

Abbildung 7.26 Ausschnitt aus dem importierten Word-Dokument – eine Map ohne Übersicht

Wir sehen uns die Inhalte näher an. Nach einiger Zeit entschließen wir uns, alles in Do's und Dont's aufzuteilen. Alle importierten Aussagen werden erst geordnet.

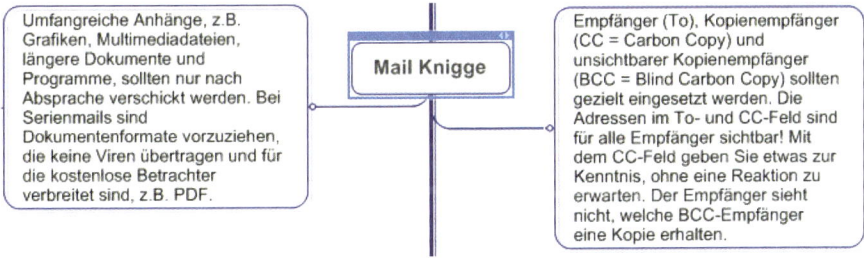

Abbildung 7.27 Die Richtung festlegen – Do's und Don't's

Was dürfen wir, was dürfen wir nicht – Worte ohne Biss. Die passenden Bilder bringen uns schon mal in Stimmung.

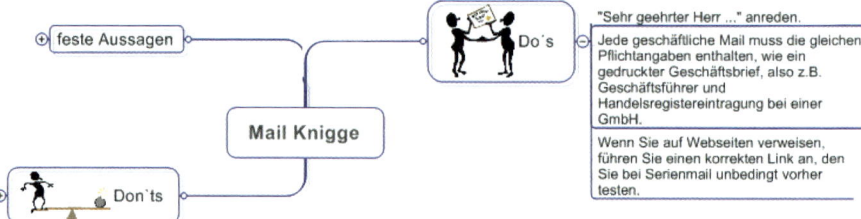

Abbildung 7.28 Mit Bildern in Stimmung kommen

In der Business Map wird mit knackigen Aussagen gearbeitet, es werden keine Prosatexte verfasst. Interessanter Text zum Nachlesen kommt in die Textnotizen.

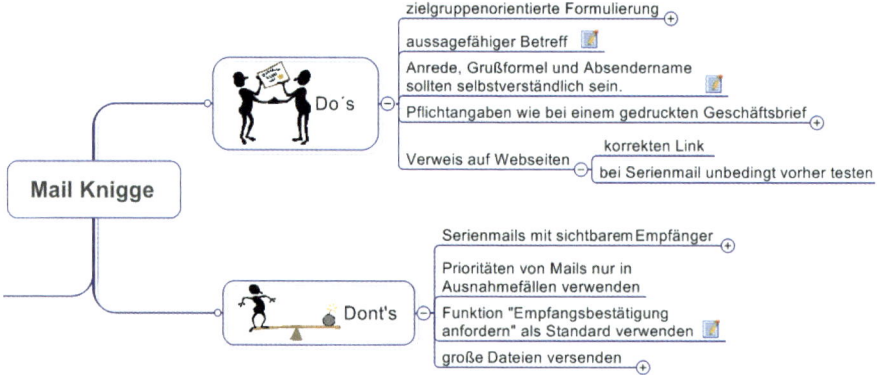

Abbildung 7.29 Verkürzen ist angesagt.

Wir betrachten noch einmal die Aussagen auf den Zweigen. Warum wollen Sie viel erklären, wenn Sie es in einem Outlook-Beispiel viel klarer darstellen können?

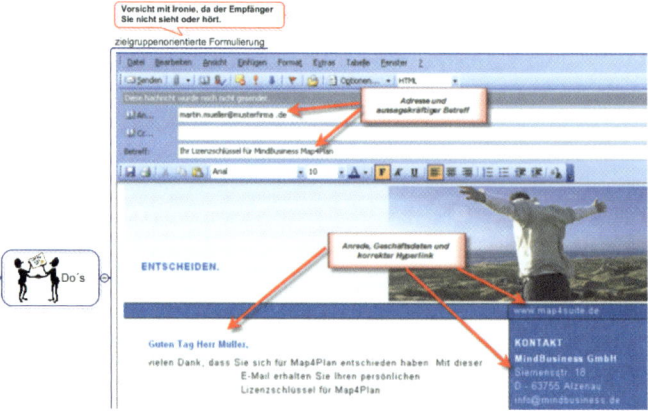

Abbildung 7.30 Outlook-Beispiele einbinden

Es sieht noch ziemlich chaotisch, unübersichtlich aus. Die Informationen sind zusammengefasst. mehr aber auch nicht. Nun heißt es, eine OnePage herauszuarbeiten. Die Gestaltung ist wichtig. Zweiganordnungen, Füllfarben, Schriften und Formen kommen zum Einsatz.

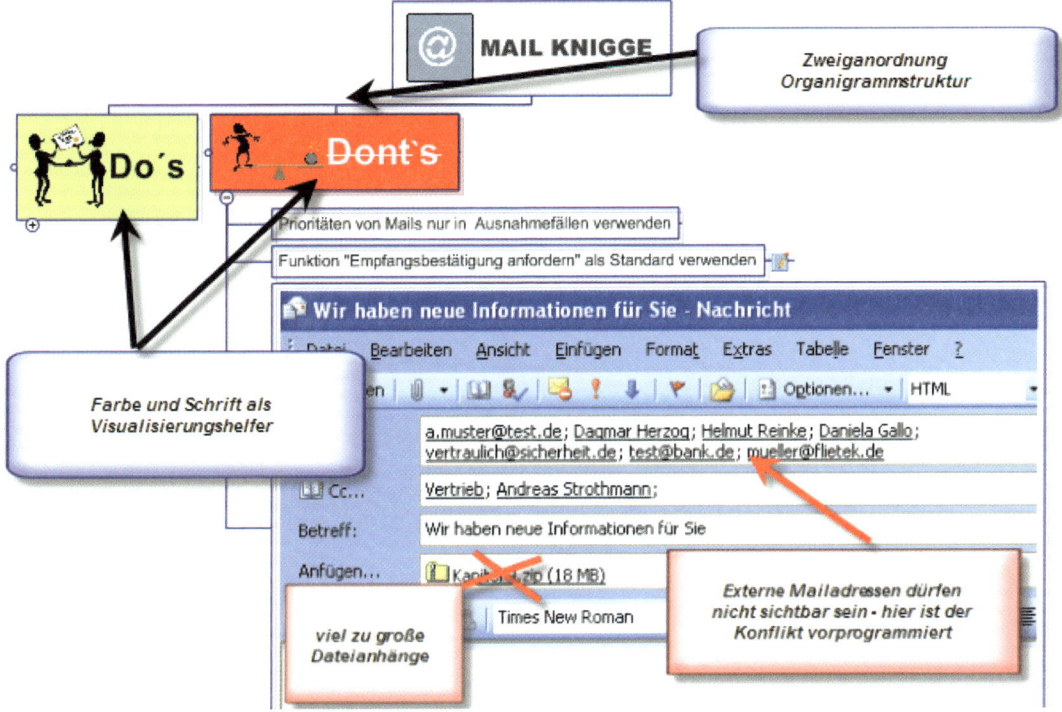

Abbildung 7.31 Die Gestaltung macht´s.

Der Clou: Setzen Sie einmal den Präsentationsmodus ein. Ihr Publikum bekommt eine leichte und übersichtliche Führung durch die Do's und Don't's. Das elfseitige Word-Dokument wird als Hyperlink hinterlegt und ist zum Nachlesen der Details von großer Bedeutung. Für den ersten Eindruck, der im Kopf bleibt, ist die OnePage der ideale Einstieg!

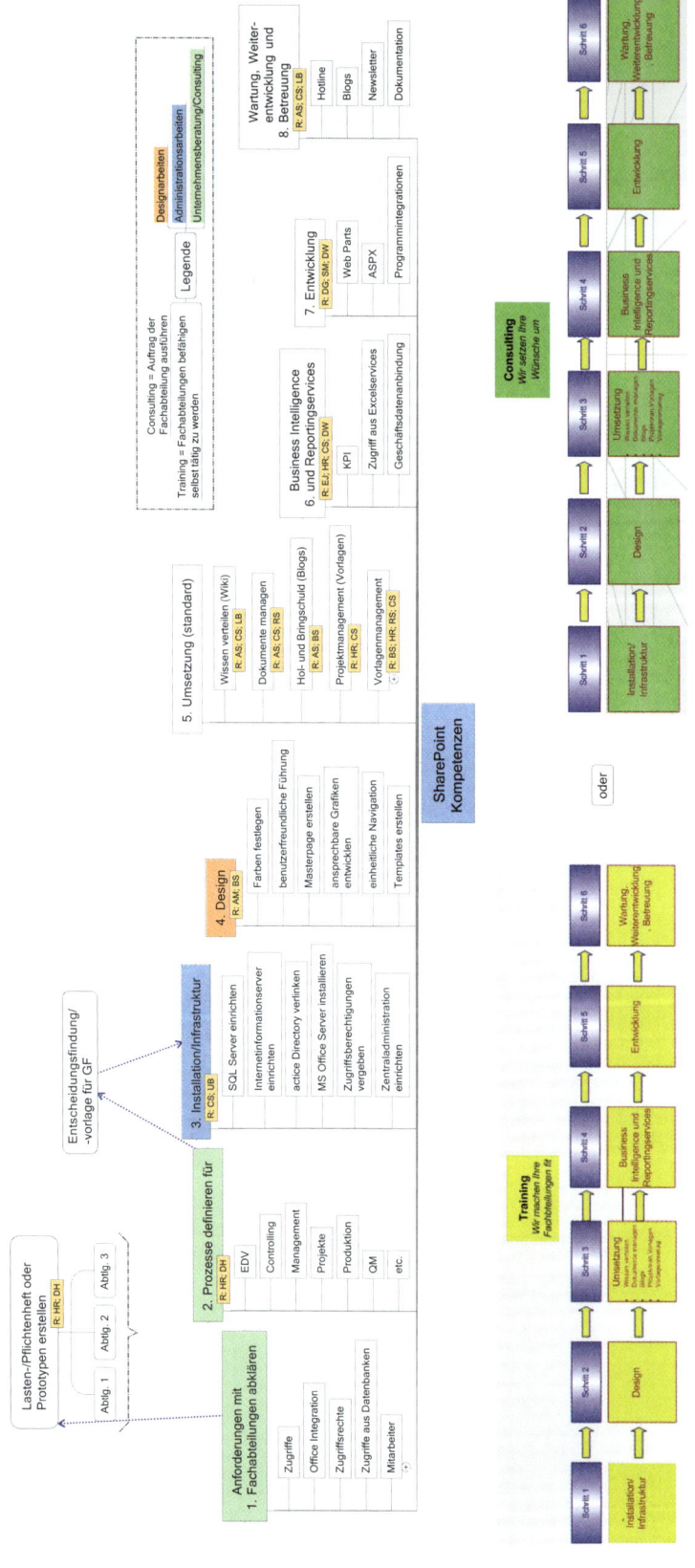

7.6 Astronautennahrung – SharePoint-Kompetenzen

- 750 gr. MindManager
- 750 gr. Visio 2007
- 500 gr. Gestaltung und Farbe
- 1 Handvoll Geduld für die Anordnung in MindManager

SharePoint ist seit 2001 zu einer der wichtigsten webbasierten Serverapplikationen gewachsen. Bis heute gibt es mittlerweile 85.Mio User – eine stolze Zahl. SharePoint besteht aus Windows SharePoint Services 3.0 (WSS) und Microsoft SharePoint Server 2007 (MOSS). Das WSS ist kostenfrei. Es sind zu 80% betriebswirtschaftliche und zu 20% IT-Lösungen gefragt. Stellen Sie sich vor, einem Betriebswirt beizubringen, was SQL-Cluster sind, oder einem EDVler den Aufbau von Deckungsbeitragsrechnungen. Damit vergleichbar wäre ein Koch, der seine Küche einrichtet und den Ofen selbst installiert. Schwer vorstellbar, oder?

Hier sind Spezialisten notwendig. Ähnlich wie SAP-Berater wird es in Zukunft SharePoint-Berater geben. Wir haben uns gefragt, welche Kompetenzen notwendig sind. Wer hat welche Kompetenzen, und was wird an Dienstleistung benötigt? ①

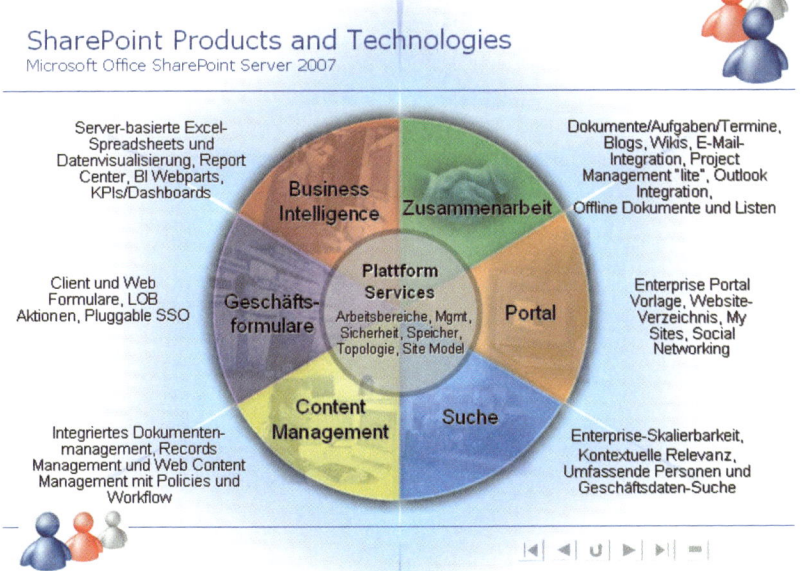

Abbildung 7.32 Die Grundlagen für unsere Gedanken – Infos aus der Microsoft-Welt

Es geht in die Küche, wir setzen unser Menü zusammen: Der Chefkoch sitzt in der Mitte und steuert die Küche, aber er hat Spezialisten für Soßen, Teigwaren, Süßspeisen etc., denn das spezielle Fachwissen fehlt ihm. ②

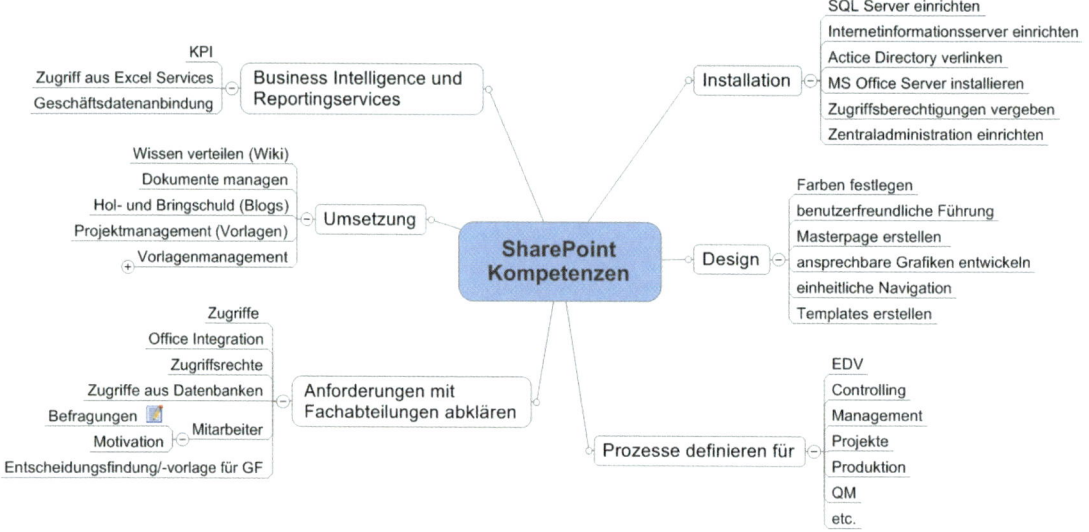

Abbildung 7.33 Gedanken strukturell sammeln

③ Nachdem die Gedanken schon sehr strukturiert gesammelt wurden, stimmt der Ablauf noch nicht. Die Reihenfolge muss festgelegt werden. Hilfreich ist es, die Zweige zu nummerieren und dann zu sortieren.

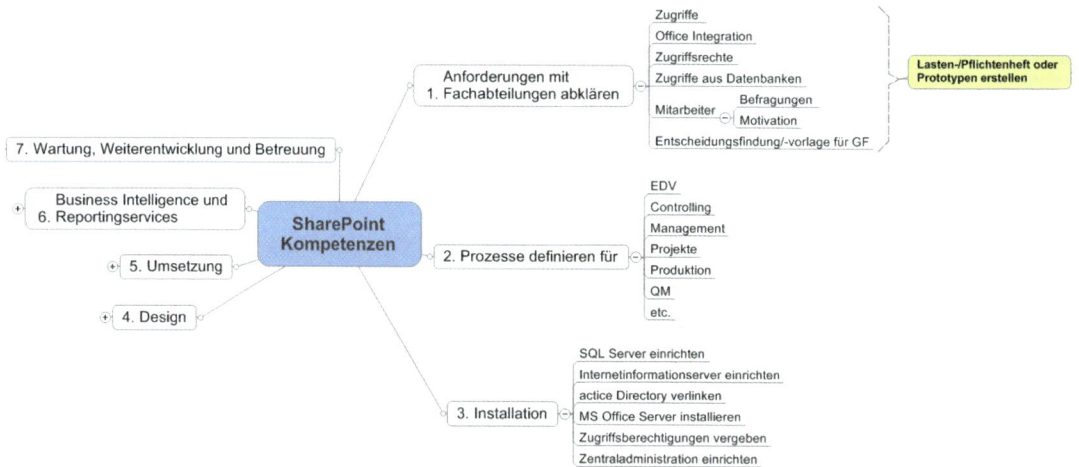

Abbildung 7.34 Nummerierungen schaffen Überblick – die richtige Reihenfolge festlegen.

④ Wer macht aus dem Team was? Zu Punkt 1 ist technisches und Kommunikations-Know-how gefragt: Wer hat das, wer hat welche Kompetenzen? Über die Aufgabeninformationen werden schnell Zuständigkeiten eingefügt. Farben werden eingesetzt, um Informationen über die Aufgabenbereiche einzubinden.

Die Klammerfunktion und Anmerkungen verknüpfen Informationsstrukturen. In dieser Phase ist kreative, schnelles Arbeiten notwendig. Es geht noch nicht darum, Informationen zu »designen«. Der einfache Überblick ist vorrangig.

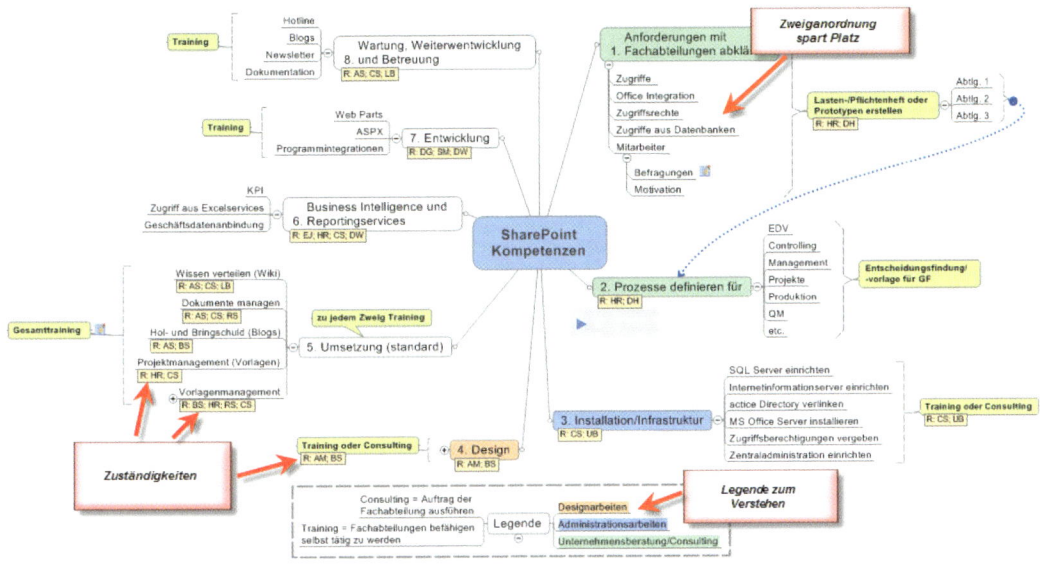

Abbildung 7.35 Zuständigkeiten und Bereiche festhalten

Sie sehen, es gibt zu jedem Aufgabenbereich die Möglichkeit, die Arbeit von Dritten machen zu lassen (= Consulting) oder die Fachabteilungen fit zu machen, damit eigenständig die Umsetzung erfolgen kann (= Trainings). Wir haben uns für den Weg entschieden, das Gericht in Visio zu kochen, da wir hier diese Prozesse sehr viel einfacher und übersichtlicher entwickeln und darstellen können. ⑤

Abbildung 7.36 Die passende Visualisierung in Visio

Zu guter Letzt heißt es nun Anrichten: Das Menü soll serviert werden. Teller anwärmen und garnieren. In MindManager werden alle Informationen für den ersten Blick auf einem Blatt vereint. Fügen Sie die Visio-Grafik als Bilddatei hinzu. ⑥

Der besondere Tipp aus der Küche: Binden Sie die Details als Hyperlink immer in den MindManager ein. So ist der schnelle Zugriff gesichert, und die Sucherei entfällt.

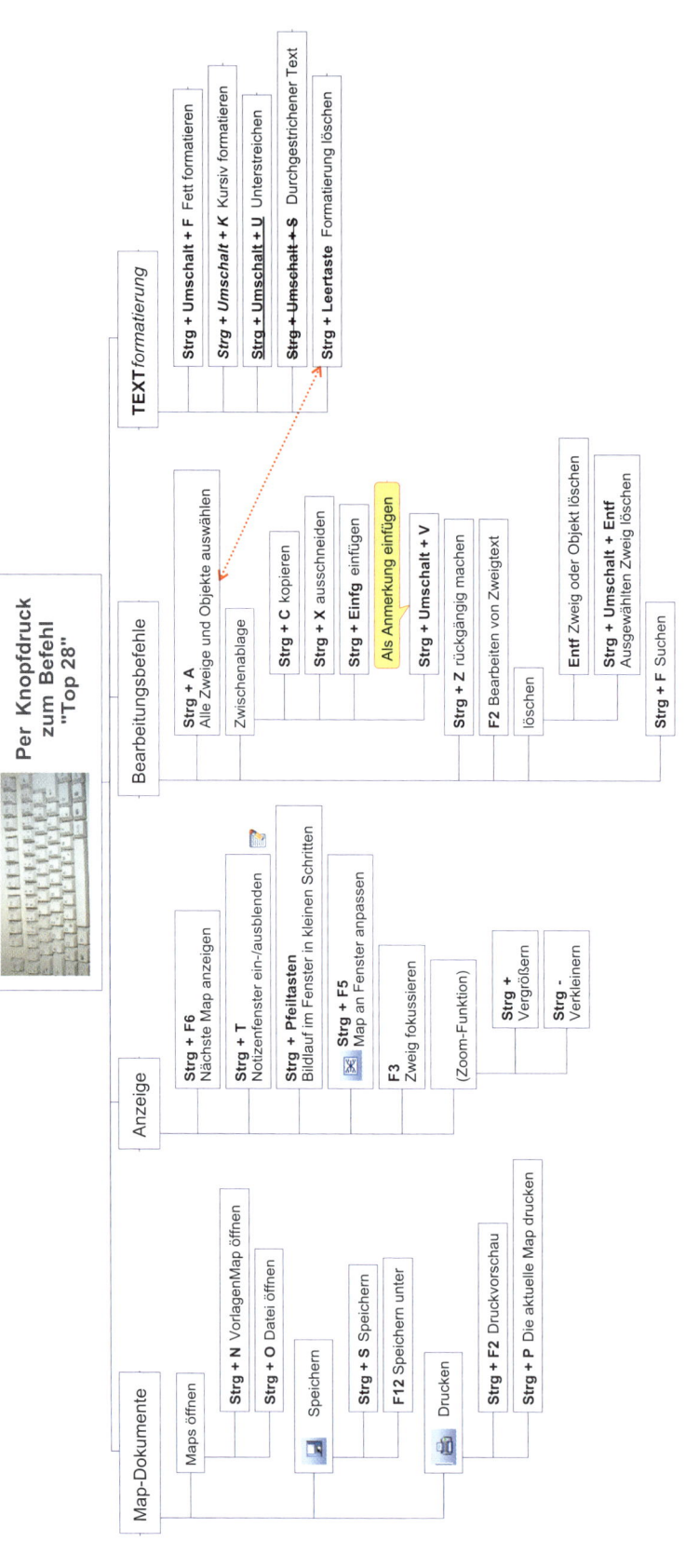

Per Knopfdruck zum Befehl "Top 28"

- **Map-Dokumente**
  - Maps öffnen
    - **Strg + N** VorlagenMap öffnen
    - **Strg + O** Datei öffnen
  - Speichern
    - **Strg + S** Speichern
    - **F12** Speichern unter
  - Drucken
    - **Strg + F2** Druckvorschau
    - **Strg + P** Die aktuelle Map drucken

- **Anzeige**
  - **Strg + F6** Nächste Map anzeigen
  - **Strg + T** Notizenfenster ein-/ausblenden
  - **Strg + Pfeiltasten** Bildlauf im Fenster in kleinen Schritten
  - **Strg + F5** Map an Fenster anpassen
  - **F3** Zweig fokussieren
  - (Zoom-Funktion)
    - **Strg +** Vergrößern
    - **Strg -** Verkleinern

- **Bearbeitungsbefehle**
  - **Strg + A** Alle Zweige und Objekte auswählen
  - Zwischenablage
    - **Strg + C** kopieren
    - **Strg + X** ausschneiden
    - **Strg + Einfg** einfügen
    - Als Anmerkung einfügen
    - **Strg + Umschalt + V**
  - **Strg + Z** rückgängig machen
  - **F2** Bearbeiten von Zweigtext
  - löschen
    - **Entf** Zweig oder Objekt löschen
    - **Strg + Umschalt + Entf** Ausgewählten Zweig löschen
  - **Strg + F** Suchen

- **TEXT** *formatierung*
  - **Strg + Umschalt + F** Fett formatieren
  - *Strg + Umschalt + K* Kursiv formatieren
  - <u>Strg + Umschalt + U</u> Unterstreichen
  - ~~Strg+Umschalt+S~~ Durchgestrichener Text
  - **Strg + Leertaste** Formatierung löschen

7.7 Auswahl per Knopfdruck – Funktionstasten in MindManager

- 3 kg MindManager
- 250 gr. Bilder
- 200 gr. Zweiganordnung
- 1 kl. Beutelchen Vorstellungsvermögen

Für alle, die gerne mit der Tastatur arbeiten und so wenig wie möglich zur Maus greifen wollen, haben wir das Top-28-Tastaturgericht gekocht. Alle wichtigen Tastaturreferenzen auf einen Blick.

Welche Referenzen gehören in die Top 28? In welche Gruppen sortieren wir ein? Alles Gedanken, die schnell und einfach aufgenommen, verschoben und wieder neu angeordnet werden können – bis alles steht!

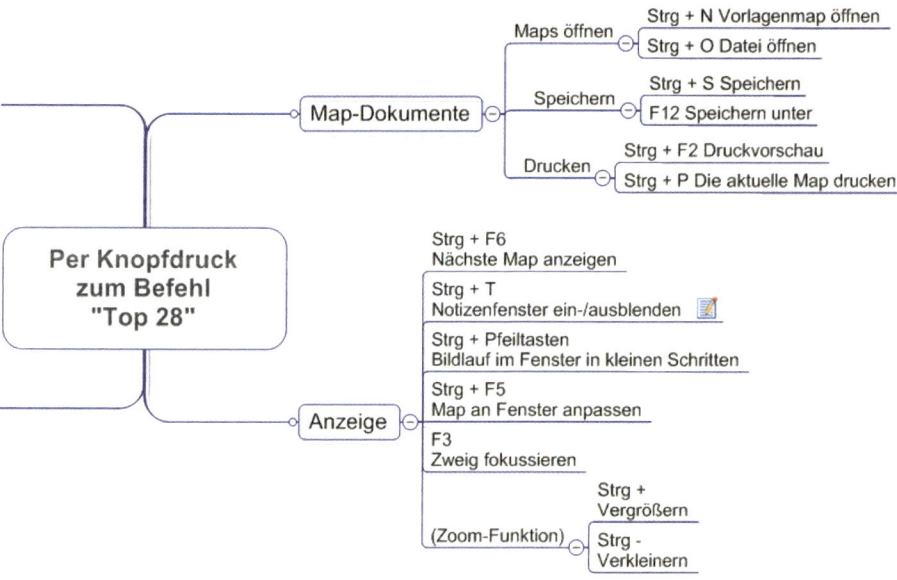

Abbildung 7.37 Gedanken in Strukturen

Von Übersicht ist nun noch keine Rede. Die Referenzen sollten im Vordergrund stehen. Nichts leichter als das, einfach fett formatieren. In der Gruppe der Textformatierungen wird die Formatierung direkt auf dem Zweig umgesetzt, d.h. »gelebt«. Das gibt dem Auge schon einen Hinweis, um welche Referenz es sich hier handelt.

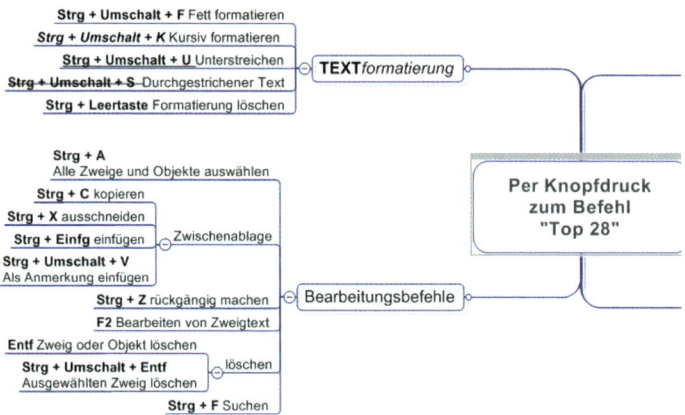

Abbildung 7.38 Die Formatierung hilft schon weiter.

③ Die Anordnung der Zweige als Map dient nicht der Übersicht. Die Zweiganordnung hilft dem Koch, Klarheit in die Suppe zu bringen. Einfaches Mittel – große Wirkung.

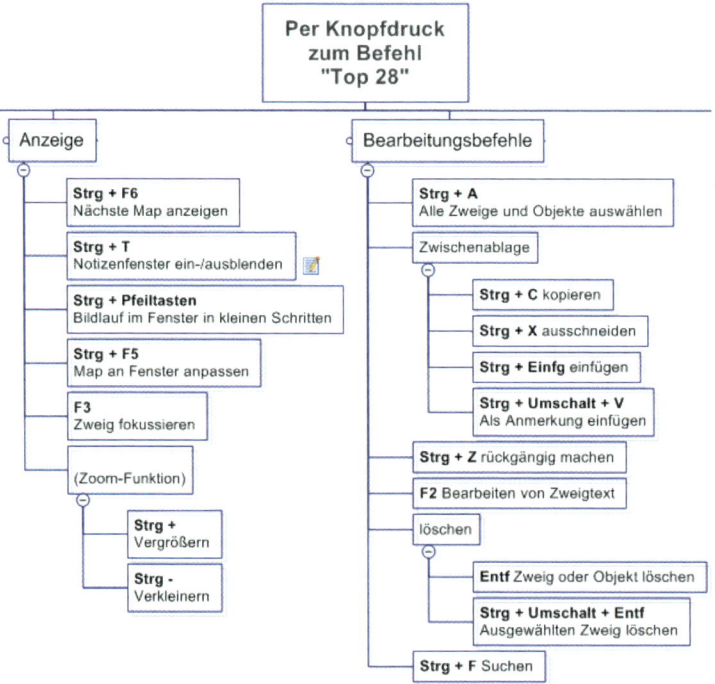

Abbildung 7.39 Die Anordnung der Zweige ermöglicht Transparenz.

④ Sehen Sie sich den Zweig STRG + Umschalt + V an. Diese Referenz ist sofort umgesetzt worden. Das sind Hilfsmittel zur Visualisierung der Aussage – wie Backpulver als Treibmittel für den Kuchen.

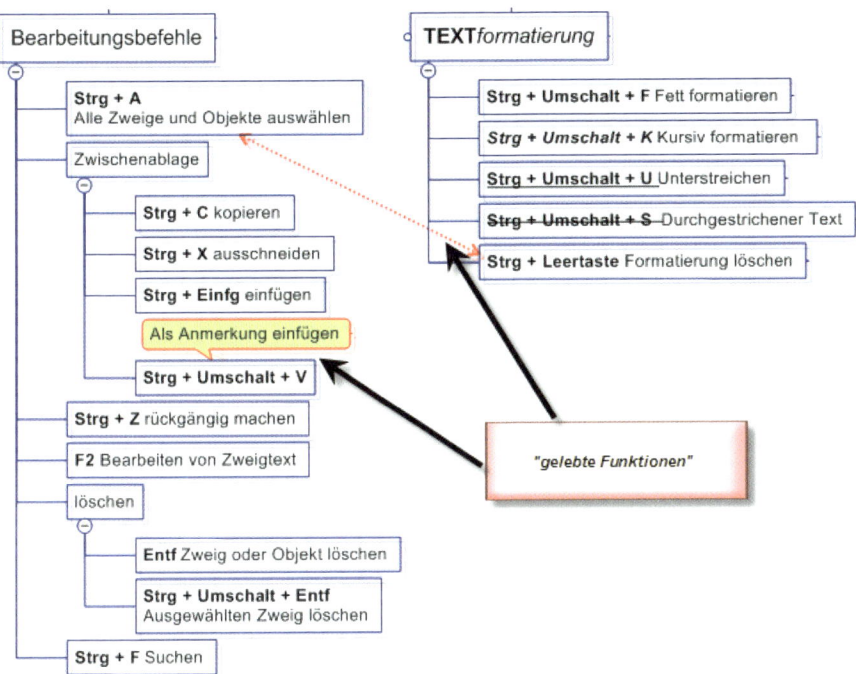

Abbildung 7.40 Funktionen werden visualisiert und gelebt.

Noch ist unser Meisterkoch nicht zufrieden. Was gibt den letzten Schliff? Bilder – das Auge nimmt Bilder viel schneller wahr als Buchstaben.

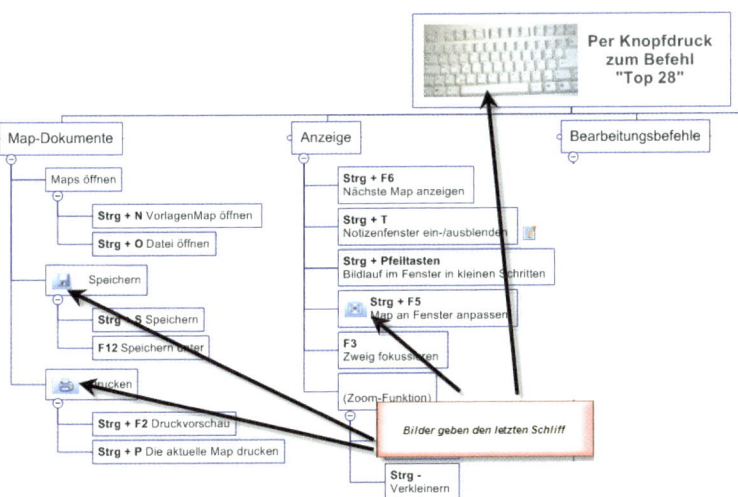

Abbildung 7.41 Bilder geben den letzten Schliff

Ein sehr einfaches Gericht, ohne Schnörkel – aber sehr schmackhaft und schnell nachzukochen. Haben Sie die wichtigsten Excel-Referenzen im Kopf? Kochen Sie doch einmal eine Excel-Tastaturreferenz. Wir freuen uns auf das Rezept.

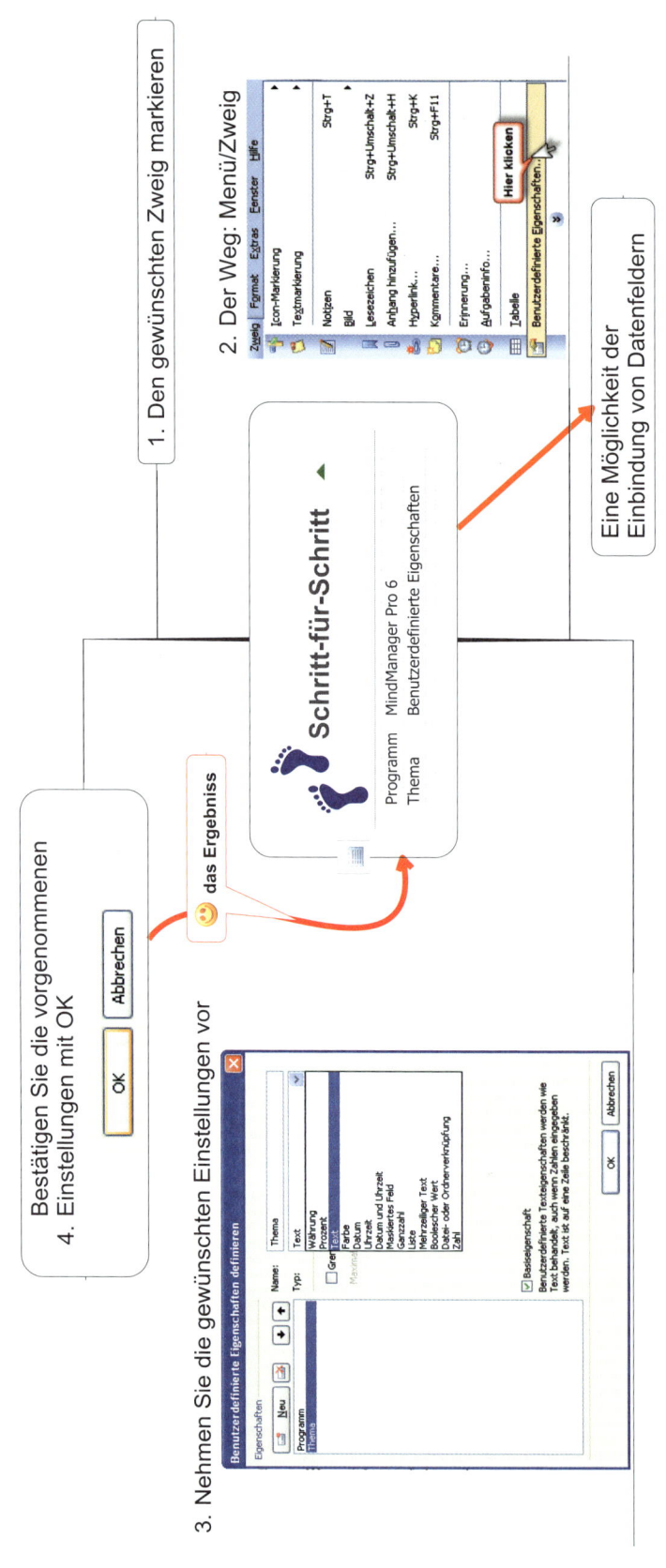

1. Den gewünschten Zweig markieren

2. Der Weg: Menü/Zweig

Zweig Format Extras Fenster Hilfe
Icon-Markierung
Textmarkierung
Notizen   Strg+T
Bild
Lesezeichen
Anhang hinzufügen…
Hyperlink…   Strg+Umschalt+Z
Kommentare…   Strg+Umschalt+H
                                    Strg+K
Erinnerung…
Aufgabeninfo…   Strg+F11
Tabelle
Benutzerdefinierte Eigenschaften…

Hier klicken

Eine Möglichkeit der Einbindung von Datenfeldern

Schritt-für-Schritt

Programm   MindManager Pro 6
Thema   Benutzerdefinierte Eigenschaften

das Ergebniss

Bestätigen Sie die vorgenommenen
4. Einstellungen mit OK

OK   Abbrechen

3. Nehmen Sie die gewünschten Einstellungen vor

Benutzerdefinierte Eigenschaften definieren

Eigenschaften
Neu
Programm
Thema

Name: Thema
Typ: Text

Text
Währung
Prozent
Farbe
Datum
Uhrzeit
Datum und Uhrzeit
Maskiertes Feld
Ganzzahl
Liste
Mehrzeiliger Text
Boolescher Wert
Datei- oder Ordnerverknüpfung
Zahl

☑ Basiseigenschaft
Benutzerdefinierte Texteigenschaften werden wie Text behandelt, auch wenn Zahlen eingegeben werden. Text ist auf eine Zeile beschränkt.

OK   Abbrechen

7.8 Mein erstes Gericht – Schritt-für-Schritt-Anleitung

- 1 kg MindManager
- 1 kg Grafik
- 200 gr. Visualisierungselemente
- 1 Prise Spaß an Neuem

Wie geht das noch einmal? Wo kann ich das nachlesen? Lesen dauert so lange! Haben Sie das nicht schnell auf einen Blick – so als Kurzanleitung?

Fragen, die wir in den Workshops immer wieder hören. Was spricht dagegen, eine Schritt-für-Schritt-Anleitung auf ein Blatt zu bringen?

Die Zutaten und die Reihenfolge sind bekannt. Kein kreativer Sammlungsprozess. Alle Zutaten sind im Hause. So legen wir erst die Datei an – benutzerorientiert, versteht sich. Das macht sich gut und gibt einen formellen Charakter.

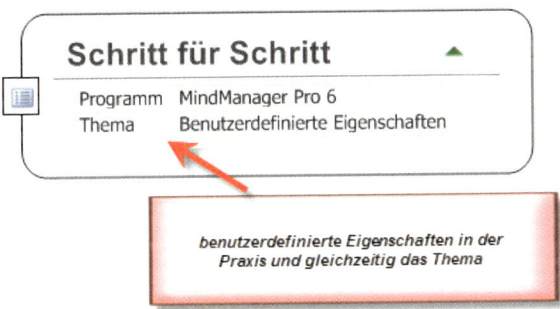

Abbildung 7.42 Die Datei wird angelegt.

Schnell noch ein Bild eingefügt – schließlich soll sofort erkennbar sein: Das ist eine Schritt-für-Schritt-Anleitung. Gibt es ein passenderes Bild als Füße, die laufen?

Abbildung 7.43 Schritt für Schritt visualisiert

③ Der Betrachter muss bei einer solchen Anleitung in einer vorgegebenen Reihenfolge vorgehen. Damit er dies sofort erkennt, helfen Nummerierungen. Eine kleine Funktion, die in diesem Falle eine wichtige Rolle spielt.

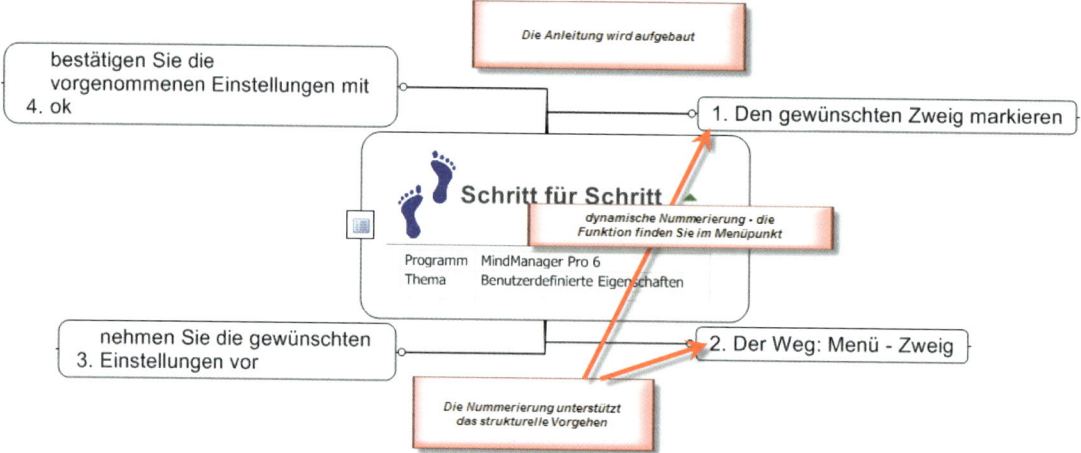

Abbildung 7.44 Struktur und Nummerierung geben dem Betrachter die Leserichtung vor.

④ Screenshots sind besser als umständliche Wortsammlungen. So kann der Betrachter in den Menüpunkten die Funktionen leichter finden und sofort mitarbeiten. Die Rahmen wurden bei den Zweigen mit Bildern entfernt, da uns die Gewichtung zu sehr ins Auge gefallen ist.

Das ist Geschmackssache – probieren Sie es aus, und entscheiden Sie, was Ihnen besser gefällt. Beachten Sie: »Weniger ist ab und zu mehr.«

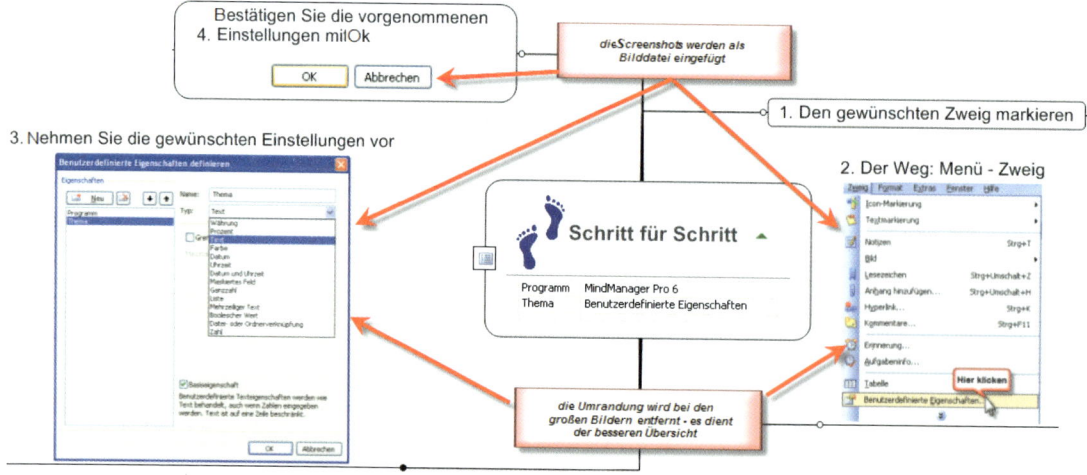

Abbildung 7.45 Bilder zum besseren Verständnis

Mithilfe der Verbindungspfeile haben wir den Kreis geschlossen. Sobald der
Anwender seine vorgenommene Einstellung mit »OK« bestätigt, ist die
benutzerdefinierte Eigenschaft sichtbar.

Mit den Verbindungspfeilen lenken Sie die Aufmerksamkeit des Betrachters auf das
Ergebnis.

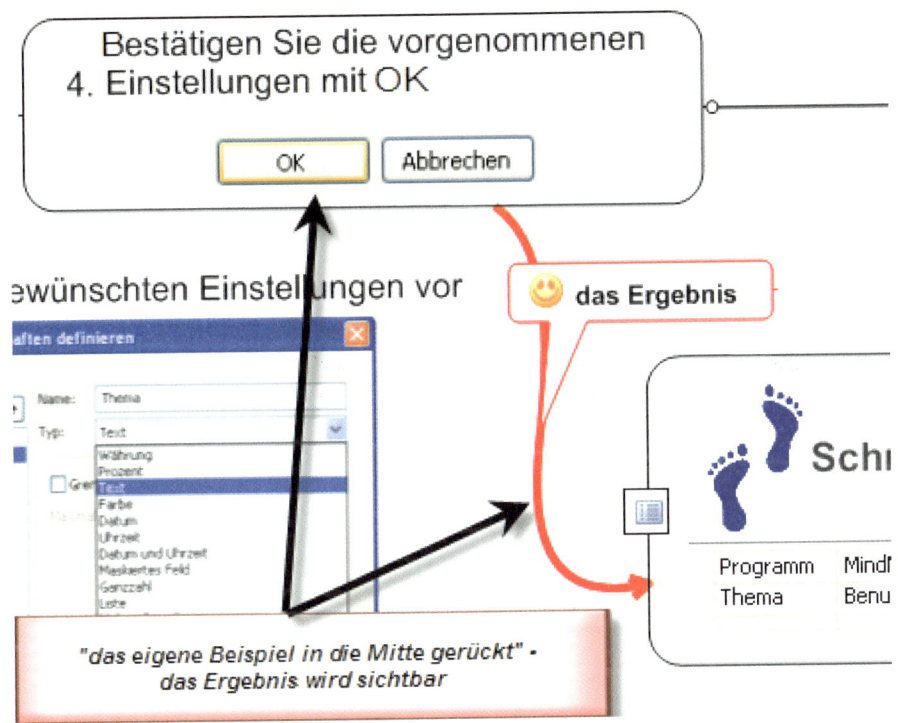

Abbildung 7.46 Ergebnisse sichtbar machen – Verbindungspfeile helfen dabei.

Fazit: Unsere Erfahrung mit diesen Schritt-für-Schritt-Anweisungen ist sehr positiv.
Egal ob es sich um MindManager-, Word-, Excel-Funktionen etc. handelt.

Kleine Zeichen - "ohne Worte"

E-MAIL FÜR DICH

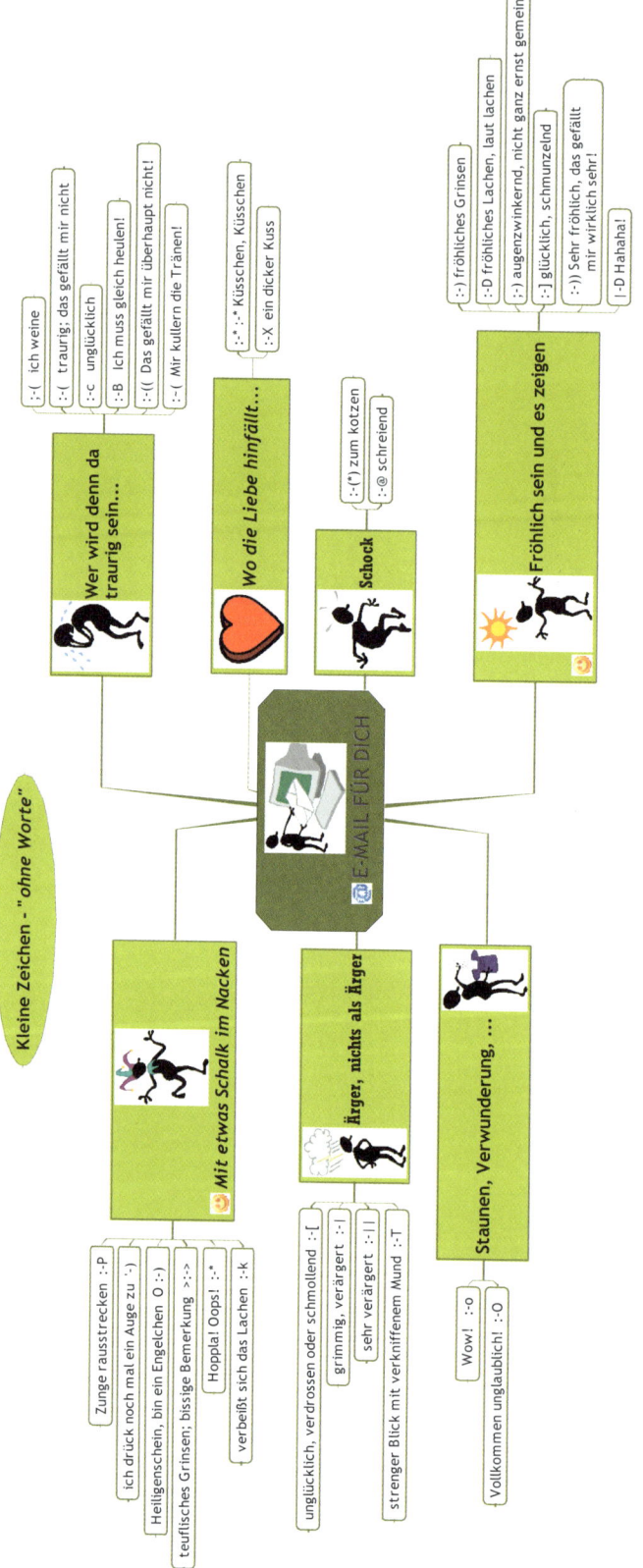

Wer wird denn da traurig sein...
- :-(ich weine
- :-(traurig; das gefällt mir nicht
- :-c unglücklich
- :-B Ich muss gleich heulen!
- :-((Das gefällt mir überhaupt nicht!
- :-(Mir kullern die Tränen!

Wo die Liebe hinfällt...
- :-* Küsschen, Küsschen
- :-X ein dicker Kuss

Schock
- :-(*) zum kotzen
- :-@ schreiend

Fröhlich sein und es zeigen
- :-) fröhliches Grinsen
- :-D fröhliches Lachen, laut lachen
- ;-) augenzwinkernd, nicht ganz ernst gemeint
- :-) glücklich, schmunzelnd
- :-)) Sehr fröhlich, das gefällt mir wirklich sehr!
- :-D Hahaha!

Mit etwas Schalk im Nacken
- :-P Zunge rausstrecken
- ;-) ich drück noch mal ein Auge zu
- O :-) Heiligenschein, bin ein Engelchen
- >:-> teuflisches Grinsen; bissige Bemerkung
- :-* Hoppla! Oops!
- :-k verbeißt sich das Lachen

Ärger, nichts als Ärger
- :-[unglücklich, verdrossen oder schmollend
- :-I grimmig, verärgert
- :-|| sehr verärgert
- :-T strenger Blick mit verkniffenem Mund

Staunen, Verwunderung, ...
- :-o Wow!
- :-O Vollkommen unglaublich!

7.9 Liebe geht durch den Magen – Smileys, Kommunikation in Kurzform

- 2,5 kg MindManager
- 1 kg Bilder
- Spaß an der Gestaltung
- Mut zu Farben

Im Kommunikationsalter gehört das Bewältigen der hereinströmenden Bilder- und Datenfluten zum Alltag. Wir schwimmen und versinken darin, wir dirigieren und selektieren Informationen unter Zuhilfenahme einer inzwischen stattlichen Anzahl von möglichen Medien.

»Fasse Dich kurz« ist das Motto der Neuzeit. Der elektronische Brief ist überaus praktisch. E-Mail ist schnell. Inzwischen hat sich ein regelrechter »Cyberslang« etabliert. Viele schwören auf den Gebrauch von »Emoticons«, mit denen man E-Mails stimmungsreich aufpeppen kann. Wir möchten Ihnen einige vorstellen.

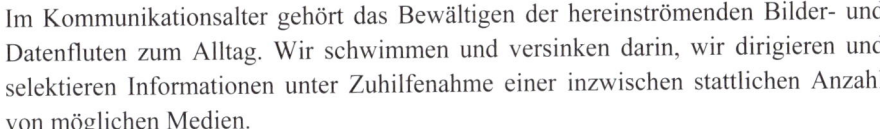

Abbildung 7.47 Die erste Sammlung

Die Rubriken stehen fest. Welche Aussagen wollen wir Ihnen als Beispiel auftischen?

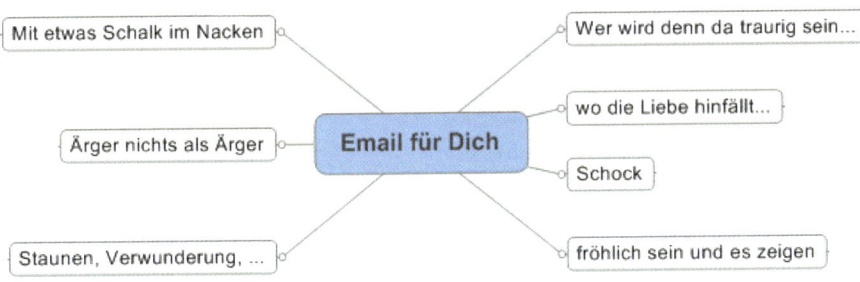

Abbildung 7.48 Unterzweige nehmen Details auf.

③ Zeichen und Worte – beides kommt nicht zur Geltung. Die Frage ist, was soll im Vordergrund stehen? Markieren Sie die gewünschte Information auf dem Zweig, und formatieren Sie alles, was ins Rampenlicht rücken soll, fett.

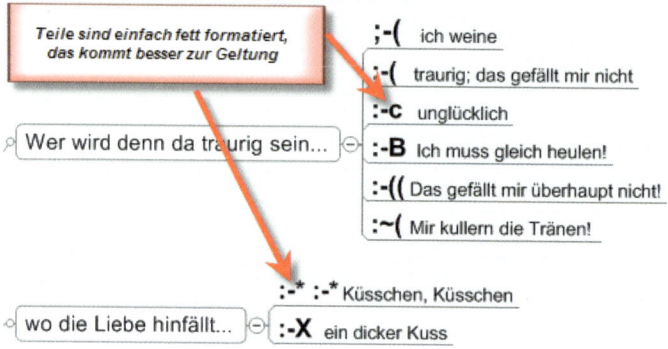

Abbildung 7.49 Die Formatierung hilft zu fokussieren.

④ Die Zweige auf der linken Seite bekommen kosmetische Korrekturen. Das Auge kann so schneller lesen.

Abbildung 7.50 Die Zeichen kommen an das Ende – der Richtungswechsel unterstützt die Lesekraft des Auges.

⑤ Eine nüchterne Darstellung mit einem lebendigen Thema – das passt nicht. Der Stil muss geändert werden. In diesem Falle passt ein Stil mit »Prosa« am besten.

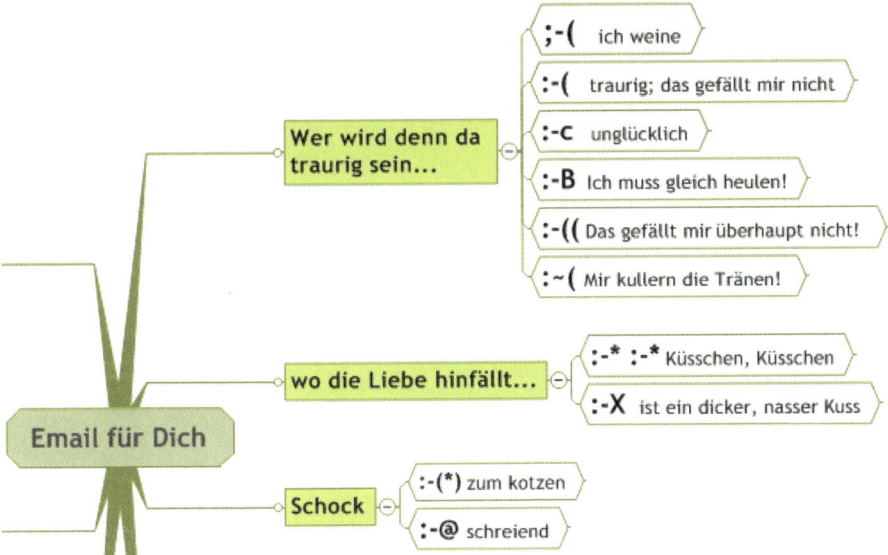

Abbildung 7.51 Vom Standardstil zum passenden Outfit

Viele Wörter und Zeichen. Passende Bilder unterstützen und lockern auf.

Abbildung 7.52 Bilder sagen mehr als 1000 Worte.

Wer möchte, kann nun noch mit der Veränderung der Schriften dem Ganzen Feinschliff geben. Schriften mit Rundungen für die Harmonie, zackige Schriften visualisieren Aggressivität.

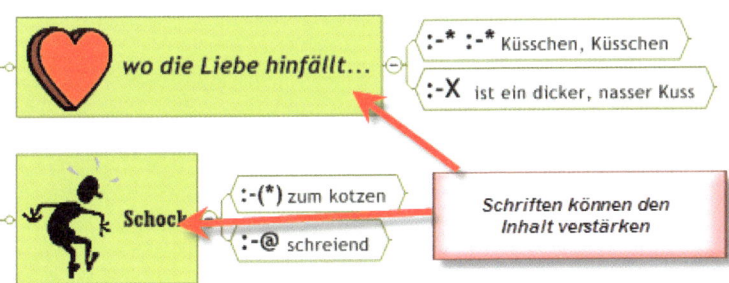

Abbildung 7.53 Änderung der Schriften geben Feinschliff.

Das Resümee vom Koch: schnell zu kochen, mal etwas anderes – leichte Küche.

GUT AUFGELEGT
ICH BLEIBE OFFEN LIEGEN ;-) DANK SPEZIAL-
FORMAT UND PATENTIERTER BINDUNG

Kösel FD 351 · Patent-No. 0748702